LEÇONS

SUR LA

THÉORIE DES FONCTIONS CIRCULAIRES

ET LA

TRIGONOMÉTRIE,

PAR

Le Père I.-L.-A. LE COINTE,

DE LA COMPAGNIE DE JÉSUS,

Professeur au Collége Sainte-Marie à Toulouse.

Cet ouvrage est destiné à la préparation aux Écoles du Gouvernement et spécialement à l'École Polytechnique.

IL RENFERME UN TRÈS-GRAND NOMBRE D'EXERCICES.

Deus scientiarum Dominus est.
I Reg. II, 3.

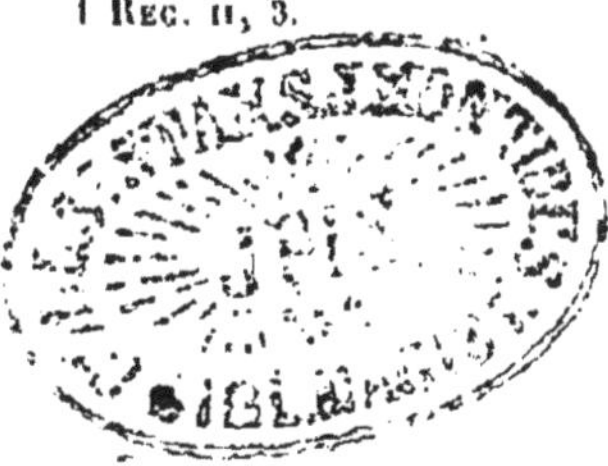

PARIS,

MALLET-BACHELIER, IMPRIMEUR-LIBRAIRE

DU BUREAU DES LONGITUDES, DE L'ÉCOLE IMPÉRIALE POLYTECHNIQUE,

QUAI DES AUGUSTINS, 55.

1858

LEÇONS

SUR LA

THÉORIE DES FONCTIONS CIRCULAIRES

ET LA

TRIGONOMÉTRIE.

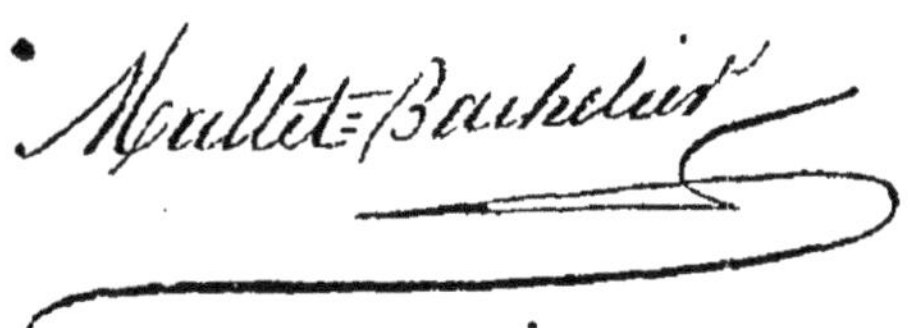

PARIS. — IMPRIMERIE DE MALLET-BACHELIER,
rue du Jardinet, 12.

AVERTISSEMENT.

Cet ouvrage, spécialement destiné aux jeunes gens qui se préparent aux Écoles du Gouvernement, et en général à tous ceux qui désirent étudier sérieusement les sciences exactes, a été rédigé sous la forme qui nous a paru la plus didactique, laquelle consiste à décomposer les diverses parties des théories mathématiques en théorèmes, problèmes et lemmes. Si l'on fait attention qu'un grand nombre de questions appartenant à la théorie des fonctions circulaires n'ont aucun rapport avec la Trigonométrie, on comprendra pourquoi, contrairement à l'usage généralement reçu, nous avons établi une démarcation complète entre ces deux parties des sciences exactes.

Les seules connaissances algébriques nécessaires pour comprendre toutes les questions traitées dans nos Leçons sur la théorie des fonctions circulaires sont celles qu'on exige des candidats au grade de Bachelier ès Sciences, en y ajoutant toutefois le binôme de Newton, le calcul des quantités imaginaires, les premières notions touchant les nombres figurés, et une formule connue relative à une suite limitée (¹).

Dans ces Leçons nous avons jugé à propos d'apporter d'assez nombreuses modifications, soit dans l'exposé que l'on donne ordinairement de certaines questions, soit dans la manière dont on les énonce, et c'est surtout dans notre étude géométrique des fonctions circulaires que nous nous sommes cru obligé d'agir ainsi.

Indépendamment des questions que traitent les théories publiées jusqu'à présent sur les fonctions circulaires, il nous a semblé très-utile d'en exposer beaucoup d'autres et de proposer près de six cents exercices sur tout l'ensemble de notre travail. Parmi ces questions, les unes, en assez grand nombre, paraîtront peut-être nouvelles aux géomètres; les autres ont été puisées dans des ouvrages publiés en France ou à l'étranger, et elles nous ont paru très-dignes d'occuper l'attention des jeunes gens qui se consacrent sérieusement à l'étude des sciences mathématiques.

Enfin il nous a paru convenable d'omettre dans

(¹) Pour cette relation, voir la Note placée à la fin de cet ouvrage.

Les seules connaissances algébriques exigées des candidats au grade de Bachelier ès Sciences suffisent pour comprendre toute la première partie de nos *Leçons sur la théorie des fonctions circulaires*.

cet ouvrage les applications pratiques de la Trigonométrie, d'autant que des ouvrages spéciaux ont été publiés dans ces derniers temps sur cette matière; nous citerons ici particulièrement celui de MM. Bourgeois et Cabart, ayant pour titre : *Leçons nouvelles sur les Applications pratiques de la Géométrie et de la Trigonométrie* [1].

---

[1] Mallet-Bachelier, éditeur à Paris; année 1857, 2e édition.

TABLE DES MATIÈRES

Pages.

THÉORIE DES FONCTIONS CIRCULAIRES.

PREMIÈRE PARTIE.

ÉTUDE ÉLÉMENTAIRE ET ANALYTIQUE DE CES FONCTIONS.

DEUXIÈME PARTIE.

ÉTUDE COMPLÉMENTAIRE ET ANALYTIQUE DES FONCTIONS CIRCULAIRES.

TROISIÈME PARTIE.

ÉTUDE ÉLÉMENTAIRE ET GÉOMÉTRIQUE DES FONCTIONS CIRCULAIRES.

(¹) Bien que ce paragraphe soit relatif à la géométrie, nous avons cependant jugé à propos de le mettre dans la deuxième partie de nos Leçons plutôt que dans la troisième, attendu qu'il ne renferme, à proprement parler, aucune propriété géométrique des fonctions circulaires, celle du n° **127** n'étant qu'une application immédiate de ce qui est dit au n° **8**.

APPENDICE

A LA THÉORIE DES FONCTIONS CIRCULAIRES.

TRIGONOMÉTRIE.

PREMIÈRE PARTIE.

TRIGONOMÉTRIE RECTILIGNE.

DEUXIÈME PARTIE.

TRIGONOMÉTRIE SPHÉRIQUE.

APPENDICE

A LA TRIGONOMÉTRIE.

FIN DE LA TABLE DES MATIÈRES.

LEÇONS

SUR LA

THÉORIE DES FONCTIONS CIRCULAIRES

ET LA

TRIGONOMÉTRIE.

INTRODUCTION.

1. Une *variable* est une grandeur que l'on considère comme prenant successivement et indéfiniment diverses valeurs choisies arbitrairement ou suivant une loi déterminée.

Ainsi, par exemple, si dans l'expression algébrique

$$x^3 - 2x + 1$$

on assujettit x à prendre successivement pour valeurs les différents termes de la progression arithmétique illimitée

$$1, \quad 3, \quad 5, \quad 7, \quad 9, \ldots,$$

la grandeur x et l'expression elle-même $x^3 - 2x + 1$ sont deux variables.

Une variable est dite *indépendante* lorsque sa valeur n'est déterminée par celle d'aucune autre variable. Dans le cas contraire, elle est dite *dépendante*.

Ainsi, dans l'exemple précédent, x est une variable indépendante et $x^3 - 2x + 1$ une variable dépendante.

2. Lorsqu'on veut indiquer que l'on considère une grandeur A dont la valeur dépend de celles attribuées à plusieurs autres grandeurs B_1, B_2, B_3, . . ., on fait usage de certains caractères graphiques appelés *signes* [1] (signes d'opérations), au moyen desquels on lie ces dernières grandeurs entre elles, de manière à représenter la suite des opérations à exécuter pour déduire la valeur de la grandeur A de celles attribuées aux grandeurs B_1, B_2, B_3, ...

Les grandeurs B_1, B_2, B_3, . . ., ainsi agrégées, forment ce qu'on appelle une *expression mathématique*, dont la valeur est la grandeur A. Parmi les grandeurs qui constituent cette expression, il est d'usage de placer non-seulement les grandeurs B_1, B_2, B_3, . . ., mais encore tous les nombres qui s'y trouvent écrits simplement comme signes d'opérations.

Ainsi l'expression mathématique

$$3^2 - \sqrt[5]{64}$$

est constituée par les nombres 3, 64, 2 et 5, bien que ces deux derniers ne soient véritablement que des signes d'opérations.

3. Une expression mathématique est dite *numérique* lorsque les grandeurs qui la constituent sont toutes exprimées au moyen de nombres, sans mélange d'aucune lettre servant à désigner un ou plusieurs d'entre eux; dans le cas contraire, elle est dite *littérale*.

4. Une grandeur dont la valeur dépend de celles de plusieurs autres est dite une *fonction* de ces dernières.

---

(1) Plusieurs de ces signes sont déjà connus du lecteur, que nous supposons connaître l'Arithmétique et une partie notable de l'Algèbre.

Ainsi, par exemple, des trois expressions

$$x^2 - \log x, \quad x^3y - y^2 + 1, \quad 3a^2 - b + 2c,$$

dans lesquelles x, y désignent deux nombres variables, et a, b, c trois nombres fixes, la première est une fonction de la variable x, la seconde une fonction des deux variables x, y, et la troisième une fonction des trois nombres a, b, c.

Ordinairement, au lieu de dire : « Fonction des trois nombres (ou grandeurs) a, b, c », on dit : « Fonction des trois lettres a, b, c ».

5. Pour désigner d'une manière générale une fonction d'une seule lettre ou variable x, on écrit

$$F(x),$$

et pour désigner une fonction de plusieurs lettres ou variables, par exemple x, y, z, on écrit

$$F(x, y, z).$$

La lettre F est alors employée comme une abréviation du mot *fonction*. Cette initiale est souvent remplacée par d'autres, telles que les suivantes :

$$F_1, F_2, F_3, \ldots; \quad f, f_1, f_2, f_3, \ldots, \quad \varphi, \varphi_1, \varphi_2, \varphi_3, \ldots,$$

particulièrement lorsqu'on veut représenter plusieurs fonctions différentes.

Quand on fait usage de la même initiale F, et qu'on écrit, par exemple,

$$F(x, y, z), \quad F(a, b, c);$$

on désigne par là deux fonctions telles, que si, dans la première, on change x en a, y en b et z en c, on a la seconde.

6. Une fonction est dite *analytique* lorsque toutes les

grandeurs qui la constituent sont des nombres; dans le cas contraire, elle est dite *concrète.*

7. Une fonction analytique d'une seule variable est dite *simple* lorsqu'elle n'est formée avec cette variable que par un seul signe d'opération ; dans le cas contraire, elle est dite *composée.*

Ainsi, des huit fonctions

$$2+x,\quad 2-x,\quad 2x,\quad \frac{2}{x},\quad x^2,\quad 2^x,\quad \log x \text{ (1)},$$

$$\log(2-x),$$

du nombre variable x, les sept premières sont simples, et la dernière est composée.

8. Une fonction analytique d'une seule variable est dite *périodique* lorsqu'elle reprend périodiquement les mêmes valeurs pour des valeurs de la variable séparées par des intervalles égaux; la grandeur de ces intervalles est appelée *étendue* ou *amplitude* de la période.

9. Une fonction analytique est dite *symétrique par rapport à deux des caractères littéraux* [2] qu'elle renferme, lorsqu'elle n'est pas altérée par le simple échange opéré entre ces deux caractères.

Ainsi la fonction

$$(a^2+b^2)x^3+(a^3+b^3)x^2+a^2b^2(a+b)$$

est symétrique par rapport aux deux lettres a et b, puisqu'elle n'est pas altérée lorsqu'on y change a en b et b en a.

---

(1) L'expression *log* est un véritable signe d'opération.

(2) Nous entendons ici par l'expression *caractère littéral*, l'un quelconque des caractères graphiques employés ordinairement pour désigner une quantité, tel que, par exemple, a, ou a', ou a'', ou a_1, ou a_2, etc.

Une fonction analytique est dite *complétement symétrique*, ou simplement *symétrique*, lorsqu'elle est symétrique par rapport à deux quelconques des caractères littéraux qu'elle renferme.

10. Une fonction analytique d'une variable x est dite *algébrique par rapport à cette variable* lorsque, dans cette fonction, x n'a que des exposants connus, parfaitement déterminés, et qu'en même temps les puissances de x, en nombre fini, ne se trouvent combinées entre elles et avec les autres grandeurs (lesquelles doivent être indépendantes de x) que par le moyen des quatre premières opérations arithmétiques. Lorsque ces conditions ne sont pas remplies, la fonction est dite *transcendante par rapport à la variable* x.

Lorsqu'une fonction analytique est algébrique par rapport à chacune des variables qu'elle renferme, on dit simplement qu'elle est *algébrique*; dans le cas contraire, elle est dite *transcendante*.

Ainsi x, y, z désignant des nombres variables, les trois fonctions

$$3x^2 - 11x + \sqrt{5}, \quad 3x^{\frac{2}{3}} - 7y^3 + 24x^2y^{-5} + y - 9,$$

$$z^3 + 21xyz^2 - 17x^5 \cdot \frac{y^2}{x+2} - 8,$$

sont algébriques, et les deux suivantes

$$3^x - xy, \quad y^x \log x,$$

sont transcendantes.

Parmi les fonctions transcendantes on distingue particulièrement les fonctions *circulaires*, lesquelles naissent de la considération du cercle.

11. Une fonction algébrique par rapport à une variable x est dite *rationnelle relativement à cette variable*,

lorsqu'elle ne contient nécessairement aucun radical fonction de x; dans le cas contraire, elle est dite *irrationnelle relativement à la variable* dont il s'agit.

Lorsqu'une fonction algébrique est rationnelle par rapport à chacune des variables qu'elle renferme, on dit simplement qu'elle est *rationnelle*; dans le cas contraire, elle est dite *irrationnelle*.

Ainsi x, y, z désignant des nombres variables, la fonction

$$3x^2z - y\sqrt{7} + 1$$

est rationnelle, et la suivante

$$3x^2\sqrt{y-z} + xy - 1$$

est irrationnelle.

12. Une fonction rationnelle par rapport à une variable x est dite *entière relativement à cette variable*, lorsqu'elle ne contient nécessairement aucune expression fractionnaire où le dénominateur soit fonction de x; dans le cas contraire, elle est dite *fractionnaire relativement à la variable* dont il s'agit.

Lorsqu'une fonction rationnelle est entière par rapport à chacune des variables qu'elle renferme, on dit simplement qu'elle est *entière*; dans le cas contraire, elle est dite *fractionnaire*.

Ainsi x, y, z désignant des nombres variables, la fonction

$$\frac{3}{4}x^3 - y\sqrt{7} + \frac{1}{5}$$

est entière, et la suivante

$$2\frac{x^3}{1-y} + y^2 - \frac{1}{x}$$

est fractionnaire.

13. Parmi les fonctions analytiques d'une ou de plusieurs variables, on distingue encore les fonctions *paires* et les fonctions *impaires*.

Une fonction paire est celle qui ne change pas quand on change le signe de chacune de ses variables indépendantes.

Une fonction impaire est celle qui ne fait absolument que changer de signe quand on change le signe de chacune de ses variables indépendantes.

Ainsi des deux fonctions analytiques

$$3x^2 - y^4 + 1, \qquad 3x^3 - y,$$

des variables x et y, la première est paire et la seconde est impaire; car on a, quelle que soit la valeur de x et celle de y,

$$3x^2 - y^4 + 1 = 3(-x)^2 - (-y)^4 + 1,$$
$$-(3x^3 - y) = 3(-x)^3 - (-y).$$

Relativement aux fonctions paires et aux fonctions impaires, on a le théorème suivant :

Théorème. — *Une fonction analytique quelconque d'une ou de plusieurs variables peut être considérée comme la somme de deux fonctions analytiques, l'une paire et l'autre impaire.*

Démonstration. — Soit, par exemple, $F(x, y, z)$ une fonction analytique quelconque des variables x, y, z.

Si nous désignons les deux fonctions

$$\frac{1}{2}[F(x, y, z) + F(-x, -y, -z)],$$

$$\frac{1}{2}[F(x, y, z) - F(-x, -y, -z)],$$

respectivement par $\varphi(x, y, z)$ et $\psi(x, y, z)$, on a

$$F(x, y, z) = \varphi(x, y, z) + \psi(x, y, z).$$

Or $\varphi(x, y, z)$ est évidemment une fonction paire, et $\psi(x, y; z)$ une fonction impaire; donc, etc.

14. Lorsque deux fonctions analytiques (l'une d'elles peut se réduire à zéro ou à un nombre quelconque) non identiques renferment une ou plusieurs variables qu'il faut déterminer de manière qu'elles acquièrent la même valeur, on les joint par le signe =, comme si elles étaient actuellement égales, et l'on donne à l'ensemble de ces deux fonctions ainsi réunies le nom d'*équation*. La fonction placée à gauche du signe = est dite le *premier membre* de l'équation, l'autre en est le *second membre*.

Dans toute équation, les grandeurs qu'il s'agit de déterminer sont ordinairement appelées les *inconnues* de l'équation par opposition aux autres grandeurs qui y entrent et qui sont supposées *connues*.

15. Une équation est dite *algébrique* ou *transcendante*, selon que les fonctions analytiques qui la constituent sont toutes deux algébriques ou non.

16. Une équation est dite *numérique* ou *littérale* selon que, parmi les grandeurs qui la constituent, les inconnues sont ou ne sont pas les seules qui y soient désignées au moyen de lettres.

17. *Résoudre* une équation est chercher quelles valeurs on doit attribuer à l'inconnue, ou aux inconnues s'il y en a plusieurs, pour que l'équation devienne une égalité ou une identité (c'est-à-dire pour qu'elle soit *vérifiée* ou *satisfaite*) : chaque valeur de l'inconnue ou chaque système de valeurs des inconnues (quand il y en a plusieurs) qui jouit de cette propriété, est ce qu'on appelle une *solution* de l'équation.

On appelle *racine* d'une équation à une seule inconnue, toute solution de cette équation.

18. Deux équations sont *équivalentes* lorsqu'elles ont les mêmes solutions ; dans ce cas, on dit aussi qu'*elles rentrent l'une dans l'autre*.

19. On appelle *système d'équations* l'ensemble de plusieurs équations qui admettent au moins une solution commune.

Plusieurs équations considérées simultanément sont dites former un système *déterminé* ou *indéterminé*, selon qu'elles admettent un nombre limité ou illimité de solutions communes ; dans le cas où elles n'ont aucune solution commune, elles forment ce qu'on appelle un système *impossible*.

Les équations de tout système déterminé ou indéterminé sont dites *compatibles*, et par opposition celles de tout système impossible sont dites *incompatibles*.

20. *Résoudre un système d'équations* est chercher toutes les solutions communes à ces équations.

Toute solution commune à plusieurs équations est dite une *solution* du système de ces équations.

21. Deux systèmes d'équations sont dits *équivalents* lorsqu'ils admettent les mêmes solutions.

22. *Éliminer* une inconnue, ou, en d'autres termes, une variable quelconque entre plusieurs équations dans chacune desquelles elle se trouve, est remplacer le système des équations données par un autre qui admette les solutions du premier, et dans lequel une des équations soit indépendante de la quantité que l'on a eu pour but d'éliminer. L'élimination est opérée d'une manière parfaite, lorsque le second système d'équations est équivalent au premier.

23. Lorsque dans un problème la valeur d'une inconnue x est obtenue au moyen de quantités supposées

connues et représentées par des lettres $a, b, c, \ldots, k$, c'est-à-dire lorsqu'on arrive à une équation telle que

$$x = \mathrm{F}(a, b, c, \ldots, k)$$

où il n'y ait pas d'autre quantité que x qui soit restée inconnue jusqu'alors, on donne à cette équation le nom de *formule* : elle sert à déterminer l'inconnue x dans toutes les questions du même genre où les quantités $a, b, c, \ldots, k$ sont données numériquement, sans être obligé de reprendre la solution de la question pour chacun des exemples particuliers que l'on peut avoir à traiter.

24. Lorsque deux variables x et y sont liées entre elles par une équation, la valeur de l'une quelconque de ces variables dépend de celle attribuée à l'autre, c'est-à-dire que x est une certaine fonction $\mathrm{F}(y)$ de y, et y une certaine fonction $f(x)$ de x. Les deux fonctions $\mathrm{F}(y)$ et $f(x)$ sont dites *inverses* l'une de l'autre, et il n'y a pas identité entre $\mathrm{F}(y)$ et $f(x)$ toutes les fois que l'équation proposée n'est pas symétrique par rapport à x et y.

Ainsi, le signe *log* désignant un logarithme vulgaire, les deux fonctions

$$10^x \quad \text{et} \quad \log y$$

sont inverses l'une de l'autre, car en posant l'équation

$$y = 10^x,$$

on en tire

$$x = \log y.$$

25. Soit $\mathrm{F}(x)$ une fonction analytique d'une seule variable x, et supposons que pour chaque valeur de x comprise entre deux nombres donnés α et β, $\alpha < \beta$, cette fonction admette toujours une valeur, et seulement une.

Désignons par ε un accroissement (nous entendons ici par *accroissement* l'addition d'un nombre positif ou négatif) aussi petit que l'on veut, attribué à une valeur ω de x, comprise entre α et β; l'accroissement correspondant de la fonction F (x) sera la différence

$$F(\omega + \varepsilon) - F(\omega)$$

qui dépendra de ω et de ε.

Cela posé, la fonction F (x) est, *entre les deux limites α et β assignées à la variable x, fonction continue* de cette variable, lorsque, pour chaque valeur ω de x comprise entre ces limites, la valeur absolue de la différence

$$F(\omega + \varepsilon) - F(\omega)$$

décroît indéfiniment avec celle de ε.

On dit encore que la fonction F (x) est, *dans le voisinage d'une valeur particulière* ω attribuée à la variable x, *fonction continue* de cette variable, toutes les fois qu'elle est continue entre deux limites de x, même très-rapprochées, qui comprennent le nombre ω.

Lorsque la fonction F (x) cesse d'être continue dans le voisinage d'une valeur particulière de la variable x, on dit qu'elle devient alors *discontinue*, et que, pour cette valeur particulière, il y a *solution de continuité*.

26. Soit F (x) une fonction analytique d'une seule variable x tendant vers une certaine limite λ : on peut toujours, parmi les valeurs successives que prend cette variable, en distinguer un nombre indéfini

$$\alpha_1, \quad \alpha_2, \quad \alpha_3, \quad \alpha_4, \ldots,$$

constituant une suite régulière (1), et si l'on reconnaît

(1) Ainsi, par exemple, lorsque x tend vers sa limite λ supposée différente de zéro, on peut discerner parmi les valeurs successives de cette variable les suivantes :

$$\lambda.K, \quad \lambda.K^{\frac{1}{2}}, \quad \lambda.K^{\frac{1}{3}}, \quad \lambda.K^{\frac{1}{4}}, \ldots,$$

K étant un nombre positif quelconque, plus grand ou plus petit que l'unité, selon que la valeur initiale de x est elle-même plus grande ou plus petite que λ.

Lorsque $\lambda = 0$, on peut discerner parmi les valeurs successives de la

que les quantités de cette autre suite indéfinie

$$F(\alpha_1),\quad F(\alpha_2),\quad F(\alpha_3),\quad F(\alpha_4),\ldots$$

vont constamment de plus en plus en augmentant ou de plus en plus en diminuant, en tendant elles-mêmes vers une quantité A pour limite, on dit qu'il en est de même de $F(x)$ lorsque x tend vers sa limite λ.

NOTE SUR L'EMPLOI DES NOMBRES DÉCIMAUX DANS LES CALCULS NUMÉRIQUES.

27. La théorie algébrique des logarithmes a conduit les géomètres à exprimer les nombres décimaux négatifs sous une forme différente de celle sous laquelle on avait été conduit naturellement à les considérer. Ainsi, par exemple, s'il s'agit du nombre décimal négatif

$$-7,0526893, \qquad (1)$$

comme on a

$$-7,0526893 = -8 + (8 - 7,0526893) = -8 + 0,9473107,$$

on est convenu de pouvoir exprimer ce nombre décimal sous la forme

$$\bar{8},9473107, \qquad (2)$$

laquelle signifie

$$-8 + 0,9473107.$$

Relativement aux deux formes que l'on peut ainsi attri-

---

variable en question, les suivantes :

$$\frac{1}{2},\quad \frac{1}{2^2},\quad \frac{1}{2^3},\quad \frac{1}{2^4},\ldots,$$

ou bien celles-ci :

$$-\frac{1}{2},\quad -\frac{1}{2^2},\quad -\frac{1}{2^3},\quad -\frac{1}{2^4},\ldots,$$

selon que la valeur initiale de cette variable est positive ou négative.

buer à un même nombre décimal négatif, on a la règle suivante :

Un nombre décimal négatif étant exprimé sous l'une ou l'autre des deux formes (1) *et* (2), *pour le réduire à l'autre forme il suffit de remplacer le dernier chiffre décimal significatif par ce qui lui manque pour faire* 10, *chacun des autres par ce qui lui manque pour faire* 9, *et d'ajouter à sa partie entière une unité négative ou une unité positive, selon que le nombre décimal en question est donné sous la forme* (1) *ou sous la forme* (2).

28. Dans le courant de cet ouvrage, nous supposerons toujours que les nombres décimaux sont exprimés sous la forme (2), c'est-à-dire sous la forme à partie décimale positive, et que la notation

$$\mathfrak{T}(-A),$$

où A désigne un nombre décimal positif ou négatif, représente le nombre — A transformé de telle sorte qu'il ait sa partie décimale positive. D'après cela, on a

$$\mathfrak{T}(-7,0526893) = \bar{8},9473107,$$
$$\mathfrak{T}(-\bar{8},9473107) = 7,0526893.$$

Si l'on désigne par A un nombre décimal positif moindre que 10 et donné sous la forme ordinaire, et par A' la différence A — 10, le nombre

$$\mathfrak{T}(-A')$$

n'est autre évidemment que le complément du nombre A présenté sous la forme ordinaire.

Cette remarque serait susceptible de généralisation.

THÉORIE DES FONCTIONS CIRCULAIRES.

PREMIÈRE PARTIE.

ÉTUDE ÉLÉMENTAIRE ET ANALYTIQUE DE CES FONCTIONS.

USAGE DES SIGNES + ET — DANS LA GÉOMÉTRIE.

1. Soient A, B, C trois points d'une ligne droite ou courbe XX', les deux premiers fixes et le troisième variable de position.

Désignons respectivement par a, x, y les distances AB, BC, AC comptées sur cette ligne, et supposons que l'on veuille exprimer le rapport variable $\frac{y}{a}$ en fonction de la quantité constante a et de la variable x.

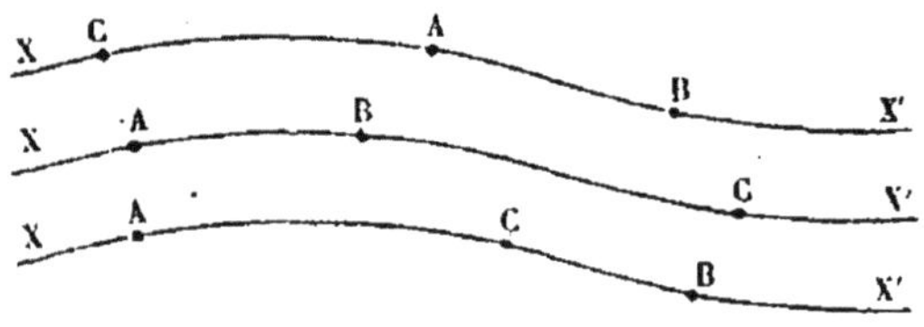

Fig. 1.

Fig. 2.

Fig. 3.

Pour cela il faut considérer trois cas :

1°. Si le point A est situé entre B et C (*fig.* 1), on a

$$AC = BC - AB,$$

d'où

$$\frac{AC}{AB} = \frac{BC}{AB} - 1,$$

ou bien

$$\frac{y}{a} = \frac{x}{a} - 1.$$

2°. Si le point B est situé entre A et C (*fig.* 2), on a

$$AC = BC + AB,$$

d'où

$$\frac{AC}{AB} = \frac{BC}{AB} + 1,$$

ou bien

$$\frac{y}{a} = \frac{x}{a} + 1.$$

3°. Enfin si le point C est situé entre A et B (*fig.* 3), on a

$$AC = AB - BC,$$

d'où

$$\frac{AC}{AB} = 1 - \frac{BC}{AB},$$

ou bien

$$\frac{y}{a} = 1 - \frac{x}{a}.$$

On a donc ainsi trois expressions différentes de la fonction $\frac{y}{a}$ de x, selon que celui des trois points A, B, C qui est situé entre les deux autres est le point A, ou le point B, ou le point C. Mais on peut éviter cette multiplicité d'expressions en considérant les parties AB, BC, AC de la ligne XX′ comme comptées respectivement de A vers B, de B vers C, de A vers C, puis en les affectant la première du signe + et les deux autres du signe + ou du signe —, selon qu'elles sont comptées dans le même sens que AB ou en sens contraire de cette partie, et enfin en désignant respectivement par a, x, y les distances AB, BC, AC, chacune affectée du signe que nous venons de lui attribuer. Les lettres a, x, y désigneront alors des quantités positives ou négatives.

Ainsi, par exemple, lorsque le point A est situé entre B et C, comme on a

$$\frac{AC}{AB}=\frac{BC}{AB}-1,$$

ou bien

$$\frac{(-AC)}{(+AB)}=\frac{(-BC)}{(+AB)}+1,$$

et que a, x, y désignent respectivement les quantités $+AB$, $-BC$ et $-AC$, il vient

$$\frac{y}{a}=\frac{x}{a}+1.$$

Cette dernière expression de la fonction $\frac{y}{a}$ de x est encore obtenue lorsque le point C est situé entre A et B, et par conséquent elle convient aux trois cas.

On voit donc dès à présent, et on le verra encore mieux par la suite, quel avantage il peut y avoir dans certaines questions de géométrie de distinguer les longueurs comptées sur une ligne droite ou courbe en longueurs positives et longueurs négatives, selon le sens dans lequel on les suppose comptées.

Lorsqu'on établit, pour les longueurs comptées sur une ligne droite ou courbe, la distinction dont il vient d'être question, le sens d'une longueur positive ou négative, est le sens dans lequel cette longueur est supposée comptée.

DES ARCS DE CERCLE.

2. Soit un cercle C dont le centre est le point O, et considérons un point mobile M partant d'un point fixe A de la circonférence de ce cercle et se mouvant sur cette

circonférence dans le sens de la flèche F, que nous adoptons pour le sens des arcs *positifs*. L'arc AM décrit par ce mobile augmente d'une manière continue à partir de zéro; il peut atteindre et même devenir plus grand qu'un multiple quelconque de la circonférence, si toutefois on suppose que le mouvement se continue suffisamment pour que le point mobile, après avoir repassé un certain nombre de fois par son point de départ A, vienne s'arrêter ensuite en l'un des points de la circonférence.

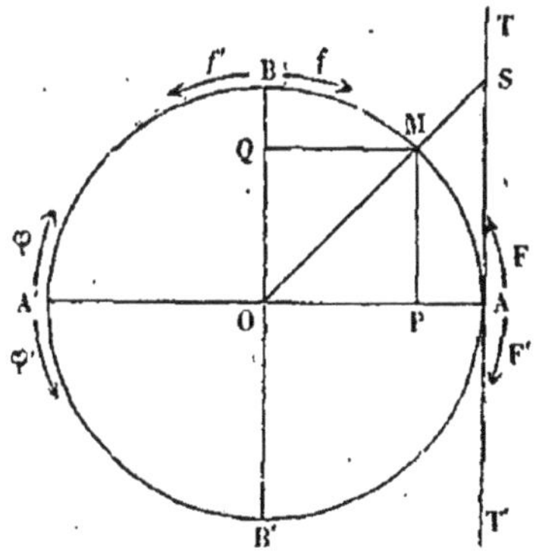

Si le mouvement du point mobile M avait lieu en sens contraire, c'est-à-dire dans le sens de la flèche F', l'arc décrit serait considéré comme *négatif*, et sa valeur absolue passerait par tous les états de grandeur à partir de zéro.

D'après cela, nous sommes donc conduits à considérer l'arc de cercle, c'est-à-dire le nombre qui le mesure, comme susceptible de prendre toutes les valeurs entre $-\infty$ et $+\infty$.

Le point fixe A, qui a servi de point de départ au point mobile M, est ordinairement appelé l'*origine* de l'arc décrit AM, et la position finale du point M est dite l'*extrémité* de cet arc.

3. Dans tout ce qui sera relatif aux fonctions circulaires nous désignerons toujours par H la demi-circonférence du cercle C, par R son rayon, et par le mot *arc* (employé sans préciser la nature de la portion de ligne courbe qu'il signifie) un arc de cercle. De plus, à moins que le contraire ne soit dit ou ne ressorte des choses dites,

cet arc sera toujours supposé être un arc tel que AM ayant le point A pour origine.

4. *Tout arc Ω positif ou négatif, quelque grand qu'il soit en valeur absolue, a pour valeur une expression de la forme*

$$2KH + \omega,$$

K *étant un nombre entier positif, nul ou négatif, et* ω *le plus petit des arcs positifs qui ont même extrémité que* Ω.

Car, si l'arc Ω est positif, il est évident qu'il est égal à l'arc ω ou à un multiple positif de la circonférence augmenté de cet arc. Si, au contraire, il est négatif, sa valeur absolue est évidemment égale à un multiple de la circonférence moins la valeur absolue de l'arc ω. Donc, etc.

5. Deux arcs positifs tous deux, ou l'un positif et l'autre négatif, sont dits *complémentaires* ou *compléments* l'un de l'autre, lorsque leur somme [1] est égale à l'arc positif $\frac{H}{2}$, c'est-à-dire au *quadrant*.

Si l'on désigne, par Ω un arc quelconque, positif ou négatif, et par B l'extrémité de l'arc positif $\frac{H}{2}$, il existe toujours évidemment un autre arc ayant son origine en ce point B et même extrémité que l'arc Ω, et qui est le complément de ce dernier, pourvu que l'on considère tout arc issu du point B comme positif ou négatif, selon qu'il est compté dans le sens de la flèche f ou dans le sens de la flèche f'.

6. Deux arcs positifs tous deux, ou l'un positif et l'autre négatif, sont dits *supplémentaires* ou *suppléments* l'un

---

(1) Il s'agit ici de la somme algébrique des deux arcs considérés comme quantités positives ou négatives. Cette observation s'applique aussi au n° 6.

de l'autre, lorsque leur somme est égale à l'arc positif H, c'est-à-dire à la demi-circonférence.

Si l'on désigne par Ω un arc quelconque, positif ou négatif, et par A' l'extrémité de l'arc positif H, il existe toujours évidemment un autre arc ayant son origine en ce point A' et même extrémité que l'arc Ω, et qui est le supplément de ce dernier, pourvu que l'on considère tout arc issu du point A' comme positif ou négatif, selon qu'il est compté dans le sens de la flèche φ ou dans le sens de la flèche φ'.

DES FONCTIONS CIRCULAIRES SIMPLES.

7. Les mêmes choses étant posées que précédemment, menons au cercle C, par le point A, la tangente indéfinie TT', et désignons par Ω un arc positif ou négatif, aussi grand que l'on voudra en valeur absolue, et terminé en un point quelconque M.

Les fonctions circulaires simples de cet arc Ω sont au nombre de six, savoir : le *sinus*, la *tangente*, la *sécante*, le *cosinus*, la *cotangente* et la *cosécante* [1].

8. *Définition du sinus.* — Soit OQ la projection de la corde de l'arc Ω [2] sur le diamètre BB' qui passe par le point B, et désignons par ω cette projection affectée du signe + ou du signe —, selon qu'elle est située sur OB ou sur OB', c'est-à-dire selon que le point M est situé ou non sur la demi-circonférence ABA'.

Le *sinus* de l'arc Ω est le rapport $\frac{R}{\omega}$.

---

[1] Indépendamment de ces six fonctions circulaires simples, quelques géomètres en ont considéré deux autres, savoir : le *sinus verse* et le *cosinus verse*; mais elles sont, pour ainsi dire, hors d'usage, du moins en France.

[2] Quel que soit l'arc Ω, la corde de cet arc est toujours la droite joignant son origine à son extrémité.

Si l'on considère la perpendiculaire abaissée de l'extrémité d'un arc sur le diamètre passant par son origine, comme positive ou négative, selon que cette extrémité est située ou non sur la demi-circonférence ABA', on peut dire que

Le sinus de l'arc Ω est le rapport, au rayon du cercle, de la perpendiculaire positive ou négative, abaissée de son extrémité sur le diamètre passant par son origine.

Le sinus d'un arc positif, moindre qu'une demi-circonférence, peut être considéré comme le rapport, au rayon du cercle, de la moitié de la corde qui sous-tend l'arc double.

En s'aidant de cette considération et de ce qui est établi dans les éléments de géométrie, on trouve de suite que les valeurs de $\sin\frac{H}{4}$ et $\sin\frac{H}{6}$ sont respectivement $\frac{1}{2}\sqrt{2}$ et $\frac{1}{2}$.

9. *Définition de la tangente.* — Soit AS la partie de la tangente indéfinie TT' comprise entre le point A et le rayon OM prolongé, et désignons par τ cette longueur AS affectée du signe + ou du signe —, selon qu'elle est située sur AT ou sur AT', c'est-à-dire selon que le point M est situé ou non sur l'un des quadrants AB, A'B'.

La *tangente* de l'arc Ω est le rapport $\frac{\tau}{R}$, ou, en langage ordinaire, c'est *le rapport, au rayon du cercle, de la distance positive ou négative interceptée sur la tangente indéfinie menée à l'origine de l'arc, entre cette origine et le prolongement du rayon qui passe par l'extrémité du même arc.*

10. *Définition de la sécante.* — Soit OS la partie du rayon OM prolongé, comprise depuis le point O jusqu'au point S (ce point S est celui dont il a été question dans la définition précédente), et désignons par ς cette longueur

affectée du signe + ou du signe —, selon que le point M est ou n'est pas entre les points O et S, c'est-à-dire selon que ce point M est situé ou non sur la demi-circonférence BAB'.

La *sécante* de l'arc Ω est le rapport $\frac{\varsigma}{R}$, ou, en langage ordinaire, c'est *le rapport, au rayon du cercle, de la partie positive ou négative du rayon prolongé, passant par l'extrémité de l'arc, comprise entre le centre et la tangente indéfinie à l'origine du même arc.*

11. *Définitions du cosinus, de la cotangente et de la cosécante.* — Le *cosinus*, la *cotangente* et la *cosécante* de l'arc Ω sont respectivement le sinus, la tangente et la sécante du complément de cet arc ([1]).

Pour déterminer les longueurs positives ou négatives dont les rapports au rayon du cercle C sont les trois dernières fonctions circulaires de l'arc Ω qui viennent d'être définies, il suffit de se rappeler ce qui a été dit au n° 5.

12. Les fonctions circulaires simples d'un arc quelconque, positif ou négatif, sont ce que nous appellerons des *rapports trigonométriques*, attendu que ces fonctions sont de vrais rapports, et qu'elles sont d'un grand usage dans la trigonométrie.

Les géomètres appellent ordinairement *lignes trigonométriques*, les longueurs positives ou négatives, dont les rapports au rayon R du cercle C sont les six fonctions circulaires définies précédemment.

13. Si le cercle C venait à varier, que R' fût son nouveau rayon, et que Ω' fût l'arc du nouveau cercle qui

---

([1]) Le *sinus verse* et le *cosinus verse* de l'arc Ω seraient respectivement l'excès de l'unité sur le cosinus et le sinus de cet arc.

vérifiât la relation

$$\frac{\Omega}{R}=\frac{\Omega'}{R'}\ (^1),$$

les deux arcs Ω et Ω' auraient les mêmes fonctions circulaires simples, c'est-à-dire qu'il y aurait égalité entre leurs sinus, de même entre leurs tangentes, etc.

14. *Notations.* — Les fonctions circulaires simples de l'arc Ω, selon l'ordre dans lequel nous les avons définies, s'indiquent ordinairement et respectivement de la manière suivante :

$$\sin\Omega,\quad \text{tang}\,\Omega,\quad \text{séc}\,\Omega,\quad \cos\Omega,\quad \cot\Omega,\quad \text{coséc}\,\Omega.$$

Quelquefois, au lieu d'écrire tang Ω, on écrit simplement tg Ω.

Les caractéristiques *sin*, *tang*, *séc*, *cos*, *cot* et *coséc* doivent être considérées comme de véritables signes d'opérations (Introd., n° 2).

Si l'on désigne par m un nombre quelconque, positif, nul ou négatif, la puissance $m^{\text{ième}}$ de l'une des fonctions circulaires simples de l'arc Ω, par exemple de $\cos\Omega$, se représente ordinairement ainsi

$$\cos^m\Omega\ (^2).$$

---

(1) Cette relation est vérifiée toutes les fois que les deux arcs Ω et Ω' sont de même signe et que leurs valeurs absolues sont deux arcs semblables, c'est-à-dire deux arcs correspondant à des angles au centre égaux.

Comme on ne considère jamais d'angles plus grands que quatre angles droits, il va sans dire que, dans l'observation précédente, les deux arcs Ω et Ω' sont supposés respectivement non supérieurs aux circonférences de rayons R et R'.

(2) Nous ferons observer ici que plusieurs géomètres, même parmi les modernes, ont employé une notation différente de celle que nous venons d'indiquer pour représenter la puissance $m^{\text{ième}}$ d'une fonction circulaire simple de l'arc Ω. Ainsi, par exemple, au lieu d'écrire $\cos^m\Omega$, ils ont écrit $\cos\Omega^m$; mais cette notation a l'inconvénient d'être amphibologique.

15. *Renseignements historiques.* — L'introduction des sinus dans les recherches géométriques est due au célèbre *Mohammed-ben-Geber*, prince de Syrie, qui vivait au commencement du xe siècle : ce géomètre est aussi connu sous le nom de *Albategnius*.

Les tangentes et cotangentes ont été introduites par *Mohammed-ben-Yahya*, connu sous le nom de *Aboul-Wefa*, et par *Ebn-Jounis* : ces deux géomètres vivaient vers la fin du xe siècle.

L'emploi des sécantes est dû à *Joachim* (Georges), surnommé *Rheticus*, et qui mourut en 1576 (¹).

VARIATIONS DES FONCTIONS CIRCULAIRES SIMPLES.

16. Soit x un arc variable, positif ou négatif, et examinons successivement de quelle manière varie chacune des six fonctions circulaires simples de cet arc.

Dans ce paragraphe, nous désignerons toujours par K un nombre entier positif, nul ou négatif.

17. *Variation du sinus.* — Si l'arc x varie d'une manière continue depuis $x = \mathrm{K}.\frac{\mathrm{H}}{2}$ jusqu'à $x = (\mathrm{K}+1)\frac{\mathrm{H}}{2}$, la figure du n° 2 montre immédiatement que la fonction $\sin x$ croît d'une manière continue depuis 0 jusqu'à 1, ou bien depuis -1 jusqu'à 0, selon que le nombre K est un multiple de 4 (*zéro* est considéré comme multiple de tout nombre), ou un tel multiple diminué de l'unité. Dans les autres cas, cette même fonction décroît, et cette décroissance a lieu depuis 1 jusqu'à 0, ou bien depuis 0

(¹) *Nouvelles Annales de Mathématiques*, tome III, page 51.

CHASLES, *Aperçu historique sur l'origine et le développement des méthodes en Géométrie*, pages 494-495.

DELAMBRE, *Histoire de l'Astronomie du moyen âge*, pages 12-17.

jusqu'à -1, selon que le nombre K est un multiple de 4, augmenté de l'unité ou du nombre 2.

Maintenant, si l'on remarque que la corde qui joint les extrémités de deux arcs égaux et de signes contraires, est perpendiculaire sur le diamètre AA', il en résulte, pour toute valeur de x, la relation

$$\sin(-x) = -\sin x.$$

De ce qui précède, on peut conclure : 1° que la fonction $\sin x$ est, entre les deux limites $-\infty$ et $+\infty$ assignées à la variable x, fonction continue de cette variable, et 2° que c'est une fonction impaire et périodique, ayant $\pm 2\mathrm{H}$ pour amplitude de la période.

Indépendamment des propriétés précédentes de la fonction $\sin x$, on peut encore évidemment ajouter celle-ci, savoir : que cette fonction admet un nombre indéfini de maxima et de minima, lesquels correspondent respectivement aux valeurs de x comprises dans les deux formules

$$x = (4n+1)\frac{\mathrm{H}}{2}, \quad x = (4n+3)\frac{\mathrm{H}}{2},$$

où n désigne un nombre entier quelconque positif, nul ou négatif.

Les maxima sont tous égaux entre eux, ainsi que les minima ; la valeur commune des premiers est 1, celle des seconds est -1.

18. *Variation de la tangente.* — Soit ε un arc positif aussi petit que l'on veut, mais différent de zéro, et posons

$$\operatorname{tang}\left(\mathrm{K}\frac{\mathrm{H}}{2} + \varepsilon\right) = \alpha, \quad \operatorname{tang}\left[(\mathrm{K}+1)\frac{\mathrm{H}}{2} - \varepsilon\right] = \beta.$$

Quelle que soit la valeur de K, les deux nombres α et β seront toujours de même signe.

De plus, selon que ce nombre K sera pair ou impair, les deux nombres α et $\frac{1}{\beta}$, ou $\frac{1}{\alpha}$ et β, seront, en valeur absolue, aussi petits que l'on voudra pour une valeur de ε suffisamment petite, et l'on aura $\alpha >$ ou < 0.

Maintenant si l'arc x varie d'une manière continue depuis $x = K \cdot \frac{H}{2} + \varepsilon$ jusqu'à $x = (K+1)\frac{H}{2} - \varepsilon$, la figure du n° 2 montre immédiatement que la fonction tang x croît d'une manière continue depuis α jusqu'à β. De plus, quelle que soit la valeur de x, on a la relation

$$\operatorname{tang}(-x) = -\operatorname{tang} x.$$

De ce qui précède, si l'on désigne par n un nombre entier quelconque positif, nul ou négatif, et par λ l'arc $(4n+1)\frac{H}{2}$, on peut conclure : 1° que la fonction tang x est entre les deux limites λ et $\lambda + H$ ou entre les deux limites $\lambda + H$ et $\lambda + 2H$ assignées à la variable x, fonction continue de cette variable; 2° qu'elle éprouve des solutions de continuité pour toutes les valeurs de x comprises dans les deux formules

$$x = (4n+1)\frac{H}{2}, \quad x = (4n+3)\frac{H}{2};$$

et 3° que cette même fonction est impaire et périodique, ayant $\pm H$ pour amplitude de la période.

19. *Variation de la sécante.* — Soit ε un arc positif aussi petit que l'on veut, mais différent de zéro, et posons

$$\operatorname{séc}\left(K \cdot \frac{H}{2} + \varepsilon\right) = \alpha, \quad \operatorname{séc}\left[(K+1)\frac{H}{2} - \varepsilon\right] = \beta.$$

Les deux nombres α et β seront positifs toutes les fois que le nombre K sera un multiple de 4, ou un tel multiple diminué de l'unité ; ils seront négatifs dans les deux autres cas.

De plus, selon que ce nombre K sera pair ou impair, les deux nombres $1-\alpha$ et $\frac{1}{\beta}$, ou $\frac{1}{\alpha}$ et $1-\beta$, seront, en valeur absolue, aussi petits que l'on voudra pour une valeur de ε suffisamment petite.

Maintenant, si l'arc x varie d'une manière continue depuis $x = K\cdot\frac{H}{2}+\varepsilon$ jusqu'à $x=(K+1)\frac{H}{2}-\varepsilon$, la figure du n° 2 montre immédiatement que la fonction séc x croît ou décroît d'une manière continue depuis α jusqu'à β, selon que le nombre K est ou n'est pas de l'une de ces deux formes, savoir : un multiple de 4, ou un tel multiple augmenté de l'unité.

De plus, quelle que soit la valeur de x, on a la relation

$$\text{séc}(-x) = \text{séc}\,x.$$

De ce qui précède on peut conclure que les deux premières propriétés énoncées à la fin du n° 18 (1° et 2°), relativement à la fonction tang x, s'appliquent identiquement à la fonction séc x, et que, de plus, cette dernière fonction est paire et périodique, ayant $\pm 2H$ pour amplitude de la période.

20. *Variations des autres fonctions circulaires simples.* — On peut étudier les variations des trois fonctions

$$\cos x,\quad \cot x,\quad \text{coséc}\,x,$$

comme celles des précédentes, en considérant simplement la figure du n° 2; mais on peut aussi les étudier à l'aide des trois égalités

$$\cos x = \sin\left(\frac{H}{2}-x\right),\quad \cot x = \text{tang}\left(\frac{H}{2}-x\right),$$

$$\text{coséc}\,x = \text{séc}\left(\frac{H}{2}-x\right),$$

qui ne sont autre chose que les définitions de ces trois fonctions.

Quel que soit le mode que l'on suive, on parviendra aux conclusions suivantes :

1°. La fonction $\cos x$ est, entre les deux limites $-\infty$ et $+\infty$ assignées à la variable x, fonction continue de cette variable; de plus, cette fonction est paire et périodique, ayant $\pm 2H$ pour amplitude de la période, et elle admet un nombre indéfini de maxima et de minima, lesquels correspondent respectivement aux valeurs de x comprises dans les deux formules

$$x = 2nH, \quad x = (2n+1)H,$$

où n désigne un nombre entier quelconque positif, nul ou négatif.

Les maxima sont tous égaux entre eux, ainsi que les minima; la valeur commune des premiers est 1, celle des seconds est -1.

2°. Si l'on désigne par n un nombre entier quelconque positif, nul ou négatif, et par λ l'arc $2nH$, les fonctions $\cot x$ et $\text{coséc}\, x$ sont, entre les deux limites λ et $\lambda + H$, ou entre les deux limites $\lambda + H$ et $\lambda + 2H$ assignées à la variable x, fonctions continues de cette variable, et elles éprouvent des solutions de continuité pour toutes les valeurs de x comprises dans les deux formules

$$x = 2nH, \quad x = (2n+1)H.$$

De plus, elles sont impaires et périodiques, ayant respectivement $\pm H$ et $\pm 2H$ pour amplitude de la période.

21. Ce que nous avons dit précédemment touchant la périodicité des six fonctions circulaires simples de l'arc x conduit immédiatement, quelle que soit la valeur de cet arc, aux six relations

$$\sin(2KH + x) = \sin x, \qquad (1)$$

$$\text{tang}(KH + x) = \text{tang}\, x, \qquad (2)$$

$$\text{séc}(2KH + x) = \text{séc}\, x, \qquad (3)$$

$$\cos(2KH + x) = \cos x, \qquad (4)$$

$$\cot(KH + x) = \cot x, \qquad (5)$$

$$\text{coséc}(2KH + x) = \text{coséc}\, x. \qquad (6)$$

De plus, comme on a

$$\sin(H + x) = \cos\left(-\frac{H}{2} - x\right) = \cos\left(\frac{H}{2} + x\right)$$
$$= \sin(-x) = -\sin x,$$

$$\text{séc}(H + x) = \text{coséc}\left(-\frac{H}{2} - x\right) = -\text{coséc}\left(\frac{H}{2} + x\right)$$
$$= -\text{coséc}(-x) = -\text{séc}\, x,$$

$$\cos(H + x) = \sin\left(-\frac{H}{2} - x\right) = -\sin\left(\frac{H}{2} + x\right)$$
$$= -\cos(-x) = -\cos x,$$

$$\text{coséc}(H + x) = \text{séc}\left(-\frac{H}{2} - x\right) = \text{séc}\left(\frac{H}{2} + x\right)$$
$$= \text{coséc}(-x) = -\text{coséc}\, x,$$

les relations (1), (3), (4) et (6) entraînent les suivantes :

$$\sin[(2K + 1)H + x] = -\sin x, \qquad (7)$$

$$\text{séc}[(2K + 1)H + x] = -\text{séc}\, x, \qquad (8)$$

$$\cos[(2K + 1)H + x] = -\cos x, \qquad (9)$$

$$\text{coséc}[(2K + 1)H + x] = -\text{coséc}\, x. \qquad (10)$$

Relativement aux relations que nous venons d'obtenir, nous ferons remarquer, comme *règle mnémonique*, qu'elles peuvent être réduites aux seules relations (1), (2) et (7), pourvu qu'on ait soin de considérer ces trois dernières comme subsistant, si l'on vient à y changer le signe *sin* en l'un quelconque des trois autres *séc*, *cos*, *coséc*, et le signe *tang* en *cot*.

RÉDUCTION DES ARCS AU QUADRANT.

22. Les relations du numéro précédent montrent que si, d'un arc quelconque Ω, positif ou négatif, on retranche un multiple positif ou négatif de H, on obtient un arc dont les rapports trigonométriques sont, aux signes près, les mêmes que ceux de l'arc Ω.

Si donc on désigne par K le nombre entier positif, nul ou négatif, pour lequel on a

$$KH \leqq \Omega < (K+1)H,$$

comme l'une des deux différences

$$\Omega - KH, \quad \Omega - (K+1)H$$

est nécessairement, en valeur absolue, non supérieure à $\frac{H}{2}$, on peut conclure qu'il existe toujours un arc, positif ou négatif, dont la valeur absolue n'excède pas $\frac{H}{2}$, et dont les rapports trigonométriques sont, aux signes près, les mêmes que ceux de l'arc Ω.

De plus, comme les rapports trigonométriques d'un arc conservent, aux signes près, les mêmes valeurs quand on change le signe de l'arc, on est conduit, en définitive, à cette conclusion, savoir : que l'on peut toujours obtenir un arc ω positif non supérieur au quadrant, et dont les rapports trigonométriques sont, aux signes près, les mêmes que ceux de l'arc donné Ω.

La recherche de l'arc ω est ce qu'on appelle *réduire l'arc Ω au quadrant.*

DES ARCS QUI CORRESPONDENT A UN MÊME RAPPORT TRIGONOMÉTRIQUE DONNÉ.

23. Dans les théorèmes suivants, que nous démontrerons tous simultanément, nous désignerons par Ω et Φ deux arcs quelconques, positifs ou négatifs, et par K un nombre entier indéterminé, positif, nul ou négatif.

Théorème I. — *Pour que les deux arcs Ω et Φ correspondent à un même sinus, il faut et il suffit que l'on ait*

$$\Omega = 2KH + \Phi,$$

ou bien

$$\Omega = (2K + 1)H - \Phi.$$

Théorème II. — *Pour que les deux arcs Ω et Φ correspondent à une même tangente, il faut et il suffit que l'on ait*

$$\Omega = KH + \Phi.$$

Théorème III. — *Pour que les deux arcs Ω et Φ correspondent à une même sécante, il faut et il suffit que l'on ait*

$$\Omega = 2KH \pm \Phi.$$

Théorème IV. — *Pour que les deux arcs Ω et Φ correspondent à un même cosinus, il faut et il suffit que l'on ait*

$$\Omega = 2KH \pm \Phi.$$

Théorème V. — *Pour que les deux arcs Ω et Φ correspondent à une même cotangente, il faut et il suffit que l'on ait*

$$\Omega = KH + \Phi.$$

Théorème VI. — *Pour que les deux arcs Ω et Φ correspondent à une même cosécante, il faut et il suffit que l'on ait*

$$\Omega = 2KH + \Phi,$$

ou bien

$$\Omega = (2K + 1)H - \Phi.$$

Démonstration des six théorèmes précédents [1]. — Dans chacun de ces théorèmes, la conclusion se compose de deux parties, la *nécessité* des conditions posées et leur *suffisance*. Mais comme cette seconde partie est évidente par suite des relations du n° 21, il suffit ici de démontrer la première.

Soient m et n les deux nombres entiers, positifs, nuls ou négatifs, pour lesquels on a

$$(m+n)\,H \leqq \Omega < (m+n+1)\,H,$$
$$nH \leqq \Phi < (n+1)\,H,$$

et désignons respectivement par ω et φ les deux arcs Ω et Φ réduits au quadrant. L'arc ω est l'un des deux arcs positifs

$$\Omega-(m+n)\,H, \quad (m+n+1)\,H-\Omega, \tag{1}$$

et l'arc φ l'un de ces deux autres

$$\Phi-nH, \quad (n+1)\,H-\Phi. \tag{2}$$

Maintenant, si les arcs Ω et Φ correspondent à un même rapport trigonométrique, on a nécessairement

$$\omega=\varphi.$$

Or, si l'on égale l'un des arcs (1) avec l'un des arcs (2), on obtient l'une ou l'autre des deux relations

$$\Omega=mH+\Phi, \tag{3}$$
$$\Omega=(m+2n+1)\,H-\Phi, \tag{4}$$

c'est-à-dire que l'arc Ω doit nécessairement s'exprimer en fonction de Φ sous l'une ou l'autre des deux formes précédentes.

---

[1] Les démonstrations que nous donnons ici de ces théorèmes sont, à notre avis, plus simples et plus générales que celles que l'on donne ordinairement, et qui sont basées sur des considérations purement géométriques.

Cela posé, si m est pair, on tire de la relation (3)

$$\sin\Omega = \sin\Phi,\quad \text{tang}\,\Omega = \text{tang}\,\Phi,\quad \text{séc}\,\Omega = \text{séc}\,\Phi,$$
$$\cos\Omega = \cos\Phi,\quad \cot\Omega = \cot\Phi,\quad \text{coséc}\,\Omega = \text{coséc}\,\Phi,$$

et de la relation (4)

$$\sin\Omega = \sin\Phi,\quad \text{tang}\,\Omega = -\,\text{tang}\,\Phi,\quad \text{séc}\,\Omega = -\,\text{séc}\,\Phi,$$
$$\cos\Omega = -\cos\Phi,\quad \cot\Omega = -\cot\Phi,\quad \text{coséc}\,\Omega = \text{coséc}\,\Phi.$$

Si, au contraire, m est impair, on tire de la relation (3)

$$\sin\Omega = -\sin\Phi,\quad \text{tang}\,\Omega = \text{tang}\,\Phi,\quad \text{séc}\,\Omega = -\,\text{séc}\,\Phi,$$
$$\cos\Omega = -\cos\Phi,\quad \cot\Omega = \cot\Phi,\quad \text{coséc}\,\Omega = -\,\text{coséc}\,\Phi,$$

et de la relation (4)

$$\sin\Omega = -\sin\Phi,\quad \text{tang}\,\Omega = -\,\text{tang}\,\Phi,\quad \text{séc}\,\Omega = \text{séc}\,\Phi,$$
$$\cos\Omega = \cos\Phi,\quad \cot\Omega = -\cot\Phi,\quad \text{coséc}\,\Omega = -\,\text{coséc}\,\Phi \text{ (n° 21)}.$$

Donc, etc.

Scolie I. — Les théorèmes IV, V et VI peuvent être donnés comme corollaires respectifs des théorèmes I, II et III.

Ainsi, par exemple, si les arcs Ω et Φ correspondent à un même cosinus, les deux arcs $\frac{H}{2} - \Omega$ et $\frac{H}{2} - \Phi$ correspondent à un même sinus, et par conséquent, en vertu du théorème I, on a nécessairement l'une ou l'autre des deux relations

$$\frac{H}{2} - \Omega = 2KH + \left(\frac{H}{2} - \Phi\right),$$
$$\frac{H}{2} - \Omega = (2K+1)H - \left(\frac{H}{2} - \Phi\right).$$

Or ces deux relations donnent respectivement

$$\Omega = 2(-K)H + \Phi,$$
$$\Omega = 2(-K)H - \Phi;$$

donc, etc.

Scolie II. — Les six théorèmes précédents peuvent être énoncés d'une autre manière : ainsi, par exemple, pour le théorème I, on peut dire que *l'équation*

$$\sin x = \sin \Phi$$

qui ne contient que la seule inconnue x, admet pour racines toutes les valeurs de x comprises dans les deux formules

$$x = 2\mathrm{K}\mathrm{H} + \Phi, \quad x = (2\mathrm{K}+1)\mathrm{H} - \Phi,$$

où K désigne un nombre entier positif, nul ou négatif, choisi arbitrairement, et n'en a pas d'autres.

DES FONCTIONS CIRCULAIRES SIMPLES ET INVERSES.

24. Si l'on désigne par x un arc variable quelconque, positif ou négatif, et respectivement par S, T, U, V, Y, Z les six fonctions circulaires simples

$$\sin x, \quad \tang x, \quad \text{séc}\, x, \quad \cos x, \quad \cot x, \quad \text{coséc}\, x,$$

les fonctions qui leur sont inverses (Introd., n° **24**) se représentent respectivement de la manière suivante :

$$\text{arc}\sin \mathrm{S}, \quad \text{arc}\,\text{tang}\, \mathrm{T}, \quad \text{arc}\,\text{séc}\, \mathrm{U},$$
$$\text{arc}\cos \mathrm{V}, \quad \text{arc}\cot \mathrm{Y}, \quad \text{arc}\,\text{coséc}\, \mathrm{Z}\ (^1),$$

et pour énoncer l'une d'elles, par exemple arc séc U, on dit *arc dont la sécante est* U.

Ces fonctions inverses ne sont pas complétement déterminées, car arc séc U, par exemple, admet un nombre

---

(1) Les géomètres anglais écrivent ces six fonctions inverses respectivement sous cette autre forme

$$\sin^{-1}\mathrm{S}, \quad \text{tang}^{-1}\mathrm{T}, \quad \text{séc}^{-1}\mathrm{U}, \quad \cos^{-1}\mathrm{V}, \quad \cot^{-1}\mathrm{Y}, \quad \text{coséc}^{-1}\mathrm{Z};$$

mais cette notation présente l'inconvénient d'être amphibologique.

indéfini de valeurs pour une même valeur de U (n° 23), à moins que la valeur de cette fonction ne soit toujours assujettie à être comprise entre les limites KH et (K+1)H, où K désigne un nombre entier donné, positif, nul ou négatif.

RELATIONS ENTRE LES RAPPORTS TRIGONOMÉTRIQUES D'UN MÊME ARC.

25. Théorème. — *Si l'on désigne par* A *un arc quelconque, positif ou négatif, on a les relations*

$$\sin^2 A + \cos^2 A = 1, \tag{1}$$

$$\operatorname{tang} A = \frac{\sin A}{\cos A} \tag{2}$$

et

$$\operatorname{séc} A = \frac{1}{\cos A}. \tag{3}$$

Démonstration. — D'abord ces relations sont évidentes lorsque l'extrémité de l'arc A est l'un des points A, A', B, B' (*voyez* la figure du n° 2), et par conséquent il suffit de les démontrer dans tous les autres cas.

Soient α l'arc A réduit au quadrant, et M l'extrémité de cet arc α qui est plus grand que zéro et moindre que $\frac{H}{2}$: menons le rayon OM dont le prolongement rencontre la tangente indéfinie TT' au point S, et du point M abaissons MP perpendiculaire sur OA.

On a

$$\overline{MP}^2 + \overline{OP}^2 = \overline{OM}^2,$$

$$\frac{AS}{OA} = \frac{MP}{OP},$$

$$\frac{OS}{OA} = \frac{OM}{OP},$$

ou bien

$$\left(\frac{\mathrm{MP}}{\mathrm{OM}}\right)^2 + \left(\frac{\mathrm{OP}}{\mathrm{OM}}\right)^2 = 1,$$

$$\frac{\mathrm{AS}}{\mathrm{OA}} = \frac{\left(\frac{\mathrm{MP}}{\mathrm{OM}}\right)}{\left(\frac{\mathrm{OP}}{\mathrm{OM}}\right)},$$

$$\frac{\mathrm{OS}}{\mathrm{OA}} = \frac{1}{\left(\frac{\mathrm{OP}}{\mathrm{OM}}\right)};$$

et comme

$$\frac{\mathrm{MP}}{\mathrm{OM}} = \sin\alpha, \quad \frac{\mathrm{OP}}{\mathrm{OM}} = \cos\alpha, \quad \frac{\mathrm{AS}}{\mathrm{OA}} = \operatorname{tang}\alpha, \quad \frac{\mathrm{OS}}{\mathrm{OA}} = \operatorname{séc}\alpha,$$

il vient les relations

$$\sin^2\alpha + \cos^2\alpha = 1,$$

$$\operatorname{tang}\alpha = \frac{\sin\alpha}{\cos\alpha},$$

$$\operatorname{séc}\alpha = \frac{1}{\cos\alpha}.$$

Maintenant, si l'on observe que l'on a (n° 22)

$$\sin \mathrm{A} = \pm \sin\alpha, \quad \cos \mathrm{A} = \pm \cos\alpha,$$

$$\operatorname{tang} \mathrm{A} = \pm \operatorname{tang}\alpha, \quad \operatorname{séc} \mathrm{A} = \pm \operatorname{séc}\alpha,$$

et que, quelle que soit la situation de l'extrémité de l'arc A, les fonctions circulaires tang A et séc A sont respectivement de même signe que les rapports $\frac{\sin \mathrm{A}}{\cos \mathrm{A}}$ et $\frac{1}{\cos \mathrm{A}}$, il en résulte immédiatement les relations qui étaient à démontrer. Donc, etc.

Corollaire. — Les relations (2) et (3) étant vraies quel

que soit l'arc A, donnent

$$\operatorname{tang}\left(\frac{H}{2}-A\right)=\frac{\sin\left(\frac{H}{2}-A\right)}{\cos\left(\frac{H}{2}-A\right)},$$

$$\operatorname{séc}\left(\frac{H}{2}-A\right)=\frac{1}{\cos\left(\frac{H}{2}-A\right)},$$

ou bien

$$\cot A=\frac{\cos A}{\sin A}, \qquad (4)$$

et

$$\operatorname{coséc} A=\frac{1}{\sin A}. \qquad (5)$$

Ces deux dernières relations auraient pu être établies directement comme les relations (2) et (3).

Scolie. — Il ne peut exister entre des quantités indépendantes de l'arc A et les rapports trigonométriques de cet arc, aucune autre relation qui soit à la fois algébrique relativement à ces rapports, et vraiment distincte de celles données précédemment.

Car, si une telle relation existait, en éliminant cinq des rapports trigonométriques de l'arc A, par exemple

tang A, séc A, cos A, cot A et coséc A,

entre cette relation et les cinq autres établies ci-dessus, on obtiendrait nécessairement une relation non identique entre des quantités indépendantes de l'arc A et le rapport trigonométrique sin A, et qui serait, en outre, algébrique relativement à ce rapport, ce qui est impossible puisque sin A doit pouvoir prendre telle valeur que l'on veut entre -1 et $+1$.

AUTRES RELATIONS FOURNIES PAR LE PARAGRAPHE PRÉCÉDENT.

26. Théorème. — *Si l'on désigne toujours par* A *un arc quelconque, positif ou négatif, on a les relations*

$$\operatorname{tang} A \cot A = 1,$$

$$\operatorname{séc}^2 A = 1 + \operatorname{tang}^2 A$$

et

$$\operatorname{coséc}^2 A = 1 + \cot^2 A.$$

Démonstration. — On a

$$\operatorname{tang} A \cot A = \frac{\sin A}{\cos A}\frac{\cos A}{\sin A} = \frac{\sin A \cos A}{\cos A \sin A} = 1,$$

$$\operatorname{séc}^2 A = \frac{1}{\cos^2 A} = \frac{\cos^2 A + \sin^2 A}{\cos^2 A} = 1 + \left(\frac{\sin A}{\cos A}\right)^2$$
$$= 1 + \operatorname{tang}^2 A$$

et

$$\operatorname{coséc}^2 A = \frac{1}{\sin^2 A} = \frac{\sin^2 A + \cos^2 A}{\sin^2 A} = 1 + \left(\frac{\cos A}{\sin A}\right)^2 = 1 + \cot^2 A.$$

Donc, etc.

Corollaire. — On a

$$\operatorname{séc}^2 A = 1 + \left(\frac{1}{\cot A}\right)^2 = \frac{1 + \cot^2 A}{\cot^2 A}$$

et

$$\operatorname{coséc}^2 A = 1 + \left(\frac{1}{\operatorname{tang} A}\right)^2 = \frac{1 + \operatorname{tang}^2 A}{\operatorname{tang}^2 A}.$$

De plus, comme

$$\sin^2 A = \frac{1}{\operatorname{coséc}^2 A} \quad \text{et} \quad \cos^2 A = \frac{1}{\operatorname{séc}^2 A},$$

il vient

$$\sin^2 A = \frac{1}{1 + \cot^2 A} = \frac{\operatorname{tang}^2 A}{1 + \operatorname{tang}^2 A}$$

et

$$\cos^2 A = \frac{\cot^2 A}{1 + \cot^2 A} = \frac{1}{1 + \operatorname{tang}^2 A}.$$

Ces dernières valeurs de $\sin^2 A$ et de $\cos^2 A$ exprimées en fonction de l'un ou l'autre des deux rapports trigonométriques tang A et cot A, par exemple celles en fonction de tang A, peuvent être obtenues directement et assez élégamment de la manière suivante :

On a

$$\operatorname{tang} A = \frac{\sin A}{\cos A},$$

ou bien

$$\frac{\sin A}{\operatorname{tang} A} = \frac{\cos A}{1};$$

d'où

$$\frac{\sin^2 A}{\operatorname{tang}^2 A} = \frac{\cos^2 A}{1} = \frac{\sin^2 A + \cos^2 A}{1 + \operatorname{tang}^2 A} = \frac{1}{1 + \operatorname{tang}^2 A}.$$

PROBLÈMES QUI SE RATTACHENT AUX RELATIONS DONNÉES DANS LES DEUX PARAGRAPHES PRÉCÉDENTS.

27. Problème. — *Étant donné un nombre a, positif ou négatif, et satisfaisant aux relations*

$$-1 < a < 1,$$

déterminer cinq autres nombres x, y, z, u et v, positifs ou négatifs, de telle sorte qu'il existe un certain arc A pour lequel on ait

$$\sin A = a, \quad \operatorname{tang} A = x, \quad \text{séc} A = y,$$
$$\cos A = z, \quad \cot A = u, \quad \text{coséc} A = v.$$

Solution. — Il est évident, d'abord, que ce problème admet toujours deux solutions, et jamais davantage, et, en second lieu, qu'à chaque solution correspond un nombre indéfini d'arcs positifs ou négatifs [1].

---

[1] Nous entendons ici par *arc correspondant* à une solution du problème

De plus, si l'on désigne par K un nombre entier, positif, nul ou négatif, susceptible de varier indéfiniment, et par α l'un des arcs qui correspondent à l'une des deux solutions, les arcs correspondant à l'autre seront seulement ceux donnés par l'expression

$$(2K + 1)H - \alpha,$$

attendu que tous les arcs compris dans cette expression et dans la suivante

$$2KH + \alpha,$$

sont les seuls qui aient même sinus que l'arc α, et que pour toute valeur de K, on a

$$\begin{aligned}
\text{tang}(2KH + \alpha) &= \text{tang}\,\alpha,\\
\text{séc}(2KH + \alpha) &= \text{séc}\,\alpha,\\
\cos(2KH + \alpha) &= \cos\alpha,\\
\cot(2KH + \alpha) &= \cot\alpha,\\
\text{coséc}(2KH + \alpha) &= \text{coséc}\,\alpha,
\end{aligned}$$

$$\begin{aligned}
\text{tang}[(2K + 1)H - \alpha] &= -\text{tang}\,\alpha,\\
\text{séc}[(2K + 1)H - \alpha] &= -\text{séc}\,\alpha,\\
\cos[(2K + 1)H - \alpha] &= -\cos\alpha,\\
\cot[(2K + 1)H - \alpha] &= -\cot\alpha,\\
\text{coséc}[(2K + 1)H \quad] &= \text{coséc}\,\alpha.
\end{aligned}$$

Ces dernières relations montrent aussi que l'une des deux solutions en question se déduit de l'autre en y changeant simplement les signes des quatre nombres x, y, z et u.

---

toute valeur de l'arc A qui remplit à l'égard de cette solution les conditions indiquées dans l'énoncé du problème pour cet arc A.

Cette observation devra être considérée à l'avenir comme s'appliquant à tous les problèmes du même genre que celui que nous traitons actuellement.

Cela posé, on a

$$v = \frac{1}{a};$$

de plus

$$a^2 + z^2 = 1,$$

d'où

$$z = \pm\sqrt{1 - a^2},$$

et, par suite,

$$x = \frac{a}{z} = \pm \frac{a}{\sqrt{1 - a^2}},$$

$$y = \frac{1}{z} = \pm \frac{1}{\sqrt{1 - a^2}},$$

$$u = \frac{z}{a} = \pm \frac{\sqrt{1 - a^2}}{a}.$$

Si l'on observe que les doubles signes $\pm$ qui affectent les expressions précédentes de x, y, z et u, sont *coordonnés* [1], les deux solutions du problème proposé se trouvent alors nettement indiquées par les formules que nous venons d'obtenir.

Scolie. — Le problème précédent n'admettrait qu'une solution si, dans son énoncé, l'arc A était assujetti à vérifier les relations

$$n\frac{H}{2} < A \leqq (n + 1)\frac{H}{2},$$

où n désigne un nombre entier donné, positif, nul ou négatif, et cette solution se conclurait immédiatement des cinq formules obtenues ci-dessus, en ayant soin de sup-

---

[1] Lorsque, dans une même expression mathématique (ou dans plusieurs expressions mathématiques considérées simultanément), il entre des doubles signes $\pm$, $\mp$, tels que les signes supérieurs $+$ ou $-$ qui les constituent doivent tous être pris ensemble, et de même les signes inférieurs $-$ ou $+$, il est d'usage alors de dire que dans cette expression (ou dans ces expressions) les doubles signes ainsi régularisés sont *coordonnés*.

primer dans les expressions de x, y, z et u, le signe $+$ ou le signe $-$ de chacun des doubles signes $\pm$ dont elles sont affectées, selon que le nombre n serait ou non de l'une de ces deux formes, savoir : un multiple de 4, ou un tel multiple diminué de l'unité.

Observation. — Dans les deux problèmes suivants, nous nous bornerons simplement à présenter les calculs pour arriver aux valeurs des quantités inconnues, et nous laisserons au lecteur le soin de donner à la solution de chacun de ces problèmes tous les développements qu'elle comporte, en la modelant sur celle du problème précédent.

28. Problème. — *Étant donné un nombre quelconque a positif ou négatif, déterminer cinq autres nombres x, y, z, u et v, positifs ou négatifs, de telle sorte qu'il existe un certain arc A pour lequel on ait*

$$\sin A = x, \quad \operatorname{tang} A = a, \quad \text{séc}\, A = y,$$
$$\cos A = z, \quad \cot A = u, \quad \text{coséc}\, A = v.$$

Solution. — On a

$$u = \frac{1}{a};$$

de plus

$$x^2 = \frac{a^2}{1 + a^2},$$

d'où

$$x = \pm \frac{a}{\sqrt{1 + a^2}},$$

et, par suite,

$$z = \frac{x}{a} = \pm \frac{1}{\sqrt{1 + a^2}},$$

$$y = \frac{1}{z} = \pm \sqrt{1 + a^2},$$

$$v = \frac{1}{x} = \pm \frac{\sqrt{1 + a^2}}{a}.$$

29. Problème. — *Étant donné un nombre a positif ou négatif, et ayant une valeur absolue supérieure à l'unité, déterminer cinq autres nombres x, y, z, u et v, positifs ou négatifs, de telle sorte qu'il existe un certain arc A pour lequel on ait*

$$\sin A = x, \quad \text{tang} A = y, \quad \text{séc} A = a,$$
$$\cos A = z, \quad \cot A = u, \quad \text{coséc} A = v.$$

Solution. — On a

$$z = \frac{1}{a};$$

de plus

$$x^2 + z^2 = 1,$$

d'où

$$x = \pm\sqrt{1 - z^2} = \pm\frac{\sqrt{a^2 - 1}}{a},$$

et, par suite,

$$y = \frac{x}{z} = \pm\sqrt{a^2 - 1},$$

$$u = \frac{1}{y} = \pm\frac{1}{\sqrt{a^2 - 1}},$$

$$v = \frac{1}{x} = \pm\frac{a}{\sqrt{a^2 - 1}}.$$

Observation. — On pourrait encore donner ici trois autres problèmes du même genre que les précédents, mais comme ils sont compris dans ces derniers, nous nous abstiendrons d'en parler.

RELATIONS CONCERNANT L'ADDITION, LA SOUSTRACTION, LA MULTIPLICATION ET LA DIVISION DES ARCS.

30. Théorème — *Si l'on désigne par A et B deux arcs quelconques positifs ou négatifs, on a la relation*

$$\sin(A + B) = \sin A \cos B + \cos A \sin B. \tag{1}$$

Démonstration. — Le point M étant l'extrémité de l'arc A, et le point N celle de l'arc $\frac{H}{2} - B$, menons la corde MN [1].

Si nous désignons par α et β les plus petits arcs positifs terminés respectivement en M et N, on sait (n° 4) qu'il existe toujours deux nombres entiers m et n, positifs, nuls ou négatifs, pour lesquels on a

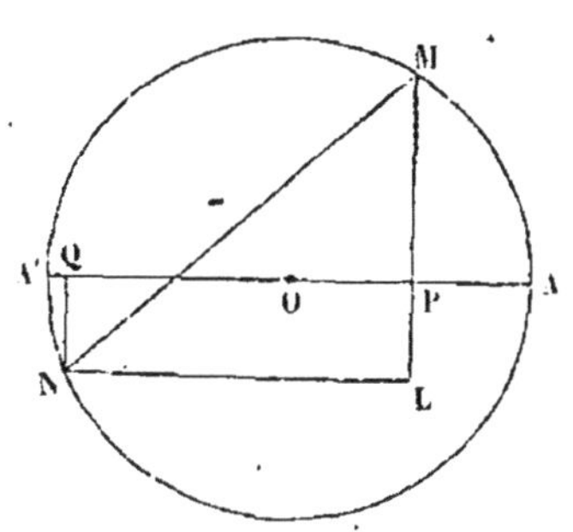

$$A = 2mH + \alpha,$$
$$\frac{H}{2} - B = 2nH + \beta,$$

et comme de ces deux égalités on tire

$$A - \left(\frac{H}{2} - B\right) \quad \text{ou} \quad A + B - \frac{H}{2} = 2(m-n)H + \alpha - \beta,$$

on conclut immédiatement que la corde de l'arc $A + B - \frac{H}{2}$ n'est autre que celle de l'arc $\alpha - \beta$, laquelle est évidemment égale à MN. Ainsi, on a

$$\mathrm{G}\left(A + B - \frac{H}{2}\right) = \mathrm{MN}\ [2].$$

Cela posé, par les points M et N menons les perpendiculaires MP, NQ sur le diamètre AA′, et par l'un de ces deux points, par exemple N, traçons NL perpendiculaire

---

[1] La démonstration que nous donnons ici ne suppose rien sur la situation des points M et N, dont la coïncidence peut avoir lieu.

[2] Pour désigner la *corde d'un arc* A, nous adoptons ici la notation $\mathrm{G}A$, que nous avons vue employée par certains géomètres, et dont nous ferons encore usage dans la suite.

sur MP. On a

$$\overline{MN}^2 \quad \text{ou} \quad G^2\left(A + B - \frac{H}{2}\right) = \overline{ML}^2 + \overline{NL}^2,$$

d'où

$$1 - \frac{G^2\left(A + B - \frac{H}{2}\right)}{2R^2} = 1 - \frac{1}{2}\left[\left(\frac{ML}{R}\right)^2 + \left(\frac{NL}{R}\right)^2\right].$$

Or, quelles que soient les positions des points M et N sur la circonférence du cercle C, on voit de suite qu'on a

$$\left(\frac{ML}{R}\right)^2 = \left[\sin A - \sin\left(\frac{H}{2} - B\right)\right]^2 = (\sin A - \cos B)^2$$
$$= \sin^2 A + \cos^2 B - 2\sin A\cos B,$$

$$\left(\frac{NL}{R}\right)^2 = \left[\cos A - \cos\left(\frac{H}{2} - B\right)\right]^2 = (\cos A - \sin B)^2$$
$$= \cos^2 A + \sin^2 B - 2\cos A\sin B,$$

et par conséquent, en ayant égard aux relations

$$\sin^2 A + \cos^2 A = \sin^2 B + \cos^2 B = 1,$$

il vient

$$1 - \frac{G^2\left(A + B - \frac{H}{2}\right)}{2R^2} = \sin A\cos B + \cos A\sin B.$$

Maintenant, comme il est évident que tout ce qui vient d'être dit subsiste quels que soient les arcs A et B, et alors même qu'ils seraient nuls, nous pouvons substituer, dans la dernière relation obtenue, o (zéro) à la place de B, et ensuite A + B à la place de A. De cette manière, il vient

$$1 - \frac{G^2\left(A + B - \frac{H}{2}\right)}{2R^2} = \sin(A + B).$$

Comparant cette dernière relation avec celle qui l'a

fournie, on en conclut qu'il y a égalité entre leurs seconds membres. Donc, etc.

Scolie. — La démonstration extrêmement simple que nous venons de donner de la relation (1), n'est que l'imitation de celle qui a été donnée ([1]) par M. F. Sarrus, pour la relation (4) ci-après : aussi doit-elle être considérée comme due à ce célèbre professeur qui depuis longtemps fait honneur à la Faculté des sciences de Strasbourg.

Corollaire I. — Si dans la relation (1) on change A en $\frac{H}{2} + A$, on obtient la relation

$$\sin\left(\frac{H}{2} + A + B\right) = \sin\left(\frac{H}{2} + A\right)\cos B + \cos\left(\frac{H}{2} + A\right)\sin B,$$

qui, à cause des égalités

$$\sin\left(\frac{H}{2} + A + B\right) = \cos(-A - B) = \cos(A + B),$$

$$\sin\left(\frac{H}{2} + A\right) = \cos(-A) = \cos A,$$

$$\cos\left(\frac{H}{2} + A\right) = \sin(-A) = -\sin A,$$

se réduit à

$$\cos(A + B) = \cos A \cos B - \sin A \sin B. \qquad (2)$$

De plus, si dans les relations (1) et (2) on change B en $-B$, il vient

$$\sin(A - B) = \sin A \cos B - \cos A \sin B \qquad (3)$$

([1]) *Annales de Mathématiques pures et appliquées*, tome XI, page 323; 1821.

et

$$\cos(A - B) = \cos A \cos B + \sin A \sin B\ (^1). \qquad (4)$$

Corollaire II. — Si dans les relations (1) et (2) on pose $B = mA$, m étant un nombre quelconque, positif ou négatif, on obtient les deux relations

$$\sin(m+1)A = \sin A \cos mA + \cos A \sin mA,$$
$$\cos(m+1)A = \cos A \cos mA - \sin A \sin mA,$$

au moyen desquelles, en égalant m successivement à chacun des nombres de la suite naturelle

$$1,\quad 2,\quad 3,\quad 4,\quad 5,\quad 6,\quad 7,\ldots,$$

on peut évidemment parvenir à l'évaluation du sinus et du cosinus d'un multiple quelconque de l'arc A, en fonction seulement du sinus et du cosinus de cet arc.

On obtient de cette manière les relations

$$\sin 2A = 2 \sin A \cos A,$$
$$\cos 2A = \cos^2 A - \sin^2 A,$$
$$\sin 3A = 3 \sin A \cos^2 A - \sin^3 A,$$
$$\cos 3A = \cos^3 A - 3 \sin^2 A \cos A,$$

et comme on a (n° 25)

$$\sin^2 A = 1 - \cos^2 A,$$
$$\cos^2 A = 1 - \sin^2 A,$$

les trois dernières de ces relations entraînent les sui-

(1) On écrit souvent

$$\sin(A \pm B) = \sin A \cos B \pm \cos A \sin B$$

et

$$\cos(A \pm B) = \cos A \cos B \mp \sin A \sin B;$$

mais alors les doubles signes sont coordonnés dans chacune de ces relations.

vantes

$$\cos 2A = 2\cos^2 A - 1,$$

$$\cos 2A = 1 - 2\sin^2 A,$$

$$\sin 3A = 3\sin A - 4\sin^3 A$$

et

$$\cos 3A = 4\cos^3 A - 3\cos A.$$

31. Théorème. — *Si l'on désigne par A un arc quelconque, positif ou négatif, on a les relations*

$$\sin^2 \frac{1}{2} A = \frac{1}{2}(1 - \cos A) \qquad (1)$$

et

$$\cos^2 \frac{1}{2} A = \frac{1}{2}(1 + \cos A). \qquad (2)$$

Démonstration. — Des relations

$$\cos A = 1 - 2\sin^2 \frac{1}{2} A$$

et

$$\cos A = 2\cos^2 \frac{1}{2} A - 1,$$

déjà établies (n° 30), on tire les valeurs indiquées de $\sin^2 \frac{1}{2} A$ et $\cos^2 \frac{1}{2} A$. Donc, etc.

Scolie. — Les relations (1) et (2) peuvent évidemment se déduire l'une de l'autre, par suite de la relation connue

$$\sin^2 \frac{1}{2} A + \cos^2 \frac{1}{2} A = 1.$$

Corollaire. — Si l'on divise les relations (1) et (2) membre à membre, il vient

$$\text{tang}^2 \frac{1}{2} A = \frac{1 - \cos A}{1 + \cos A}. \qquad (3)$$

32. Théorème. — *Si l'on désigne par A un arc quelconque positif ou négatif, on a la relation*

$$\left(\cos\frac{1}{2}A \pm \sin\frac{1}{2}A\right)^2 = 1 \pm \sin A, \qquad (1)$$

dans laquelle les doubles signes sont coordonnés.

Démonstration. — Si l'on ajoute membre à membre les deux relations connues

$$\cos^2\frac{1}{2}A + \sin^2\frac{1}{2}A = 1,$$

$$2\cos\frac{1}{2}A\sin\frac{1}{2}A = \sin A,$$

après avoir multiplié les deux membres de la seconde par ± 1, il vient la relation (1). Donc, etc.

Scolie. — Chacune des deux relations, objet du théorème précédent, peut se déduire de l'autre en changeant dans celle-ci A en — A.

33. Théorème. — *Si l'on désigne par A un arc quelconque positif ou négatif, on a les deux relations*

$$\operatorname{tang}\frac{1}{2}A = \frac{1-\cos A}{\sin A} \qquad (1)$$

et

$$\operatorname{tang}\frac{1}{2}A = \frac{\sin A}{1+\cos A}. \qquad (2)$$

Démonstration. — De la relation connue

$$\operatorname{tang}\frac{1}{2}A = \frac{\sin\frac{1}{2}A}{\cos\frac{1}{2}A},$$

on tire

$$\operatorname{tang}\frac{1}{2}A = \frac{2\sin^2\frac{1}{2}A}{2\sin\frac{1}{2}A\cos\frac{1}{2}A}$$

et

$$\operatorname{tang}\frac{1}{2}A = \frac{2\sin\frac{1}{2}A\cos\frac{1}{2}A}{2\cos^2\frac{1}{2}A}.$$

Or (n°s 30 et 31)

$$2 \sin \frac{1}{2} A \cos \frac{1}{2} A = \sin A,$$

$$2 \sin^2 \frac{1}{2} A = 1 - \cos A$$

et

$$2 \cos^2 \frac{1}{2} A = 1 + \cos A;$$

donc, etc.

Scolie. — Les relations (1) et (2) peuvent se déduire l'une de l'autre : ainsi, par exemple, la première donne

$$\operatorname{tang} \frac{1}{2} A = \frac{1 - \cos^2 A}{\sin A (1 + \cos A)},$$

et comme $1 - \cos^2 A = \sin^2 A$, il vient

$$\operatorname{tang} \frac{1}{2} A = \frac{\sin A}{1 + \cos A}.$$

On pourrait encore opérer cette déduction en ayant recours à la relation (3) du n° 31.

34. Théorème. — *Si l'on désigne par* A *et* B *deux arcs quelconques, positifs ou négatifs, on a la relation*

$$\operatorname{tang}(A \pm B) = \frac{\operatorname{tang} A \pm \operatorname{tang} B}{1 \mp \operatorname{tang} A \operatorname{tang} B}, \qquad (1)$$

dans laquelle les doubles signes sont coordonnés.

Démonstration. — De la relation connue

$$\operatorname{tang}(A \pm B) = \frac{\sin(A \pm B)}{\cos(A \pm B)} = \frac{\sin A \cos B \pm \cos A \sin B}{\cos A \cos B \mp \sin A \sin B},$$

où les doubles signes sont coordonnés, on déduit, en divisant les deux termes du dernier rapport par $\cos A \cos B$,

$$\operatorname{tang}(A \pm B) = \frac{\frac{\sin A}{\cos A} \pm \frac{\sin B}{\cos B}}{1 \mp \frac{\sin A}{\cos A}\frac{\sin B}{\cos B}};$$

donc, etc.

Corollaire I. — La relation qui vient d'être démontrée donne

$$\frac{1}{\cot(A \pm B)} = \frac{\frac{1}{\cot A} \pm \frac{1}{\cot B}}{1 \mp \frac{1}{\cot A}\frac{1}{\cot B}},$$

et, par suite,

$$\cot(A \pm B) = \frac{\cot A \cot B \mp 1}{\cot B \pm \cot A}. \qquad (2)$$

Cette dernière relation, dans laquelle les doubles signes sont coordonnés, peut se démontrer directement de la même manière que celle qui l'a fournie.

Corollaire II. — Si dans les relations (1) et (2) on ne prend que les signes supérieurs des doubles signes, et que l'on pose $B = mA$, m étant un nombre quelconque, positif ou négatif, on obtient les deux relations

$$\operatorname{tang}(m+1)A = \frac{\operatorname{tang} mA + \operatorname{tang} A}{1 - \operatorname{tang} mA \operatorname{tang} A},$$

$$\cot(m+1)A = \frac{\cot mA \cot A - 1}{\cot mA + \cot A};$$

au moyen desquelles, en égalant m successivement à chacun des nombres de la suite naturelle

$$1, \quad 2, \quad 3, \quad 4, \quad 5, \quad 6, \quad 7, \ldots;$$

on peut évidemment parvenir à l'évaluation de la tangente et de la cotangente d'un multiple quelconque de l'arc A, en fonction seulement de la tangente ou de la cotangente de cet arc.

On obtient de cette manière les relations

$$\operatorname{tang} 2A = \frac{2 \operatorname{tang} A}{1 - \operatorname{tang}^2 A}, \qquad \cot 2A = \frac{\cot^2 A - 1}{2 \cot A},$$

$$\operatorname{tang} 3A = \frac{3 \operatorname{tang} A - \operatorname{tang}^3 A}{1 - 3 \operatorname{tang}^2 A} \quad \text{et} \quad \cot 3A = \frac{\cot^3 A - 3 \cot A}{3 \cot^2 A - 1}.$$

35. Théorème. — *Si l'on désigne par* P *et* Q *deux arcs quelconques, positifs ou négatifs, on a les relations*

$$\sin P + \sin Q = 2 \sin \frac{1}{2}(P + Q) \cos \frac{1}{2}(P - Q), \qquad (1)$$

$$\sin P - \sin Q = 2 \sin \frac{1}{2}(P - Q) \cos \frac{1}{2}(P + Q), \qquad (2)$$

$$\cos P + \cos Q = 2 \cos \frac{1}{2}(P + Q) \cos \frac{1}{2}(P - Q), \qquad (3)$$

$$\cos Q - \cos P = 2 \sin \frac{1}{2}(P + Q) \sin \frac{1}{2}(P - Q). \qquad (4)$$

Démonstration. — Posons

$$\frac{1}{2}(P + Q) = A \quad \text{et} \quad \frac{1}{2}(P - Q) = B.$$

Les relations (1), (2), (3) et (4) du n° 30 donnent

$$\sin(A + B) + \sin(A - B) = 2 \sin A \cos B,$$
$$\sin(A + B) - \sin(A - B) = 2 \cos A \sin B,$$
$$\cos(A + B) + \cos(A - B) = 2 \cos A \cos B$$

et

$$\cos(A - B) - \cos(A + B) = 2 \sin A \sin B.$$

Or

$$A + B = P \quad \text{et} \quad A - B = Q;$$

donc, etc.

Scolie I. — La relation (2) peut être considérée comme résultant de la relation (1) en y changeant Q en — Q.

De plus, si l'on observe que les trois arcs Q, $\frac{1}{2}(P+Q)$ et P forment une progression arithmétique dont la raison est $\frac{1}{2}(P-Q)$, la relation (1) peut s'énoncer ainsi :

Étant donnés trois arcs en progression arithmétique, la somme des sinus des deux arcs extrêmes est égale à deux fois le sinus de l'arc moyen, multiplié par le cosinus de la raison.

Les relations (2), (3) et (4) peuvent s'énoncer d'une manière analogue.

Scolie II. — Si l'on désigne par m un nombre quelconque, positif ou négatif, les relations (1) et (3) comprennent respectivement les deux suivantes :

$$\sin(m+1)P = 2\cos P \sin mP - \sin(m-1)P,$$

$$\cos(m+1)P = 2\cos P \cos mP - \cos(m-1)P,$$

lesquelles sont ordinairement connues sous le nom de *formules de Thomas Simpson.*

Corollaire I. — Si l'on observe que

$$\cos P = \sin\left(\frac{H}{2} - P\right),$$

les relations (1) et (2) donnent

$$\cos P + \sin Q = 2\sin\left(\frac{H}{4} - \frac{P-Q}{2}\right)\cos\left(\frac{H}{4} - \frac{P+Q}{2}\right)$$

et

$$\cos P - \sin Q = 2\sin\left(\frac{H}{4} - \frac{P+Q}{2}\right)\cos\left(\frac{H}{4} - \frac{P-Q}{2}\right).$$

Corollaire II. — Si l'on considère les relations (1), (2), (3) et (4) deux à deux, et qu'on les divise membre à membre, on obtient les relations suivantes :

$$\frac{\sin P + \sin Q}{\sin P - \sin Q} = \frac{\operatorname{tang} \frac{1}{2}(P + Q)}{\operatorname{tang} \frac{1}{2}(P - Q)},$$

$$\frac{\sin P + \sin Q}{\cos P + \cos Q} = \operatorname{tang} \frac{1}{2}(P + Q),$$

$$\frac{\sin P + \sin Q}{\cos Q - \cos P} = \cot \frac{1}{2}(P - Q),$$

$$\frac{\sin P - \sin Q}{\cos P + \cos Q} = \operatorname{tang} \frac{1}{2}(P - Q),$$

$$\frac{\sin P - \sin Q}{\cos Q - \cos P} = \cot \frac{1}{2}(P + Q),$$

$$\frac{\cos P + \cos Q}{\cos Q - \cos P} = \cot \frac{1}{2}(P + Q) \cot \frac{1}{2}(P - Q)$$

$$= \frac{\cot \frac{1}{2}(P + Q)}{\operatorname{tang} \frac{1}{2}(P - Q)}.$$

La première de ces six relations est très-utile; elle peut s'énoncer ainsi : *La somme des sinus de deux arcs est à la différence de ces mêmes sinus, comme la tangente de la demi-somme des arcs est à la tangente de leur demi-différence.*

La quatrième et la cinquième résultent immédiatement et respectivement de la seconde et de la troisième par le changement de Q en — Q.

36. THÉORÈME. — *Si l'on désigne par A et B deux arcs quelconques, positifs ou négatifs, on a les relations*

$$\operatorname{tang} A \pm \operatorname{tang} B = \frac{\sin(A \pm B)}{\cos A \cos B},$$

$$\cot A \pm \cot B = \frac{\sin(B \pm A)}{\sin A \sin B}$$

et

$$\cot A \pm \operatorname{tang} B = \frac{\cos(A \mp B)}{\sin A \cos B},$$

dans chacune desquelles les doubles signes sont coordonnés.

Démonstration. — On a

$$\operatorname{tang} A \pm \operatorname{tang} B = \frac{\sin A}{\cos A} \pm \frac{\sin B}{\cos B} = \frac{\sin A \cos B \pm \cos A \sin B}{\cos A \cos B},$$

$$\cot A \pm \cot B = \frac{\cos A}{\sin A} \pm \frac{\cos B}{\sin B} = \frac{\sin B \cos A \pm \cos B \sin A}{\sin A \sin B}$$

et

$$\cot A \pm \operatorname{tang} B = \frac{\cos A}{\sin A} \pm \frac{\sin B}{\cos B} = \frac{\cos A \cos B \pm \sin A \sin B}{\sin A \cos B};$$

donc, etc.

Scolie. — Les deux premières des relations qui viennent d'être démontrées peuvent se déduire immédiatement l'une de l'autre.

Corollaire. — On a

$$\frac{\operatorname{tang} A + \operatorname{tang} B}{\operatorname{tang} A - \operatorname{tang} B} = \frac{\sin(A + B)}{\sin(A - B)},$$

$$\frac{\operatorname{tang} A + \operatorname{tang} B}{\cot A + \cot B} = \operatorname{tang} A \operatorname{tang} B,$$

$$\frac{\operatorname{tang} A + \operatorname{tang} B}{\cot A - \operatorname{tang} B} = \operatorname{tang}(A + B) \operatorname{tang} A,$$

$$\frac{\cot A + \cot B}{\cot A - \cot B} = \frac{\sin(A + B)}{\sin(B - A)},$$

$$\frac{\cot A + \cot B}{\cot A - \operatorname{tang} B} = \operatorname{tang}(A + B) \cot B,$$

$$\frac{\cot A + \operatorname{tang} B}{\cot A - \operatorname{tang} B} = \frac{\cos(A - B)}{\cos(A + B)}.$$

37. THÉORÈME. — *Si l'on désigne par* A *et* B *deux arcs quelconques, positifs ou négatifs, on a les relations*

$$\cos^2 A - \sin^2 B = \cos(A + B) \cos(A - B)$$

et

$$\cos^2 A - \cos^2 B = \sin(A + B) \sin(B - A).$$

Démonstration. — On a

$$\cos^2 A - \sin^2 B = \cos^2 A\,(1 - \sin^2 B) - \sin^2 B\,(1 - \cos^2 A),$$
$$\cos^2 A - \cos^2 B = \cos^2 A\,(1 - \cos^2 B) - \cos^2 B\,(1 - \cos^2 A),$$

ou bien

$$\cos^2 A - \sin^2 B = \cos^2 A \cos^2 B - \sin^2 A \sin^2 B,$$
$$\cos^2 A - \cos^2 B = \cos^2 A \sin^2 B - \sin^2 A \cos^2 B.$$

Mais

$$\cos^2 A \cos^2 B - \sin^2 A \sin^2 B$$
$$= (\cos A \cos B - \sin A \sin B)(\cos A \cos B + \sin A \sin B),$$
$$\cos^2 A \sin^2 B - \sin^2 A \cos^2 B$$
$$= (\sin A \cos B + \cos A \sin B)(\sin B \cos A - \cos B \sin A);$$

donc, etc.

Scolie. — Les deux relations qui viennent d'être démontrées peuvent se déduire l'une de l'autre : ainsi, par exemple, la première donne

$$2 \cos^2 A - 1 = \cos(A + B) \cos(A - B) + \cos^2 A - \cos^2 B,$$

ou bien (n° 30)

$$\cos 2A = \cos(A + B) \cos(A - B) + \cos^2 A - \cos^2 B.$$

Or

$$\cos 2A = \cos(A + B) \cos(B - A) + \sin(A + B) \sin(B - A);$$

donc

$$\cos^2 A - \cos^2 B = \sin(A + B) \sin(B - A).$$

RELATIONS QUI SE DÉDUISENT DE PLUSIEURS DE CELLES ÉTABLIES PRÉCÉDEMMENT.

38. Théorème. — *Si l'on désigne par n un nombre entier quelconque, positif, nul ou négatif, et par* A, B, C,

trois arcs positifs ou négatifs tels, que

$$A + B + C = (2n + 1) H,$$

on a la relation

$$\sin^2 A = \sin^2 B + \sin^2 C - 2 \sin B \sin C \cos A.$$

Démonstration. — On a

$$\sin C = \sin [(2n + 1) H - (A + B)] = \sin (A + B),$$

d'où

$$\sin C - \sin B \cos A = \sin A \cos B.$$

Élevant les deux membres de cette dernière relation au carré, et remplaçant $\cos^2 A$ par $1 - \sin^2 A$, il vient

$$\sin^2 C + \sin^2 B (1 - \sin^2 A) - 2 \sin B \sin C \cos A = \sin^2 A \cos^2 B,$$

et, par suite,

$$\sin^2 B + \sin^2 C - 2 \sin B \sin C \cos A$$
$$= \sin^2 A (\sin^2 B + \cos^2 B) = \sin^2 A.$$

Donc, etc.

39. Théorème. — *Les mêmes choses étant posées que dans le théorème précédent, on a*

$$\cos^2 A + \cos^2 B + \cos^2 C + 2 \cos A \cos B \cos C = 1.$$

Démonstration. — On a

$$\cos (A + B) = \cos [(2n + 1) H - C] = - \cos C,$$

d'où

$$\cos A \cos B + \cos C = \sin A \sin B.$$

Élevant les deux membres de cette dernière relation au carré, et remplaçant $\sin^2 A$, $\sin^2 B$, respectivement par $1 - \cos^2 A$, $1 - \cos^2 B$, il vient

$$\cos^2 A \cos^2 B + \cos^2 C + 2 \cos A \cos B \cos C$$
$$= (1 - \cos^2 A)(1 - \cos^2 B),$$

ou bien

$$\cos^2 A + \cos^2 B + \cos^2 C + 2\cos A\cos B\cos C = 1.$$

Donc, etc.

40. Théorème. — *Si l'on désigne par n un nombre entier quelconque, positif, nul ou négatif, et par* A, B, C, *trois arcs positifs ou négatifs tels, que*

$$A + B + C = (4n + 1)H,$$

on a la relation

$$\sin A + \sin B + \sin C = 4\cos\frac{A}{2}\cos\frac{B}{2}\cos\frac{C}{2}.$$

Démonstration. — On a

$$\sin A + \sin B = 2\sin\frac{A+B}{2}\cos\frac{A-B}{2},$$

$$\sin C = \sin[(4n+1)H - (A+B)]$$
$$= \sin(A+B) = 2\sin\frac{A+B}{2}\cos\frac{A+B}{2};$$

d'où

$$\sin A + \sin B + \sin C = 2\sin\frac{A+B}{2}\left(\cos\frac{A-B}{2} + \cos\frac{A+B}{2}\right).$$

Or

$$\sin\frac{A+B}{2} = \sin\left[(4n+1)\frac{H}{2} - \frac{C}{2}\right] = \cos\frac{C}{2}$$

et

$$\cos\frac{A-B}{2} + \cos\frac{A+B}{2} = 2\cos\frac{A}{2}\cos\frac{B}{2};$$

donc, etc.

41. Théorème. — *Si l'on désigne par n un nombre entier quelconque, positif, nul ou négatif, et par* A, B, C, *trois arcs positifs ou négatifs tels, que*

$$A + B + C = nH,$$

on a la relation

$$\tan A + \tan B + \tan C = \tan A \tan B \tan C.$$

Démonstration. — On a

$$\tan(A + B) = \tan(n H - C) = -\tan C,$$

ou bien

$$\frac{\tan A + \tan B}{1 - \tan A \tan B} = -\tan C.$$

Chassant le dénominateur de cette dernière relation, il vient

$$\tan A + \tan B = -\tan C + \tan A \tan B \tan C;$$

donc, etc.

Scolie. — La relation très-remarquable qui vient d'être démontrée a été trouvée par Cagnoli.

PROBLÈMES RELATIFS A LA DIVISION DES ARCS.

42. Problème. — *Étant donné un nombre a positif, nul ou négatif, et satisfaisant aux relations*

$$-1 \leqq a \leqq 1,$$

déterminer deux autres nombres x et y, positifs ou négatifs (l'un d'eux peut être nul), de telle sorte qu'il existe un certain arc A pour lequel on ait

$$\cos A = a, \quad \sin\frac{A}{2} = x \quad et \quad \cos\frac{A}{2} = y.$$

Solution. — Il est évident d'abord que ce problème admet toujours plusieurs solutions, et en second lieu qu'à chaque solution correspond un nombre indéfini d'arcs positifs ou négatifs (l'un d'eux peut être nul).

Désignons par K un nombre entier positif, nul ou

négatif, susceptible de varier indéfiniment, et par α l'un quelconque des arcs dont le cosinus égale a.

On sait que tous les arcs ayant même cosinus que l'arc α sont seulement ceux donnés par les deux expressions

$$2KH + \alpha \quad \text{et} \quad 2KH - \alpha,$$

ou bien par les quatre suivantes :

$$\left.\begin{array}{ll} 4KH + \alpha, & (4K + 2)H + \alpha, \\ 4KH - \alpha, & (4K + 2)H - \alpha, \end{array}\right\} \quad (1)$$

attendu que le nombre K qui entre dans les deux premières peut être pair ou impair.

Si l'on divise les arcs (1) par le nombre 2, il vient les arcs

$$2KH + \frac{\alpha}{2}, \quad (2K + 1)H + \frac{\alpha}{2}, \quad 2KH - \frac{\alpha}{2}, \quad (2K + 1)H - \frac{\alpha}{2},$$

qui, quel que soit le nombre K, ont respectivement pour sinus les nombres

$$\sin\frac{\alpha}{2}, \quad -\sin\frac{\alpha}{2}, \quad -\sin\frac{\alpha}{2}, \quad \sin\frac{\alpha}{2}, \qquad (2)$$

et pour cosinus les nombres

$$\cos\frac{\alpha}{2}, \quad -\cos\frac{\alpha}{2}, \quad \cos\frac{\alpha}{2}, \quad -\cos\frac{\alpha}{2}. \qquad (3)$$

D'après cela, on peut conclure immédiatement, relativement aux solutions du problème, 1° que leur nombre est *deux* ou *quatre*, deux si $a = \pm 1$, quatre dans les autres cas; 2° que dans chacune d'elles la valeur de x et celle de y sont nécessairement deux nombres appartenant respectivement aux deux suites (2) et (3), et placés au même rang dans ces deux suites, et 3° que si on les considère toutes simultanément, chacune des deux inconnues a tout au plus deux valeurs distinctes entre elles, lesquelles sont en outre égales et de signes contraires.

Cela posé, résolvons le problème. On a (n° 31)

$$x^2 = \frac{1-a}{2}, \quad y^2 = \frac{1+a}{2},$$

d'où

$$x = \pm\sqrt{\frac{1-a}{2}} \quad \text{et} \quad y = \pm\sqrt{\frac{1+a}{2}}.$$

Si l'on désigne respectivement par r et r' les deux radicaux arithmétiques $\sqrt{\frac{1-a}{2}}$ et $\sqrt{\frac{1+a}{2}}$, les solutions du problème sont

$$\left\{\begin{array}{l} x = r \\ y = r' \end{array}\right\}, \quad \left\{\begin{array}{l} x = -r \\ y = -r' \end{array}\right\}, \quad \left\{\begin{array}{l} x = r \\ y = -r' \end{array}\right\}, \quad \left\{\begin{array}{l} x = -r \\ y = r' \end{array}\right\},$$

parmi lesquelles les deux dernières sont identiques aux deux premières lorsque $a = \pm 1$.

Scolie I. — Si l'on donne un arc A dont le cosinus égale a, on sait de suite quel est le signe de chacun des deux rapports trigonométriques $\sin\frac{A}{2}$ et $\cos\frac{A}{2}$, et, par suite, quelle est celle des deux valeurs de x ou des deux valeurs de y, qu'il faut prendre pour valeur du premier ou du second de ces deux rapports.

Scolie II. — La lettre K ayant la même signification que précédemment, et A désignant un arc correspondant à l'une des solutions du problème : 1° les arcs correspondant à l'autre solution, dans le cas où $a = \pm 1$, sont seulement ceux donnés par l'expression

$$(4K + 2)H + A,$$

et 2° les arcs correspondant aux trois autres solutions, dans le cas où a n'est pas égal à ± 1, sont respectivement et seulement ceux donnés par les trois expressions

$$(4K + 2)H + A, \quad 4KH - A \quad \text{et} \quad (4K + 2)H - A.$$

43. Problème. — *Les mêmes choses étant données que dans le problème précédent, déterminer deux nombres x et y, positifs ou négatifs (l'un d'eux peut être nul), de telle sorte qu'il existe un certain arc A pour lequel on ait*

$$\sin A = a, \quad \sin \frac{A}{2} = x \quad et \quad \cos \frac{A}{2} = y.$$

Solution [1]. — On a (nº 32)

$$(y + x)^2 = 1 + a, \quad (y - x)^2 = 1 - a,$$

d'où

$$y + x = \pm\sqrt{1 + a}; \quad y - x = \pm\sqrt{1 - a};$$

et, par suite,

$$x = \pm\frac{1}{2}(\sqrt{1 + a} \mp \sqrt{1 - a}); \quad y = \pm\frac{1}{2}(\sqrt{1 + a} \pm \sqrt{1 - a}).$$

Dans ces deux formules, les deux doubles signes placés hors des parenthèses sont coordonnés, ainsi que les deux autres; mais il n'en est pas de même de l'un de ces derniers avec l'un des deux premiers, et par conséquent si l'on désigne respectivement par r et r' les deux radicaux arithmétiques $\sqrt{1 + a}$ et $\sqrt{1 - a}$, les solutions du problème sont

$$\left\{ \begin{array}{l} x = \frac{1}{2}(r - r') \\ y = \frac{1}{2}(r + r') \end{array} \right\}, \quad \left\{ \begin{array}{l} x = -\frac{1}{2}(r - r') \\ y = -\frac{1}{2}(r + r') \end{array} \right\};$$

$$\left\{ \begin{array}{l} x = \frac{1}{2}(r + r') \\ y = \frac{1}{2}(r - r') \end{array} \right\}, \quad \left\{ \begin{array}{l} x = -\frac{1}{2}(r + r') \\ y = -\frac{1}{2}(r - r') \end{array} \right\}.$$

(1) Les développements que comporte cette solution étant à peu près identiques à ceux donnés dans la solution du problème précédent, nous avons cru devoir les omettre; le lecteur pourra facilement y suppléer.

parmi lesquelles les deux dernières sont identiques aux deux premières lorsque $a = \pm 1$.

Scolie I. — Si l'on considère simultanément toutes les solutions du problème précédent, les valeurs de x sont les mêmes que celles de y.

Scolie II. — Dans le cas où a n'est pas égal à ± 1, si des quatre valeurs

$$\frac{1}{2}(r-r'),\quad -\frac{1}{2}(r-r'),\quad \frac{1}{2}(r+r'),\quad -\frac{1}{2}(r+r'),\qquad (1)$$

de x et de y, on désigne par M l'une ou l'autre des deux premières, et par N l'une ou l'autre des deux dernières, on a

$$M^2 < \frac{1}{2} < N^2.$$

Scolie III. — Lorsqu'on donne un arc A dont le sinus égale a, on peut proposer de discerner quelle est, parmi les différentes valeurs de x ou de y obtenues dans le problème précédent, celle qu'il faut prendre pour valeur de l'un des deux rapports trigonométriques $\sin\frac{A}{2}$ et $\cos\frac{A}{2}$, par exemple de $\sin\frac{A}{2}$.

Pour résoudre cette question, distinguons deux cas :

1°. Si $a = \pm 1$, on sait que la valeur de $\sin\frac{A}{2}$ est l'un des deux nombres $\pm\frac{1}{2}(r-r')$, et comme son signe peut être connu immédiatement, cette valeur sera parfaitement discernée parmi ces deux nombres.

2°. Si a n'est pas égal à ± 1, la réduction de l'arc $\frac{A}{2}$ au quadrant fera connaître immédiatement si l'on a

$$\sin^2\frac{A}{2} > \quad \text{ou} \quad < \sin^2\frac{H}{4} = \frac{1}{2} \quad (\text{n}^\circ\ 8),$$

et, par suite, en vertu du scolie II, on saura si la valeur de $\sin \frac{A}{2}$ est l'un des deux premiers des nombres (1), ou l'un des deux derniers. De plus, cette valeur sera parfaitement discernée parmi les deux nombres (1) ainsi assignés, si l'on observe que son signe peut être connu immédiatement, et que ces deux nombres sont de signes contraires.

Scolie IV. — La lettre K ayant la même signification qu'au n° 42, et A désignant un arc correspondant à l'une des solutions du problème : 1° les arcs correspondant à l'autre solution, dans le cas où $a = \pm 1$, sont seulement ceux donnés par l'expression

$$(4K + 2)H + A,$$

et 2° les arcs correspondant aux trois autres solutions dans le cas où a n'est pas égal à ± 1, sont respectivement et seulement ceux donnés par les trois expressions

$$(4K + 2)H + A, \quad (4K + 1)H - A \quad \text{et} \quad (4K - 1)H - A.$$

44. Problème. — *Les mêmes choses étant encore données que dans le problème du* n°. 42, *déterminer un nombre x positif, nul ou négatif, de telle sorte qu'il existe un certain arc* A *pour lequel on ait*

$$\sin A = a \quad et \quad \sin \frac{A}{3} = x.$$

Solution. — Supposons que la lettre K ait encore la même signification qu'au n° 42, et désignons par α le plus petit arc positif dont le sinus égale a.

On sait que tous les arcs qui ont même sinus que l'arc α sont seulement ceux donnés par les deux expressions

$$2KH + \alpha \quad \text{et} \quad (2K + 1)H - \alpha,$$

ou bien par les six suivantes :

$$\left.\begin{array}{lll} 6KH+\alpha, & (6K+2)H+\alpha, & (6K-2)H+\alpha, \\ (6K+1)H-\alpha, & (6K+3)H-\alpha, & (6K-1)H-\alpha, \end{array}\right\} \quad (1).$$

attendu que le nombre K peut être de l'une ou l'autre des trois formes

$$\dot{3},\quad \dot{3}+1,\quad \dot{3}-1\ (^1).$$

Si l'on divise les arcs (1) par le nombre 3, il vient les arcs

$$2KH+\frac{\alpha}{3},\quad (2K+1)H-\left(\frac{H}{3}-\frac{\alpha}{3}\right);\quad (2K-1)H+\frac{H}{3}+\frac{\alpha}{3};$$

$$2KH+\left(\frac{H}{3}-\frac{\alpha}{3}\right),\quad (2K+1)H-\frac{\alpha}{3},\quad 2KH-\left(\frac{H}{3}+\frac{\alpha}{3}\right),$$

qui, quel que soit le nombre K, ont respectivement pour sinus les nombres

$$\sin\frac{\alpha}{3},\quad \sin\left(\frac{H}{3}-\frac{\alpha}{3}\right),\quad -\sin\left(\frac{H}{3}+\frac{\alpha}{3}\right);$$

$$\sin\left(\frac{H}{3}-\frac{\alpha}{3}\right),\quad \sin\frac{\alpha}{3},\quad -\sin\left(\frac{H}{3}+\frac{\alpha}{3}\right).$$

Maintenant, relativement aux trois premiers de ces nombres, nous ferons observer : 1° que dans aucun cas on ne peut avoir

$$\sin\frac{\alpha}{3}=-\sin\left(\frac{H}{3}+\frac{\alpha}{3}\right),$$

car cela exigerait que l'une des deux équations (n° 23)

$$2zH+\frac{\alpha}{3}=-\frac{H}{3}-\frac{\alpha}{3},$$

$$(2z+1)H-\frac{\alpha}{3}=-\frac{H}{3}-\frac{\alpha}{3},$$

---

(1) Nous faisons usage ici de la notation de *Leibnitz* pour indiquer un multiple quelconque, positif ou négatif, d'un nombre positif, et qui consiste à placer un *point* au-dessus de ce nombre.

fût satisfaite par une valeur entière positive, nulle ou négative de z, ce qui est impossible, et 2° que la condition nécessaire et suffisante pour l'existence de l'une ou l'autre des deux égalités

$$\sin\frac{\alpha}{3} = \sin\left(\frac{H}{3} - \frac{\alpha}{3}\right),$$

$$\sin\left(\frac{H}{3} - \frac{\alpha}{3}\right) = -\sin\left(\frac{H}{3} + \frac{\alpha}{3}\right),$$

est que a soit égal à 1 ou à -1, selon qu'il s'agit de la première ou de la seconde de ces deux égalités.

De ce qui précède, on peut conclure immédiatement, 1° que le nombre des solutions du problème est *deux* ou *trois*: deux si $a = \pm 1$, et trois dans les autres cas; 2° que si $a = \pm 1$, les valeurs de x sont les deux nombres

$$\sin\frac{\alpha}{3} \quad \text{et} \quad -\sin\left(\frac{H}{3} + \frac{\alpha}{3}\right),$$

ou bien

$$\sin\frac{\alpha}{3} \quad \text{et} \quad \sin\left(\frac{H}{3} - \frac{\alpha}{3}\right),$$

selon que $a = 1$ ou -1; et 3° que si a n'est pas égal à ± 1, les valeurs de x sont les trois nombres

$$\sin\frac{\alpha}{3}, \quad \sin\left(\frac{H}{3} - \frac{\alpha}{3}\right) \quad \text{et} \quad -\sin\left(\frac{H}{3} + \frac{\alpha}{3}\right). \qquad (2)$$

Cela posé, cherchons à résoudre le problème, et pour cela distinguons les trois cas déjà considérés :

1°. Cas où $a = 1$; on a

$$\alpha = \frac{H}{2},$$

et, par suite,

$$\sin\frac{\alpha}{3} = \sin\frac{H}{6} = \frac{1}{2}, \quad -\sin\left(\frac{H}{3} + \frac{\alpha}{3}\right) = -\sin\frac{H}{2} = -1.$$

2°. Cas où $a = -1$; on a

$$\alpha = 3\frac{H}{2};$$

et, par suite,

$$\sin\frac{\alpha}{3} = \sin\frac{H}{2} = 1, \quad \sin\left(\frac{H}{3} - \frac{\alpha}{3}\right) = -\sin\frac{H}{6} = -\frac{1}{2}.$$

3°. Cas où a n'est pas égal à ± 1; la relation connue (n° 30),

$$\sin 3A = 3\sin A - 4\sin^3 A,$$

dans laquelle A désigne un arc quelconque, positif ou négatif, donne

$$\sin A = 3\sin\frac{A}{3} - 4\sin^3\frac{A}{3},$$

en y changeant A en $\frac{A}{3}$; d'où il suit que les deux nombres a et x sont nécessairement liés entre eux par l'équation du troisième degré

$$a = 3x - 4x^3,$$

ou

$$x^3 - \frac{3}{4}x + \frac{a}{4} = 0. \qquad (3)$$

Cette équation a pour racines les trois nombres (2), et par conséquent elle a ses trois racines réelles et inégales : nous verrons plus tard (n° 134) comment on peut la résoudre.

Scolie I. — Selon qu'on a

$$0 \leqq a < 1, \quad \text{ou} \quad -1 < a < 0,$$

il vient

$$0 \leqq \alpha < \frac{H}{2},$$

et, par suite (n°s 8 et 17),

$$0 \leqq \sin\frac{\alpha}{3} < \frac{1}{2},$$

$$\frac{1}{2} < \sin\left(\frac{H}{3} - \frac{\alpha}{3}\right) \leqq \frac{1}{2}\sqrt{3}$$

et

$$0 < \sin\left(\frac{H}{3} + \frac{\alpha}{3}\right) < 1,$$

ou bien

$$H < \alpha < 3\frac{H}{2},$$

et, par suite,

$$\frac{1}{2}\sqrt{3} < \sin\frac{\alpha}{3} < 1,$$

$$-1 < \sin\left(\frac{H}{3} - \frac{\alpha}{3}\right) < 0$$

et

$$\frac{1}{2} < \sin\left(\frac{H}{3} + \frac{\alpha}{3}\right) < \frac{1}{2}\sqrt{3}.$$

Scolie II. — Lorsqu'on donne un arc A dont le sinus égale a, on peut proposer de discerner quelle est, parmi les différentes valeurs de x obtenues dans le problème précédent, celle qu'il faut prendre pour valeur de $\sin\frac{A}{3}$.

Pour résoudre cette question, on examinera quel est le signe de $\sin\frac{A}{3}$, et cela sera suffisant si $a = \pm 1$, car on sait que dans ce cas la valeur de ce sinus est l'un des deux nombres $\pm\frac{1}{2}$ et ∓ 1, où les doubles signes sont coordonnés avec celui de la valeur ± 1 de a. Mais si a n'est pas égal à ± 1, il faudra de plus reconnaître, par la réduction de l'arc $\frac{A}{3}$ au quadrant, si on a

$$\sin^2\frac{A}{3} > \quad \text{ou} \quad < \sin^2\frac{H}{6} = \frac{1}{4},$$

et cela fait, en considérant les relations du scolie I, on aura immédiatement la solution de la question.

Scolie III. — La lettre K ayant toujours la même signification que précédemment, et A désignant un arc correspondant à l'une des solutions du problème, 1° les arcs correspondant à l'autre solution, dans le cas où $a = \pm 1$, sont seulement ceux donnés par les deux expressions

$$(6K \mp 1)H - A \quad \text{et} \quad (6K \mp 2)H + A,$$

dans lesquelles les doubles signes sont coordonnés avec celui de la valeur ± 1 de a, et 2° les arcs correspondant aux deux autres solutions, dans le cas où a n'est pas égal à ± 1, sont respectivement et seulement ceux donnés par les deux couples d'expressions

$$\left\{\begin{matrix}(6K+2)H+A\\(6K+1)H-A\end{matrix}\right\} \quad \text{et} \quad \left\{\begin{matrix}(6K-2)H+A\\(6K-1)H-A\end{matrix}\right\}.$$

45. Problème. — *Calculer le sinus et le cosinus de l'arc* $\frac{H}{5}$.

Solution. — Les deux arcs $3\frac{H}{5}$ et $2\frac{H}{5}$ étant supplémentaires, on a

$$\sin 3\frac{H}{5} = \sin 2\frac{H}{5},$$

ou bien (n° 30)

$$3\sin\frac{H}{5} - 4\sin^3\frac{H}{5} = 2\sin\frac{H}{5}\cos\frac{H}{5},$$

et, par suite,

$$3-4\left(1-\cos^2\frac{H}{5}\right)=2\cos\frac{H}{5}.$$

Si l'on fait attention que $\cos\frac{H}{5}$ est nécessairement positif, on tire de cette dernière équation

$$\cos\frac{H}{5}=\frac{1+\sqrt{5}}{4},$$

et, par suite, il vient

$$\sin\frac{H}{5}=\sqrt{1-\cos^2\frac{H}{5}}=\frac{1}{4}\sqrt{10-2\sqrt{5}}.$$

Corollaire. — On a

$$\sin\frac{H}{10}=\sqrt{\frac{1-\cos\frac{H}{5}}{2}}=\sqrt{\frac{3-\sqrt{5}}{8}}$$
$$=\frac{1}{4}\sqrt{6-2\sqrt{5}}=\frac{-1+\sqrt{5}}{4}$$

et

$$\cos\frac{H}{10}=\sqrt{\frac{1+\cos\frac{H}{5}}{2}}=\sqrt{\frac{5+\sqrt{5}}{8}}=\frac{1}{4}\sqrt{10+2\sqrt{5}}.$$

Scolie. — Dans le corollaire précédent, la valeur de $\sin\frac{H}{10}$ a été déduite de celle de $\cos\frac{H}{5}$; mais on peut l'obtenir directement, ainsi qu'on va le voir :

Les deux arcs $3\frac{H}{10}$ et $2\frac{H}{10}$ étant complémentaires, on a

$$\cos 3\frac{H}{10}=\sin 2\frac{H}{10},$$

ou bien (n° 30)

$$4\cos^3\frac{H}{10} - 3\cos\frac{H}{10} = 2\sin\frac{H}{10}\cos\frac{H}{10},$$

et, par suite,

$$4\left(1-\sin^2\frac{H}{10}\right) - 3 = 2\sin\frac{H}{10};$$

d'où l'on tire, en faisant attention que $\sin\frac{H}{10}$ est nécessairement positif,

$$\sin\frac{H}{10} = \frac{-1+\sqrt{5}}{4}.$$

Ayant ainsi calculé directement $\sin\frac{H}{10}$, on en déduirait $\cos\frac{H}{10}$, $\sin\frac{H}{5}$ et $\cos\frac{H}{5}$, à l'aide des formules connues

$$\cos\frac{H}{10} = \sqrt{1-\sin^2\frac{H}{10}}, \quad \sin\frac{H}{5} = 2\sin\frac{H}{10}\cos\frac{H}{10}$$

et

$$\cos\frac{H}{5} = 1 - 2\sin^2\frac{H}{10}.$$

46. Problème. — *Déterminer le sinus et le cosinus de chacun des arcs donnés par l'expression*

$$n\frac{H}{60},$$

lorsqu'on égale n successivement à chacun des nombres de la suite naturelle et limitée

$$1,\quad 2,\quad 3,\quad 4,\ldots,\quad 15.$$

Solution. — Désignons, pour abréger, les arcs $\frac{H}{2}$, $\frac{H}{3}$, $\frac{H}{5}$, $\frac{H}{4}$, $\frac{H}{6}$, $\frac{H}{10}$ et $\frac{H}{60}$ respectivement par les lettres a,

b, c, α, β, γ et A. On sait que

$$\sin b = \frac{1}{2}\sqrt{3},$$

$$\sin c = \frac{1}{4}\sqrt{10 - 2\sqrt{5}},$$

$$\sin \alpha = \frac{1}{2}\sqrt{2},$$

$$\sin \beta = \frac{1}{2},$$

$$\sin \gamma = \frac{-1 + \sqrt{5}}{4},$$

$$\cos b = \frac{1}{2},$$

$$\cos c = \frac{1 + \sqrt{5}}{4},$$

$$\cos \alpha = \frac{1}{2}\sqrt{2}$$

$$\cos \beta = \frac{1}{2}\sqrt{3},$$

$$\cos \gamma = \frac{1}{4}\sqrt{10 + 2\sqrt{5}},$$

et, comme l'on a

$$\begin{array}{lll} A = \gamma - 5A, & 2A = c - \beta, & 3A = \alpha - c, \\ 4A = \beta - \gamma & 5A = \alpha - \beta, & 6A = \gamma, \\ 7A = c - 5A, & 8A = b - c, & 9A = \alpha - \gamma, \\ 10A = \beta, & 11A = b - 9A, & 12A = c, \\ 13A = \beta + 3A, & 14A = b - \gamma, & 15A = \alpha, \end{array}$$

il est évident qu'à l'aide des formules (1), (2), (3) et (4) du n° 30, on pourra déterminer les sinus et cosinus demandés.

47. Problème. — *Étant donné un arc A positif et non*

supérieur au quadrant, calculer successivement le sinus et le cosinus de chacun des arcs de la suite indéfinie

$$\frac{A}{2^2}, \quad \frac{A}{2^3}, \quad \frac{A}{2^4}, \quad \frac{A}{2^5}, \ldots, \tag{1}$$

connaissant simplement cos A *ou* sin A.

Solution. — Posons

$$\sqrt{2(1+\cos A)} \quad \text{ou} \quad 2\cos\frac{A}{2} = R_1,$$

$$2\left(\sqrt{1+\sin A} - \sqrt{1-\sin A}\right) \quad \text{ou} \quad 4\sin\frac{A}{2} = S_1,$$

et formons les deux suites indéfinies de nombres

$$R_1, \quad R_2, \quad R_3, \quad R_4, \ldots,$$
$$S_1, \quad S_2, \quad S_3, \quad S_4, \ldots,$$

dans lesquelles les termes de rang n, R_n et S_n sont donnés par les deux formules

$$R_n = \sqrt{2+R_{n-1}}, \quad S_n = \sqrt{4+S_{n-1}} - \sqrt{4-S_{n-1}}.$$

Si, dans les deux relations,

$$\sqrt{2(1+\cos A)} = 2\cos\frac{A}{2},$$

$$2\left(\sqrt{1+\sin A} - \sqrt{1-\sin A}\right) = 4\sin\frac{A}{2},$$

on remplace successivement l'arc A d'abord par $\frac{A}{2}$, puis par chacun des arcs de la suite (1), il vient

$$\sqrt{2+R_1} \quad \text{ou} \quad R_2 = 2\cos\frac{A}{2^2},$$

$$\sqrt{4+S_1} - \sqrt{4-S_1} \quad \text{ou} \quad S_2 = 4\sin\frac{A}{2^2},$$

$$\sqrt{2+R_2} \quad \text{ou} \quad R_3 = 2\cos\frac{A}{2^3},$$

$$\sqrt{4+S_2} - \sqrt{4-S_2} \quad \text{ou} \quad S_3 = 4\sin\frac{A}{2^3},$$

et, sans poursuivre plus loin ces calculs, on voit que si l'on désigne par m un nombre entier positif plus grand que l'unité, on a,

$$\sqrt{2+R_{m-1}} \quad \text{ou} \quad R_m = 2\cos\frac{A}{2^m},$$

$$\sqrt{4+S_{m-1}} - \sqrt{4-S_{m-1}} \quad \text{ou} \quad S_m = 4\sin\frac{A}{2^m},$$

d'où

$$\cos\frac{A}{2^m} = \frac{1}{2}R_m \quad \text{et} \quad \sin\frac{A}{2^m} = \frac{1}{4}S_m.$$

Ces deux dernières formules étant établies, les relations connues

$$\sin\frac{A}{2^m} = \sqrt{\frac{1-\cos\frac{A}{2^{m-1}}}{2}},$$

$$\cos\frac{A}{2^m} = \frac{1}{2}\left(\sqrt{1+\sin\frac{A}{2^{m-1}}} + \sqrt{1-\sin\frac{A}{2^{m-1}}}\right),$$

donnent les deux autres formules

$$\sin\frac{A}{2^m} = \frac{1}{2}\sqrt{2-R_{m-1}}$$

et

$$\cos\frac{A}{2^m} = \frac{1}{4}\left(\sqrt{4+S_{m-1}} - \sqrt{4-S_{m-1}}\right).$$

Comme pour calculer les nombres R_m et S_m, ou R_{m-1} et S_{m-1}, il suffit de connaître $\cos A$ pour le premier et $\sin A$ pour le second, il en résulte que le problème proposé est résolu.

LIMITES DE CERTAINES FONCTIONS CIRCULAIRES SIMPLES OU COMPOSÉES.

48. Théorème. — *Si l'on désigne par α un arc positif*

moindre que le quadrant, on a

$$\sin\alpha < \frac{\alpha}{R} < \tang\alpha.$$

Démonstration. — On a

$$\text{Ȼ}\,2\alpha < 2\alpha,$$

d'où

$$\frac{\text{Ȼ}\,2\alpha}{R} < 2\frac{\alpha}{R},$$

et comme (n° 8)

$$\frac{\text{Ȼ}\,2\alpha}{R} = 2\sin\alpha,$$

il vient

$$\sin\alpha < \frac{\alpha}{R}.$$

Maintenant, si l'on se reporte à la figure du n° 2, et que l'on suppose l'arc AM être l'arc α dont il s'agit ici, on a

$$\text{surface du triangle}\ldots\quad AOS = AS.\frac{R}{2},$$

$$\text{surface du secteur circ.}\quad AOM = \alpha.\frac{R}{2},$$

et comme la première de ces deux surfaces est évidemment plus grande que la seconde, il vient

$$AS > \alpha,$$

d'où

$$\frac{AS}{R} > \frac{\alpha}{R},$$

c'est-à-dire

$$\tang\alpha > \frac{\alpha}{R}.$$

Donc, etc.

49. *Lemme.* — Si l'on désigne par α un arc infiniment petit ([1]), positif, ou négatif, et par K un nombre entier positif ou négatif, différent de l'unité, le rapport

$$\frac{\sin K\alpha}{\sin \alpha}$$

tend par des augmentations successives vers le nombre K comme limite.

Démonstration. — La relation

$$\sin K\alpha = \sin(K-1)\alpha\cos\alpha + \cos(K-1)\alpha\sin\alpha$$

donne

$$\frac{\sin K\alpha}{\sin\alpha} = \frac{\sin(K-1)\alpha}{\sin\alpha}\cos\alpha + \cos(K-1)\alpha;$$

d'où l'on conclut immédiatement que si le théorème énoncé est vrai pour une certaine valeur de K, il est également vrai pour cette valeur augmentée de l'unité.

Or, le rapport $\frac{\sin 2\alpha}{\sin\alpha}$ étant égal (n° 30) à $2\cos\alpha$, il est évident que le théorème énoncé est vrai pour $K = 2$; donc il est vrai pour toute valeur entière et positive de K supérieure à l'unité.

Corollaire. — Les mêmes choses étant posées que dans ce théorème, le rapport

$$\frac{\sin\frac{1}{K}\alpha}{\sin\alpha}$$

tend par des diminutions successives vers le nombre $\frac{1}{K}$

([1]) Une *quantité infiniment petite*, ou un *infiniment petit*, n'est autre chose qu'une quantité variable qui tend vers zéro comme limite.

comme limite, car si l'on pose $\frac{1}{K}\alpha = \alpha'$, on a

$$\frac{\sin\frac{1}{K}\alpha}{\sin\alpha} = \frac{1}{\left(\frac{\sin K\alpha'}{\sin\alpha'}\right)}.$$

Scolie. — Le théorème précédent est susceptible d'une plus grande extension, aussi y reviendrons-nous dans les exercices qui seront proposés plus tard.

50. Théorème. — *Si l'on désigne par α un arc positif et infiniment petit (sa valeur initiale est supposée moindre que le quadrant), le quotient*

$$\frac{\alpha}{\sin\alpha}$$

tend par des diminutions successives vers le rayon R *comme limite.*

Démonstration. — Soient α' et α'' deux valeurs successives de α, et supposons (Introd., n° 26)

$$\alpha'' = \frac{\alpha'}{K},$$

K étant un certain nombre entier positif.

De plus, en vertu du corollaire du lemme précédent, on a évidemment

$$\frac{\sin\frac{\alpha'}{K}}{\sin\alpha'} > \frac{1}{K},$$

ou bien

$$\frac{\sin\alpha''}{\sin\alpha'} > \frac{\alpha''}{\alpha'},$$

d'où l'on tire

$$\frac{\alpha'}{\sin\alpha'} > \frac{\alpha''}{\sin\alpha''}.$$

Cette dernière relation indique que le quotient $\frac{\alpha}{\sin \alpha}$ diminue de plus en plus, et que par conséquent il tend vers une certaine limite.

Maintenant, des relations déjà établies

$$\sin \alpha < \frac{\alpha}{R} < \operatorname{tang} \alpha,$$

on tire

$$R < \frac{\alpha}{\sin \alpha} < \frac{R}{\cos \alpha},$$

et comme $\frac{R}{\cos \alpha} - R$ est évidemment un infiniment petit, il en résulte que R est la limite de $\frac{\alpha}{\sin \alpha}$.

51. Théorème. — *Si l'on désigne par α un arc positif moindre que le quadrant, on a*

$$\frac{\alpha}{R} - \sin \alpha < \frac{1}{6}\left(\frac{\alpha}{R}\right)^3.$$

Démonstration. — On sait qu'on a

$$\sin \alpha = 3 \sin \frac{\alpha}{3} - 4 \sin^3 \frac{\alpha}{3},$$

et comme (n° 48) $\sin \frac{\alpha}{3}$ est $< \frac{\alpha}{3R}$, il vient

$$\sin \alpha > 3 \sin \frac{\alpha}{3} - \frac{4}{27}\left(\frac{\alpha}{R}\right)^3.$$

Si, dans cette dernière relation, on remplace l'arc α successivement par chacun des arcs de la suite limitée

$$\frac{\alpha}{3}, \quad \frac{\alpha}{3^2}, \quad \frac{\alpha}{3^3}, \ldots, \quad \frac{\alpha}{3^n},$$

où n désigne un nombre entier positif quelconque, on

obtient n autres relations qui, étant multipliées respectivement par les puissances

$$3,\quad 3^2,\quad 3^3,\ldots,\quad 3^n,$$

et ajoutées ensemble, membre à membre, donnent

$$3\sin\frac{\alpha}{3} > 3^{n+1}\sin\frac{\alpha}{3^{n+1}} - \frac{4}{27}\left(\frac{1}{9}+\frac{1}{9^2}+\frac{1}{9^3}+\ldots+\frac{1}{9^n}\right)\left(\frac{\alpha}{R}\right)^3,$$

et, par suite,

$$\frac{\alpha}{R}\,\frac{R\sin\frac{\alpha}{3^{n+1}}}{\frac{\alpha}{3^{n+1}}} - 3\sin\frac{\alpha}{3} < \frac{4}{27}\left(\frac{1}{9}+\frac{1}{9^2}+\frac{1}{9^3}+\ldots+\frac{1}{9^n}\right)\left(\frac{\alpha}{R}\right)^3.$$

Maintenant, supposons que le nombre entier positif n croisse indéfiniment : la dernière relation qui vient d'être obtenue ne cesse pas d'avoir lieu, et comme ses deux membres tendent respectivement vers les deux nombres

$$\frac{\alpha}{R} - 3\sin\frac{\alpha}{3}\ (\text{n}^\text{o}\ 50) \quad \text{et} \quad \frac{1}{2.27}\left(\frac{\alpha}{R}\right)^3,$$

comme limites, il en résulte que le premier de ces deux nombres ne surpasse pas le second. De plus, comme on a

$$3\sin\frac{\alpha}{3} - \frac{4}{27}\left(\frac{\alpha}{R}\right)^3 < \sin\alpha,$$

il vient

$$3\sin\frac{\alpha}{3} - \frac{4}{27}\left(\frac{\alpha}{R}\right)^3 + \left(\frac{\alpha}{R} - 3\sin\frac{\alpha}{3}\right) < \sin\alpha + \frac{1}{2.27}\left(\frac{\alpha}{R}\right)^3,$$

ou bien

$$\frac{\alpha}{R} - \sin\alpha < \left(\frac{4}{27} + \frac{1}{2.27}\right)\left(\frac{\alpha}{R}\right)^3 = \frac{1}{6}\left(\frac{\alpha}{R}\right)^3.$$

Donc, etc.

Corollaire. — Comme on a

$$\frac{\alpha}{2R} - \frac{1}{6}\left(\frac{\alpha}{2R}\right)^3 < \sin\frac{\alpha}{2} < \frac{\alpha}{2R},$$

la relation connue

$$\cos\alpha = 1 - 2\sin^2\frac{\alpha}{2}$$

donne

$$1 - 2\left(\frac{\alpha}{2R}\right)^2 < \cos\alpha < 1 - 2\left[\frac{\alpha}{2R} - \frac{1}{6}\left(\frac{\alpha}{2R}\right)^3\right]^2;$$

ou bien

$$1 - \frac{1}{2}\left(\frac{\alpha}{R}\right)^2 < \cos\alpha < 1 - \frac{1}{2}\left(\frac{\alpha}{R}\right)^2 + \frac{1}{24}\left(\frac{\alpha}{R}\right)^4 - \frac{1}{1152}\left(\frac{\alpha}{R}\right)^6,$$

et à fortiori

$$\cos\alpha < 1 - \frac{1}{2}\left(\frac{\alpha}{R}\right)^2 + \frac{1}{24}\left(\frac{\alpha}{R}\right)^4.$$

Scolie. — Les mêmes choses étant posées que dans le théorème précédent, si l'on voulait se borner à établir la relation

$$\frac{\alpha}{R} - \sin\alpha < \frac{1}{4}\left(\frac{\alpha}{R}\right)^3,$$

on pourrait procéder de la manière suivante :

La relation connue

$$R\tang\frac{\alpha}{2} > \frac{\alpha}{2}$$

donne

$$\sin\frac{\alpha}{2} > \frac{\alpha}{2R}\cos\frac{\alpha}{2};$$

et, multipliant les deux membres de cette dernière inégalité par $2\cos\frac{\alpha}{2}$, il vient

$$\sin\alpha > \frac{\alpha}{R}\cos^2\frac{\alpha}{2},$$

ou bien

$$\sin\alpha > \frac{\alpha}{R}\left(1 - \sin^2\frac{\alpha}{2}\right),$$

et, à fortiori,

$$\sin\alpha > \frac{\alpha}{R}\left[1 - \left(\frac{\alpha}{2R}\right)^2\right],$$

d'où l'on tire

$$\frac{\alpha}{R} - \sin\alpha < \frac{1}{4}\left(\frac{\alpha}{R}\right)^3.$$

On verrait, par suite, en se modelant sur ce qui a été fait dans le corollaire précédent, qu'on a

$$1 - \frac{1}{2}\left(\frac{\alpha}{R}\right)^2 < \cos\alpha < 1 - \frac{1}{2}\left(\frac{\alpha}{R}\right)^2 + \frac{1}{16}\left(\frac{\alpha}{R}\right)^4 - \frac{1}{512}\left(\frac{\alpha}{R}\right)^6,$$

et, à fortiori,

$$\cos\alpha < 1 - \frac{1}{2}\left(\frac{\alpha}{R}\right)^2 + \frac{1}{16}\left(\frac{\alpha}{R}\right)^4.$$

MESURE SPÉCIALE DES ARCS.

52. Dans tout ce qui a été dit jusqu'ici de la théorie des fonctions circulaires, les arcs ont été supposés, d'abord rectifiés, et ensuite mesurés comme le sont ordinairement toutes les lignes droites; mais comme dans les applications pratiques de cette théorie ce procédé d'évaluation n'est pas le plus commode, nous allons faire connaître, dès à présent, celui qui est généralement en usage.

On considère la circonférence du cercle C comme divisée en autant de parties égales appelées *secondes*, qu'il y a d'unités dans le produit $1.2.3.60^3$ ($= 1\,296\,000$), et l'une quelconque de ces parties est prise pour *unité de mesure* des arcs.

Par suite de l'adoption de cette unité linéaire, la mesure des arcs peut s'effectuer absolument comme celle des lignes droites, et sans être obligé préalablement de rectifier ces arcs.

La longueur de la seconde et sa courbure qui est la même en chacun de ses points, sont deux choses qui varient avec le rayon R des arcs à mesurer.

Tout arc de 60 secondes a été appelé une *minute*, et tout arc de 60 minutes a été appelé un *degré*.

Les degrés, minutes et secondes s'indiquent respectivement par les signes $^{\circ}$, $'$, $''$. Ainsi, selon qu'on veut désigner

24 degrés, 24 minutes ou 24 secondes,

on écrit

$$24^{\circ}, \qquad 24' \qquad \text{ou} \qquad 24''.$$

D'après ce qui précède, on a

$$2H = 360^{\circ} = 21600' = 1296000'',$$
$$H = 180^{\circ} = 10800' = 648000'',$$
$$\frac{H}{2} = 90^{\circ} = 5400' = 324000'',$$
$$\frac{H}{4} = 45^{\circ} = 2700' = 162000'',$$

et

$$1^{\circ} = 3600''.$$

53. Lorsqu'un nombre entier ou décimal est rapporté à la seconde comme unité, il est d'usage de remplacer sa partie entière par le plus grand nombre de minutes qu'elle renferme et par le nombre de secondes qui sert à compléter ce nombre de minutes. De plus, lorsque cette transformation a été effectuée, s'il arrive que le nombre des minutes surpasse 59, il est encore d'usage de décomposer ce nombre de minutes, en degrés et minutes, abso-

lument comme la décomposition du premier nombre de secondes a été faite en minutes et secondes.

Ainsi, par exemple, l'arc

$$63289'',07 \qquad (1)$$

s'exprime comme il suit :

$$17^\circ\, 34'\, 49'',07. \qquad (2)$$

On peut voir aux pages 17 et 18 des explications préliminaires qui précèdent les *Tables de Logarithmes* de Callet, comment, à l'aide de ces Tables, un arc étant exprimé sous l'une des deux formes (1) et (2), on peut l'exprimer très-promptement sous l'autre de ces deux formes.

54. Si l'on désigne par r le rapport de la demi-circonférence H à un arc positif quelconque, et par A la longueur de cet arc exprimée à l'aide de la seconde pour unité de mesure, la relation évidente

$$r = \frac{180^\circ}{A};$$

ou

$$r = \frac{648000''}{A},$$

permet de calculer A connaissant r, et réciproquement.

Ainsi, par exemple, si

$$r = \pi = 3,14159\;26535\ldots,$$

on trouve, à un millième de seconde près,

$$A = 206264'',806 = 57^\circ\, 17'\, 44'',806\ (^1).$$

---

(1) Cette valeur de A est approchée par défaut.

MÉTHODES ÉLÉMENTAIRES POUR CALCULER LES SINUS ET COSINUS DES ARCS POSITIFS MOINDRES QUE LE QUADRANT ET MULTIPLES DE DIX SECONDES.

55. Problème. — *Déterminer le sinus et le cosinus de l'arc de* 10 *secondes.*

Solution. — Si l'on désigne par r le rapport entre l'arc de 10 secondes et le rayon R du cercle, on sait (nos 48 et 51) qu'on a

$$r - \frac{r^3}{4} < \sin 10'' < r \tag{1}$$

et

$$1 - \frac{r^2}{2} < \cos 10'' < 1 - \frac{r^2}{2} + \frac{r^4}{16}. \tag{2}$$

De plus, la relation évidente

$$\frac{r}{\pi} = \frac{10''}{180^\circ} = \frac{10''}{648000''} = \frac{1}{64800}$$

donne

$$r = \frac{3,14159\,26535\,8979\ldots}{64800} = 0,00004\,84813\,68110\,9\ldots,$$

ou simplement

$$r < \frac{1}{2.10^4},$$

et, par suite,

$$\frac{r^2}{2} = 0,00000\,00011\,75221\,5269\ldots,$$

$$1 - \frac{r^2}{2} = 0,99999\,99988\,24778\,4730\ldots,$$

$$\frac{r^3}{4} < \frac{1}{2.10^{13}}, \quad \frac{r^4}{16} < \frac{1}{2.10^{18}}.$$

Maintenant, si l'on observe que des relations (1) et (2)

on tire

$$r - \sin 10'' < r - \left(r - \frac{r^3}{4}\right) = \frac{r^3}{4},$$

$$\cos 10'' - \left(1 - \frac{r^2}{2}\right) < 1 - \frac{r^2}{2} + \frac{r^4}{16} - \left(1 - \frac{r^2}{2}\right) = \frac{r^4}{16},$$

on en conclut immédiatement que l'on peut écrire

$$\sin 10'' = 0,00004\ 84813\ 681,$$

$$\cos 10'' = 0,99999\ 99988\ 24778\ 473,$$

et que ces valeurs de sin 10″ et cos 10″ sont respectivement approchées aux fractions près $\frac{1}{2.10^{13}}$ et $\frac{1}{10^{18}}$, la première par excès ou par défaut, et la seconde par défaut.

Scolie. — Le sinus et le cosinus de l'arc 10 secondes étant connus, on pourra déterminer successivement, par suite de ce qui a été dit au corollaire II du n° 30, les sinus et cosinus de tous les multiples de cet arc; mais comme il existe d'autres procédés beaucoup plus avantageux, et en même temps élémentaires, pour arriver au même but, nous allons les indiquer.

56. Problème. — *Déterminer les sinus et cosinus de tous les arcs de* 10 *en* 10 *secondes, depuis* 20 *secondes jusqu'à* 45 *degrés.*

Solution. — Les formules de Thomas Simpson (n° 35) donnent

$$\sin(m+1)10'' = 2\cos 10'' \sin m.10'' - \sin(m-1)10'' \quad (1)$$

et

$$\cos(m+1)10'' = 2\cos 10'' \cos m.10'' - \cos(m-1)10''. \quad (2)$$

Si, dans ces deux relations, on égale m successivement à chacun des nombres de la suite naturelle

$$1, 2, 3, 4, \ldots, 16199,$$

il vient

$$\sin 20'' = 2 \cos 10'' \sin 10'',$$
$$\cos 20'' = 2 \cos^2 10'' - 1,$$
$$\sin 30'' = 2 \cos 10'' \sin 20'' - \sin 10'',$$
$$\cos 30'' = 2 \cos 10'' \cos 20'' - \cos 10'',$$
$$\dots\dots\dots\dots\dots\dots\dots\dots\dots\dots$$

et comme sin 10″ et cos 10″ ont déjà été calculés, ces dernières formules fourniront, de proche en proche, les sinus et cosinus demandés.

Scolie I. — Les calculs qu'entraîne la méthode précédente pour la détermination des sinus et cosinus des arcs 20″, 30″, ..., peuvent être simplifiés de la manière suivante.

Désignons par Δ le produit $2(1 - \cos 10'')$. On a

$$2 \cos 10'' = 2 - \Delta,$$

et, par suite, les formules (1) et (2) peuvent être remplacées par celles-ci :

$$\begin{aligned} &\sin(m+1)\,10'' - \sin m.10'' \\ &= \sin m.10'' - \sin(m-1)\,10'' - \Delta \sin m.10'', \end{aligned}$$
$$\begin{aligned} &\cos(m+1)\,10'' - \cos m.10'' \\ &= \cos m.10'' - \cos(m-1)\,10'' - \Delta \cos m.10''. \end{aligned}$$

D'après cela, et en se rappelant que sin 10″ et cos 10″ ont déjà été calculés, on voit immédiatement que si l'on a effectué le produit de Δ par chacun des chiffres 2, 3, 4, 5, 6, 7, 8, 9, on pourra ensuite, par le secours seul des deux premières opérations arithmétiques, calculer, de proche en proche, les différentes fonctions circulaires de chacune des deux suites

$$\sin 20'' - \sin 10'',\quad \sin 20'',\quad \sin 30'' - \sin 20'',\quad \sin 30'', \dots,$$
$$\cos 20'' - \cos 10'',\quad \cos 20'',\quad \cos 30'' - \cos 20'',\quad \cos 30'', \dots$$

Quant au nombre Δ, il est aisé de voir que sa valeur approchée par défaut à la fraction près $\frac{1}{2 \cdot 10^{17}}$, est

$$\Delta = 0,00000\ 00023\ 50443\ 05.$$

Scolie II. — Lorsque parmi les sinus et cosinus qu'il s'agit de calculer dans le problème précédent, on a obtenu tous ceux des arcs qui n'excèdent pas 30 degrés, on peut obtenir tous les autres par la soustraction seulement, attendu que si l'on désigne par A un arc quelconque positif ou négatif, on a les relations générales

$$\sin(30^\circ + A) = \cos A - \sin(30^\circ - A)$$

et

$$\cos(30^\circ + A) = \cos(30^\circ - A) - \sin A.$$

Scolie III. — Lorsque, par l'un des procédés indiqués précédemment, on calcule successivement les sinus et cosinus des arcs positifs, multiples de 10 secondes et moindres que 45 degrés, on peut juger, de temps à autre, quel est le degré d'approximation obtenu dans les résultats, en ayant égard aux valeurs qui ont pu être calculées au n° 46, pour plusieurs de ces sinus et cosinus.

Scolie IV. — Lorsque, parmi les sinus et cosinus de tous les arcs positifs, multiples de 10 secondes et moindres que 90 degrés, on connaît ceux des arcs qui n'excèdent pas 45 degrés, on a, par cela même, tous les autres; car si l'on désigne par A un arc compris entre 45 et 90 degrés, on a

$$0 < 90^\circ - A < 45^\circ,$$

et par conséquent $\cos(90^\circ - A)$ ou $\sin A$ et $\sin(90^\circ - A)$ ou $\cos A$ sont connus.

TABLES TRIGONOMÉTRIQUES.

57. Comme dans les applications numériques de la théorie des fonctions circulaires on opère toujours par

logarithmes, on a formé des Tables où se trouvent inscrits les logarithmes des sinus, cosinus, tangentes et cotangentes [1] de tous les arcs positifs, multiples de 10 secondes et moindres que 90 degrés.

La formation [2] élémentaire de pareilles Tables, lesquelles sont ordinairement appelées *Tables trigonométriques*, est une conséquence immédiate de ce qui a été dit dans le paragraphe précédent et des procédés indiqués en arithmétique ou en algèbre pour calculer les logarithmes des nombres.

Relativement à cette formation, nous ferons observer que quand on a obtenu le logarithme du sinus et celui du cosinus d'un certain arc positif A moindre que 90 degrés, on peut avoir, presque de suite, les logarithmes de la tangente et de la cotangente de cet arc, attendu que les relations (2) et (4) du n° 25 donnent

$$\log \tan A = \log \sin A + \mathfrak{C}(-\log \cos A)$$

et

$$\log \cot A = \log \cos A + \mathfrak{C}(-\log \sin A).$$

58. Parmi les différentes Tables trigonométriques qui ont été publiées jusqu'à ce jour, les meilleures et les plus répandues en France étant celles de *Callet*, nous supposerons dorénavant que le lecteur les ait entre les mains, et comme dans l'Introduction qui les précède, on trouve,

---

[1] Dans ces Tables, il n'est fait aucune mention des sécantes et cosécantes, parce qu'elles ne sont jamais considérées dans les applications numériques. Du reste, par suite des relations (3) et (5) du n° 25, leurs logarithmes sont respectivement égaux et de signes contraires à ceux des cosinus et sinus.

[2] Des méthodes plus avantageuses que celles qui se trouvent indiquées ici ont été suivies pour la formation des diverses Tables trigonométriques publiées jusqu'à ce jour; nous ne les ferons pas connaître ici, attendu qu'elles exigent des connaissances de l'analyse infinitésimale.

aux pages 30 et suivantes, toutes les explications nécessaires quant à leur disposition et à leur usage, nous entrerons ici dans peu de développements à cet égard.

Pour éviter les logarithmes à caractéristiques négatives, les Tables de Callet contiennent les logarithmes des sinus et des cosinus augmentés de 10 unités, et la même chose a lieu pour le logarithme de la tangente ou de la cotangente d'un arc, selon que cet arc est plus petit ou plus grand que 45 degrés.

Si l'on désigne par A et B deux arcs quelconques, positifs ou négatifs, on a

$$\log \operatorname{tang} A = -\log \cot A, \quad \log \operatorname{tang} B = -\log \cot B,$$

et, par suite,

$$\log \operatorname{tang} A - \log \operatorname{tang} B = \log \cot B - \log \cot A.$$

Cette dernière relation montre pourquoi, dans les Tables de Callet, une seule colonne a suffi pour indiquer les différences entre les logarithmes des tangentes et celles entre les logarithmes des cotangentes.

59. Les Tables trigonométriques servent à résoudre les deux problèmes suivants :

Problème I. — *Un arc positif* A, *moindre que* 90 *degrés, étant donné, déterminer directement le logarithme de chacun des quatre rapports trigonométriques*

sin A, cos A, tang A et cot A.

Solution. — Ce problème comprend deux cas :

1°. Si l'arc A est l'un de ceux qui sont inscrits dans les Tables, il suffit alors de connaître la disposition de ces Tables pour avoir de suite les logarithmes demandés.

2°. Si l'arc A ne se trouve pas inscrit dans les Tables,

on a

$$A = \text{un multiple de } 10'' + a,$$

a étant un certain nombre entier ou décimal, moindre que 10, et rapporté à la seconde comme unité.

Pour calculer log sin A et log cos A, on commence par chercher, dans les Tables, les logarithmes des deux rapports trigonométriques

$$\sin(A - a) \quad \text{et} \quad \cos(A - a + 10''),$$

ainsi que les deux différences

$$\log\sin(A - a + 10'') - \log\sin(A - a) \qquad (1)$$

et

$$\log\cos(A - a) - \log\cos(A - a + 10''), \qquad (2)$$

ce qu'elles fournissent immédiatement.

Cela fait, on pose

$$\log\sin A = \log\sin(A - a) + x,$$
$$\log\cos A = \log\cos(A - a + 10'') + y,$$

et l'on détermine les deux nombres x et y à l'aide des proportions

$$\frac{a}{10''} = \frac{x}{\Delta}, \quad \frac{10'' - a}{10''} = \frac{y}{D},$$

où Δ et D désignent respectivement les différences (1) et (2).

Quant à la détermination des deux autres logarithmes demandés, nous nous bornerons à faire observer que ce qui vient d'être dit doit être considéré comme subsistant si l'on y change les signes *sin* et *cos* respectivement en *tang* et *cot*.

Scolie. — Relativement à ce qui vient d'être établi, si l'on désigne par α le nombre entier ou décimal qui est égal au rapport de l'arc a à l'arc de 1 seconde, on peut écrire

$$x = \frac{\Delta}{10}\alpha \quad \text{et} \quad y = \frac{D}{10}(10 - \alpha),$$

de sorte que le calcul de chacun des deux nombres x et y se réduit à multiplier un nombre décimal par α ou par le complément de α.

Par suite de cette remarque, pour déterminer l'une quelconque des quatre inconnues du problème précédent, par exemple le logarithme de sin A, il est d'usage, dans la pratique, d'ajouter au logarithme de sin $(A - a)$, les produits partiels ([1]) obtenus en multipliant successivement le nombre décimal équivalent à $\frac{\Delta}{10}$, par les valeurs relatives des différents chiffres de α.

Application numérique. — En admettant, dans le problème précédent, que l'on ait

$$A = 57^\circ 17' 23'',8,$$

nous allons présenter ici le type du calcul qui conduit à la détermination de chacune des inconnues de ce problème.

1°. Calcul de log sin A :

log sin 57° 17′ 20″ = $\bar{1}$,9250056,		Δ = 135 unités du 7ᵉ ordre décimal.
3″	40,5	
0″,8.......	10,8	
log sin A =	$\bar{1}$,9250107.	

([1]) Ces produits partiels peuvent être formés assez vite en recourant aux *Tables des parties proportionnelles,* qui précèdent immédiatement les Tables trigonométriques de *Callet.*

2°. Calcul de log cos A :

$\log\cos 57^\circ 17' 30'' = \bar{1},7326854$, D = 328 unités du 7e ordre décimal.

pour — 6″ 196,8

pour — 0″,2 6,56

log cos A . . . . . . $= \bar{1},7327057$.

3°. Calcul de log tang A :

$\log\operatorname{tang} 57^\circ 17' 20'' = 0,1922875$, Δ = 463 unités du 7e ordre décimal.

pour 3″ 138,9

pour 0″,8 37,04

log tang A . . . . $= 0,1923051$.

4°. Calcul de log cot A :

$\log\cot 57^\circ 17' 30'' = \bar{1},8076662$, D = 463 unités du 7e ordre décimal.

pour — 6″ 277,8

pour — 0″,2 9,26

log cot A . . . . . $= \bar{1},8076949$.

Problème II. — *Étant donné le logarithme* L *d'un sinus, d'un cosinus, d'une tangente ou d'une cotangente (ce nombre* L *doit être négatif s'il est le logarithme d'un sinus ou d'un cosinus; dans les deux autres cas, il peut être positif ou négatif), déterminer l'arc positif* X, *moindre que* 90 *degrés, auquel correspond ce logarithme.*

Solution. — Supposons que le nombre L soit donné comme logarithme d'un sinus, et distinguons les deux cas suivants :

1°. Si le nombre L est l'un des *log sin* inscrits dans les Tables, il suffit alors de connaître la disposition de ces Tables pour avoir l'arc demandé.

2°. Si le nombre L ne se trouve pas parmi ces *log sin*, il en existe alors deux consécutifs, L_1 et L_2, entre lesquels il est compris, et comme ces deux *log sin* correspondent à deux arcs positifs, moindres que 90 degrés, lesquels sont inscrits dans les Tables, on peut supposer ici que L_1 corresponde au plus petit A de ces deux arcs.

Maintenant, désignant respectivement par x, D et Δ les différences $X - A$, $L - L_1$ et $L_2 - L_1$ (cette dernière se trouve indiquée par les Tables elles-mêmes); on détermine x à l'aide de la proportion

$$\frac{\Delta}{D} = \frac{10''}{x},$$

et, par suite, on a

$$X = A + 10''\frac{D}{\Delta}.$$

Si l'on change, dans ce qui précède, le signe *sin* en *cos*, *tang* ou *cot*, on a la solution du problème pour le cas où le nombre L est supposé être le logarithme d'un cosinus, d'une tangente ou d'une cotangente.

Applications numériques. — En admettant, dans le problème précédent, que le nombre L ait successivement pour valeur chacun des nombres

$$\bar{1},9250107,\quad \bar{1},7327057,\quad 0,1923051,\quad \bar{1},8076949,$$

et qu'il désigne le logarithme d'un sinus, d'un cosinus, d'une tangente ou d'une cotangente, selon qu'il égale le premier, le second, le troisième ou le quatrième de ces nombres, nous allons présenter ici le type du calcul qui conduit à la détermination de l'arc inconnu X.

1°. $L = \bar{1},9250107 = \log\sin X$:

$\bar{1},9250056 = \log\sin 57°17'20''$, $\Delta = 135$ unit. du 7ᵉ ord. déc.
pour 51 . . . . 3'',8 $D = 51$. *id.*,

L. . . $= \log\sin 57°17'23'',8.$

2°. $L = \bar{1},7327057 = \log \cos X$:

$\bar{1},7327182 = \log \cos 57^\circ 17' 20''$,		$\Delta = -328$ unit. du 7ᵉ ord. déc.	
pour -125	$3'',8$	$D = -125$	*id.*,
L... $= \log \cos 57^\circ 17' 23'',8$.			

3°. $L = 0,1923051 = \log \operatorname{tang} X$:

$0,1922875 = \log \operatorname{tang} 57^\circ 17' 20''$,		$\Delta = 463$ unit. du 7ᵉ ord. déc.	
pour 176	$3'',8$	$D = 176$	*id.*,
L... $= \log \operatorname{tang} 57^\circ 17' 23'',8$.			

4°. $L = \bar{1},8076949 = \log \cot X$:

$\bar{1},8077125 = \log \cot 57^\circ 17' 20''$,		$\Delta = -463$ unit. du 7ᵉ ord. déc.	
pour -176	$3'',8$	$D = -176$	*id.*,
L... $= \log \cot 57^\circ 17' 23'',8$.			

Scolie. — La solution de chacun des seconds cas des deux problèmes précédents repose sur un principe que l'on peut énoncer en ces termes :

Si l'on désigne par A, B, C *trois arcs positifs moindres que* 90 *degrés, et satisfaisant aux relations*

$$A > B > C, \quad A - C \leqq 10'',$$

on a la proportion

$$\frac{\log \sin A - \log \sin C}{\log \sin A - \log \sin B} = \frac{A - C}{A - B},$$

dans laquelle on peut changer le signe sin *en l'un quelconque des trois autres* cos, tang *et* cot.

Ce principe n'est pas parfaitement exact; mais, ainsi qu'on peut le faire voir à l'aide de considérations empruntées à l'analyse infinitésimale, il conduit, dans la pratique, à des approximations suffisantes.

CONVERSION DES EXPRESSIONS MATHÉMATIQUES A LA FORME LOGARITHMIQUE.

60. Lorsqu'une expression mathématique et numérique est présentée sous la forme d'un rapport entre deux produits de plusieurs facteurs monômes, l'un de ces produits pouvant simplement être égal à l'unité, on dit qu'elle est *logarithmique*, parce que, pour en obtenir la valeur, il suffit, comme on sait, de connaître les logarithmes des nombres obtenus en prenant positivement tous les facteurs qui la constituent. Dans le cas contraire, on dit qu'*elle n'est pas logarithmique*.

Ainsi, des deux expressions égales

$$\frac{\sin(A+B)}{\cos A \cos B}$$

et

$$\tang A + \tang B,$$

qui ont été considérées au n° 36, la première est logarithmique, et la seconde ne l'est pas.

61. Problème. — *Rendre logarithmique la somme ou la différence de deux nombres positifs quelconques a et b, le second étant moindre que le premier.*

Solution. — Parmi les procédés assez nombreux qui peuvent être employés pour résoudre ce problème général, nous nous bornerons à indiquer les trois suivants:

Le rapport $\frac{b}{a}$ peut être considéré comme le cosinus, la tangente, ou le carré de la tangente d'un certain arc positif moindre que 90 degrés, c'est pourquoi nous poserons l'une des trois égalités

$$\frac{b}{a} = \cos\omega, \quad \frac{b}{a} = \tang\varphi, \quad \frac{b}{a} = \tang^2\psi,$$

et, par suite, en observant que

$$a+b=a\left(1+\frac{b}{a}\right), \quad a-b=a\left(1-\frac{b}{a}\right),$$

il viendra

$$a+b=a(1+\cos\omega)=2a\cos^2\frac{\omega}{2},$$

$$a-b=a(1-\cos\omega)=2a\sin^2\frac{\omega}{2},$$

ou bien

$$a+b=a(1+\operatorname{tang}\varphi)=a\frac{\cos\varphi+\sin\varphi}{\cos\varphi}=a\sqrt{2}\frac{\cos(45^\circ-\varphi)}{\cos\varphi},$$

$$a-b=a(1-\operatorname{tang}\varphi)=a\frac{\cos\varphi-\sin\varphi}{\cos\varphi}=a\sqrt{2}\frac{\cos(45^\circ+\varphi)}{\cos\varphi},$$

ou bien encore

$$a+b=a(1+\operatorname{tang}^2\psi)=\frac{a}{\cos^2\psi},$$

$$a-b=a(1-\operatorname{tang}^2\psi)=a\frac{\cos 2\psi}{\cos^2\psi}.$$

Corollaire I. — $a_1, a_2, a_3, a_4, \ldots, a_m$ étant m nombres tous positifs, si l'on pose

$$a_1+a_2=b_1,$$
$$b_1+a_3=b_2,$$
$$b_2+a_4=b_3,$$
$$\cdots\cdots\cdots\cdots$$
$$b_{m-2}+a_m=b_{m-1},$$

on pourra successivement rendre logarithmiques les premiers membres de ces diverses égalités, et par conséquent la somme

$$a_1+a_2+a_3+a_4+\ldots+a_m,$$

qui n'est autre que le nombre b_{m-1}, sera rendue logarithmique.

Corollaire II. — $a_1, a_2, a_3, \ldots, a_m, b_1, b_2, b_3, \ldots, b_n$ étant $m+n$ nombres tous positifs, on pourra rendre logarithmique chacune des deux sommes

$$a_1 + a_2 + a_3 + \ldots + a_m,$$
$$b_1 + b_2 + b_3 + \ldots + b_n;$$

et, par suite, il en sera de même de la différence entre ces deux sommes.

PROPRIÉTÉS RELATIVES AUX ÉQUATIONS ALGÉBRIQUES DU SECOND DEGRÉ.

62. Théorème. — *a et b étant deux nombres quelconques, le premier positif ou négatif, et le second positif, si l'on désigne par x' et x'' les deux racines de l'équation algébrique du second degré*

$$x^2 + ax - b = 0, \tag{1}$$

à la seule inconnue x, et par ω le plus petit arc positif satisfaisant à la relation

$$\tang^2 \omega = \frac{4b}{a^2}, \tag{2}$$

on a

$$x' = b^{\frac{1}{2}} \tang \frac{\omega}{2} \quad \text{et} \quad x'' = -b^{\frac{1}{2}} \cot \frac{\omega}{2}. \tag{3}$$

Démonstration. — La relation (2) donne

$$\frac{\left(\frac{a^2}{4}\right)}{1} = \frac{b}{\tang^2 \omega} = \frac{\frac{a^2}{4} + b}{1 + \tang^2 \omega} = \left(\frac{a^2}{4} + b\right) \cos^2 \omega,$$

d'où l'on tire

$$\frac{a}{2} = b^{\frac{1}{2}} \frac{\cos \omega}{\sin \omega}, \quad \sqrt{\frac{a^2}{4} + b} = b^{\frac{1}{2}} \frac{1}{\sin \omega},$$

et comme

$$x' = -\frac{a}{2} + \sqrt{\frac{a^2}{4} + b}, \quad x'' = -\frac{a}{2} - \sqrt{\frac{a^2}{4} + b},$$

il vient

$$x' = b^{\frac{1}{2}} \frac{1 - \cos\omega}{\sin\omega} = b^{\frac{1}{2}} \operatorname{tang}\frac{\omega}{2}$$

et

$$x'' = -b^{\frac{1}{2}} \frac{1 + \cos\omega}{\sin\omega} = -b^{\frac{1}{2}} \cot\frac{\omega}{2}.$$

Donc, etc.

Application numérique. — Étant donnés

$$\log a = 2,9143267 \quad \text{et} \quad \log b = 3,0054924,$$

calculer, à l'aide des Tables trigonométriques, les deux racines x' et x'' de l'équation (1).

On a

$$2\log\operatorname{tang}\omega = \log 4 + \log b + \mathfrak{T}(-2\log a) = \begin{cases} 0,6020599 \\ +3,0054924 \\ +\bar{6},1713466 \end{cases}$$

$$\text{ou bien } 2\log\operatorname{tang}\omega = \ldots\ldots\ldots\ldots\ldots\ldots \bar{3},7788990$$

$$\text{et} \quad \log\operatorname{tang}\omega = \ldots\ldots\ldots\ldots\ldots\ldots \bar{2},8894495,$$

d'où

$$\omega = 4°25'59'',04.$$

Maintenant les relations (3) donnent

$$\log x' = \frac{1}{2}\log b + \log\operatorname{tang}\frac{\omega}{2} = \left\{\begin{matrix} 1,5027462 \\ +\bar{2},5877682 \end{matrix}\right\} = 0,0905144$$

et

$$\log(-x'') = \frac{1}{2}\log b + \mathfrak{T}\left(-\log\operatorname{tang}\frac{\omega}{2}\right) = \left\{\begin{matrix} 1,5027462 \\ +1,4122318 \end{matrix}\right\} = 2,9149780$$

d'où

$$x' = 1,231726 \quad \text{et} \quad x'' = -822,2009.$$

63. Théorème. — *Les mêmes choses étant posées que dans le théorème précédent, et le nombre b étant moindre que $\frac{a^2}{4}$, si l'on désigne par x' et x'' les deux racines de l'équation algébrique du second degré*

$$x^2 + ax + b = 0, \qquad (1)$$

à la seule inconnue x; et par ω le plus petit arc positif satisfaisant à la relation

$$\sin^2\omega = \frac{4b}{a^2}, \qquad (2)$$

on a

$$x' = -b^{\frac{1}{2}}\operatorname{tang}\frac{\omega}{2} \quad \text{et} \quad x'' = -b^{\frac{1}{2}}\cot\frac{\omega}{2}. \qquad (3)$$

Démonstration. — La relation (2) donne

$$\frac{\left(\frac{a^2}{4}\right)}{1} = \frac{b}{\sin^2\omega} = \frac{\frac{a^2}{4} - b}{1 - \sin^2\omega} = \frac{\frac{a^2}{4} - b}{\cos^2\omega},$$

d'où l'on tire

$$\frac{a}{2} = b^{\frac{1}{2}}\frac{1}{\sin\omega}, \quad \sqrt{\frac{a^2}{4} - b} = b^{\frac{1}{2}}\frac{\cos\omega}{\sin\omega};$$

et comme

$$x' = -\frac{a}{2} + \sqrt{\frac{a^2}{4} - b}; \quad x'' = -\frac{a}{2} - \sqrt{\frac{a^2}{4} - b};$$

il vient

$$x' = -b^{\frac{1}{2}}\frac{1 - \cos\omega}{\sin\omega} = -b^{\frac{1}{2}}\operatorname{tang}\frac{\omega}{2}$$

et

$$x'' = -b^{\frac{1}{2}}\frac{1 + \cos\omega}{\sin\omega} = -b^{\frac{1}{2}}\cot\frac{\omega}{2}.$$

Donc, etc.

Application numérique. — *Étant donnés*

$$\log a = 3{,}0678463 \quad \text{et} \quad \log b = 1{,}7860934,$$

calculer, à l'aide des Tables trigonométriques, les deux racines x' et x'' de l'équation (1).

On a

$$2\log\sin\omega = \log 4 + \log b + \mathfrak{T}(-2\log a) = \left\{\begin{array}{r} 0{,}60205999 \\ +1{,}7860934 \\ +\bar{7}{,}8643174 \\ \hline \end{array}\right.$$

$$\text{ou bien } 2\log\sin\omega = \ldots\ldots\ldots\ldots \quad \bar{4}{,}2524708$$

$$\text{et} \quad \log\sin\omega = \ldots\ldots\ldots\ldots \quad \bar{2}{,}1262354;$$

d'où

$$\omega = 0^\circ\, 45'\, 58'',51.$$

Maintenant, les rélations (3) donnent

$$\log(-x') = \frac{1}{2}\log b + \log\operatorname{tang}\frac{\omega}{2} = \left\{\begin{array}{r} 0{,}8930467 \\ +\bar{3}{,}8252243 \end{array}\right\} = \bar{2}{,}7182710$$

et

$$\log(-x'') = \frac{1}{2}\log b + \mathfrak{T}\left(-\log\operatorname{tang}\frac{\omega}{2}\right) = \left\{\begin{array}{r} 0{,}8930467 \\ +2{,}1747757 \end{array}\right\} = 3{,}0678224,$$

d'où

$$x' = -0{,}0522722 \quad \text{et} \quad x'' = -1169{,}021.$$

USAGE DES TABLES TRIGONOMÉTRIQUES POUR LA RÉSOLUTION DE CERTAINES ÉQUATIONS TRANSCENDANTES.

64. Problème. — *Résoudre l'équation*

$$32\sin x + 247\cos x = -12,$$

ayant le seul arc x pour inconnue.

Solution. — Si l'on désigne par ω le plus petit arc positif dont la tangente égale $\frac{247}{32}$, on trouve, en faisant usage des Tables trigonométriques, que

$$\omega = 82^\circ\, 37'\, 5'',45.$$

De plus, comme l'équation proposée peut être remplacée par la suivante

$$\sin x + \operatorname{tang}\omega \cos x = -\frac{3}{8},$$

ou bien par celle-ci

$$\frac{\sin(x+\omega)}{\cos\omega} = -\frac{3}{8},$$

il vient

$$\begin{aligned} \log\sin(-x-\omega) = \log\cos\omega + \log 3 \\ + \mathfrak{T}(-\log 8) = \end{aligned} \left\{ \begin{array}{l} \bar{1},1088386 \\ +\,0,47712125 \\ +\,\bar{1},09691001 \end{array} \right.$$

$$\text{ou } \log\sin(-x-\omega) = \ldots\ldots\ldots\ldots \quad \bar{2},6828699,$$

et comme les Tables trigonométriques donnent

$$\bar{2},6828699 = \log\sin(2^\circ\, 45'\, 41'',76),$$

il est aisé de conclure que toutes les racines de l'équation proposée sont les diverses valeurs que prennent les deux expressions

$$2KH - (85^\circ\, 22'\, 47'',21) \quad \text{et} \quad (2K+1)H - (79^\circ\, 51'\, 23'',69),$$

en y égalant K successivement à chacun des termes de la suite indéfinie

$$\ldots,\ -3,\quad -2,\quad -1,\quad 0,\quad 1,\quad 2,\quad 3,\ \ldots$$

Ces deux expressions peuvent être remplacées respectivement par les deux suivantes :

$$(2K+1)H + (94^\circ\, 37'\, 12'',79) \quad \text{et} \quad 2KH + (100^\circ\, 8'\, 36'',31).$$

65. PROBLÈME. — *Résoudre l'équation*

$$658 \operatorname{tang} x - 19 \cot\left(45^\circ + \frac{x}{2}\right) = 361 \qquad (1)$$

ayant le seul arc x pour inconnue (¹).

Solution. — Si l'on désigne $\operatorname{tang}\frac{x}{2}$ par y, on a

$$\operatorname{tang} x = \frac{2y}{1-y^2}, \qquad \cot\left(45^\circ + \frac{x}{2}\right) = \frac{1-y}{1+y},$$

et, par suite, l'équation proposée devient

$$1316\frac{y}{1-y^2} - 19\frac{1-y}{1+y} = 361,$$

ou bien

$$342y^2 + 1354y - 380 = 0,$$

d'où l'on tire les deux valeurs suivantes

$$\frac{5}{19} \quad \text{et} \quad -\frac{38}{9}$$

de y.

D'après cela, la résolution de l'équation (1) est ramenée à la résolution de chacune des équations simples

$$\operatorname{tang}\frac{x}{2} = \frac{5}{19} \quad \text{et} \quad \operatorname{tang}\left(-\frac{x}{2}\right) = \frac{38}{9}.$$

En faisant usage des Tables trigonométriques, on trouve que les plus petits arcs positifs qui ont respectivement $\frac{5}{19}$ et $\frac{38}{9}$ pour tangentes, sont

$$14^\circ 44' 36'',82 \quad \text{et} \quad 76^\circ 40' 31'',69,$$

(¹) Une question pour ainsi dire identique à celle-là a été proposée, en 1855, au concours général des lycées et colléges de Paris et de Versailles (classe de mathématiques spéciales).

d'où l'on conclut immédiatement que les racines de l'équation (1) sont toutes les valeurs que prennent les deux expressions

$$2\,KH + (29^\circ\, 29'\, 13'',64) \quad \text{et} \quad 2\,KH - (153^\circ\, 21'\, 3'',38),$$

en y égalant K successivement à chacun des termes de la suite indéfinie

$$\ldots,\ -3,\ \ -2,\ \ -1,\ \ 0,\ \ 1,\ \ 2,\ \ 3,\ldots.$$

La seconde de ces deux expressions peut être remplacée par la suivante :

$$(2\,K + 1)\,H + (26^\circ\, 38'\, 56'',62).$$

66. PROBLÈME. — *Résoudre le système des deux équations*

$$\frac{\sin x}{\sin y} = 3,7042, \qquad x + y = 38^\circ\, 23'\, 15'',04,$$

ayant les arcs x et y pour inconnues.

Solution. — Le système de ces deux équations peut être remplacé par le suivant

$$\frac{\sin x + \sin y}{\sin x - \sin y} \quad \text{ou} \quad \frac{\tang \dfrac{x+y}{2}}{\tang \dfrac{x-y}{2}} = \frac{23521}{13521},$$

$$\frac{x+y}{2} = 19^\circ\, 11'\, 37'',52;$$

d'où

$$\left.\begin{aligned} \log \tang \frac{x-y}{2} = \log \tang \frac{x+y}{2} + \log 13521 \\ + \mathfrak{T}(-\log 23521) = \end{aligned}\right\{ \begin{aligned} &\bar{1},5417223 \\ +\ &4,1310088 \\ +\ &\bar{5},6285442 \end{aligned}$$

$$\text{ou } \log \tang \frac{x-y}{2} = \ldots\ldots\ldots\ldots\ldots\ldots \quad \bar{1},3012753,$$

et comme les Tables trigonométriques donnent

$$\bar{1},3012753 = \log \operatorname{tang} (11^\circ 18' 58'',16),$$

il est aisé de conclure que toutes les solutions du système des équations proposées sont données par les deux formules simultanées

$$x = \mathrm{KH} + (30^\circ 30' 35'',68) \text{ et } y = -\mathrm{KH} + (7^\circ 52' 39'',36),$$

en y égalant K successivement à chacun des termes de la suite indéfinie

$$\ldots, -3, \quad -2, \quad -1, \quad 0, \quad 1, \quad 2, \quad 3, \ldots.$$

67. Problème. — *Résoudre le système des trois équations*

$$x + y + z = \mathrm{H},$$

$$\frac{3 \operatorname{tang} x}{17} = -\frac{\operatorname{tang} y}{3} = -\frac{3 \operatorname{tang} z}{2},$$

ayant les trois arcs x, y, z, *pour inconnues.*

Solution. — Si l'on désigne le rapport $\frac{3 \operatorname{tang} x}{17}$ par u, on a

$$\operatorname{tang} x = \frac{17}{3} u, \qquad \operatorname{tang} y = -3u, \qquad \operatorname{tang} z = -\frac{2}{3} u,$$

et, par suite, en substituant ces valeurs dans la relation connue (n° 41)

$$\operatorname{tang} x + \operatorname{tang} y + \operatorname{tang} z = \operatorname{tang} x \operatorname{tang} y \operatorname{tang} z,$$

il vient l'équation

$$u(17u^2 - 3) = 0,$$

d'où l'on tire les trois valeurs suivantes

$$0, \quad \left(\frac{3}{17}\right)^{\frac{1}{2}} \quad \text{et} \quad -\left(\frac{3}{17}\right)^{\frac{1}{2}}$$

de u, lesquelles permettent de substituer au système des équations proposées, les trois systèmes suivants :

$$\left\{\begin{array}{r} x+y+z=\mathrm{H} \\ \operatorname{tang} x=0 \\ \operatorname{tang} y=0 \end{array}\right\}, \quad \left\{\begin{array}{r} x+y+z=\mathrm{H} \\ \operatorname{tang} x=\left(\frac{17}{3}\right)^{\frac{1}{2}} \\ \operatorname{tang}(-y)=\left(\frac{27}{17}\right)^{\frac{1}{2}} \end{array}\right\}$$

et

$$\left\{\begin{array}{r} x+y+z=\mathrm{H} \\ \operatorname{tang}(-x)=\left(\frac{17}{3}\right)^{\frac{1}{2}} \\ \operatorname{tang} y=\left(\frac{27}{17}\right)^{\frac{1}{2}} \end{array}\right\}.$$

D'après cela, si l'on fait attention que $\operatorname{tang} \mathrm{H}=0$, et que les Tables trigonométriques donnent

$$\left(\frac{17}{3}\right)^{\frac{1}{2}}=\operatorname{tang}(67^{\circ}\,12'\,48'',61), \quad \left(\frac{27}{17}\right)^{\frac{1}{2}}=\operatorname{tang}(51^{\circ}\,34'\,5'',8),$$

on conclut immédiatement que tous les couples de valeurs de x et y qui résolvent le problème proposé, sont tous ceux donnés par les trois systèmes de formules

$$\left.\begin{array}{l} \left\{\begin{array}{l} x=\mathrm{KH} \\ y=\mathrm{K'H} \end{array}\right\}, \quad \left\{\begin{array}{l} x=\mathrm{KH}+(67^{\circ}\,12'\,48'',61) \\ y=\mathrm{K'H}-(51^{\circ}\,34'\,5'',8) \end{array}\right\} \\ \text{et} \\ \left\{\begin{array}{l} x=\mathrm{KH}-(67^{\circ}\,12'\,48'',61) \\ y=\mathrm{K'H}+(51^{\circ}\,34'\,5'',8) \end{array}\right\}, \end{array}\right\} \quad (1)$$

en y égalant K, ainsi que K′, à un terme quelconque de la suite indéfinie

$$\ldots,\ -3,\quad -2,\quad -1,\quad 0,\quad 1,\quad 2,\quad 3,\ldots$$

La valeur de z qui doit être adjointe à chacun de ces

couples, pour constituer les diverses solutions du système des équations proposées, est une conséquence immédiate de la première de ces équations.

L'expression de y dans le second des systèmes de formules (1), et celle de x dans le troisième de ces systèmes, peuvent respectivement être remplacées par les suivantes :

$$y = K'H + (128^\circ 25' 54'',2)$$

et

$$x = KH + (112^\circ 47' 11'',39).$$

DEUXIÈME PARTIE.

ÉTUDE COMPLÉMENTAIRE ET ANALYTIQUE DES FONCTIONS CIRCULAIRES.

PROPRIÉTÉS RELATIVES A LA SOMMATION DES SUITES LIMITÉES.

68. Théorème. — *Si l'on désigne par* A *et* B *deux arcs quelconques, positifs ou négatifs, et par* S *la somme des* $n+1$ *premiers termes de la suite*

$$\sin A, \quad \sin(A+B), \quad \sin(A+2B), \quad \sin(A+3B), \ldots$$

dans laquelle le terme de rang $\alpha+1$ *est* $\sin(A+\alpha B)$, *on a la relation*

$$S = \frac{\sin\left(A+\frac{n}{2}B\right)\sin\frac{n+1}{2}B}{\sin\frac{1}{2}B}. \tag{1}$$

Démonstration. — K étant un nombre entier quelconque, positif, nul ou négatif, on a (nº 35)

$$2\sin\frac{1}{2}B\sin(A+KB) = \cos\left(A+\frac{2K-1}{2}B\right) - \cos\left(A+\frac{2K+1}{2}B\right).$$

Si l'on donne à K successivement les valeurs

$$0, \quad 1, \quad 2, \quad 3, \ldots, \quad n,$$

il vient

$$2\sin\frac{1}{2}B\sin A = \cos\left(A - \frac{1}{2}B\right) - \cos\left(A + \frac{1}{2}B\right),$$

$$2\sin\frac{1}{2}B\sin(A + B) = \cos\left(A + \frac{1}{2}B\right) - \cos\left(A + \frac{3}{2}B\right),$$

$$2\sin\frac{1}{2}B\sin(A + 2B) = \cos\left(A + \frac{3}{2}B\right) - \cos\left(A + \frac{5}{2}B\right),$$

$$2\sin\frac{1}{2}B\sin(A + 3B) = \cos\left(A + \frac{5}{2}B\right) - \cos\left(A + \frac{7}{2}B\right),$$

. . . .

$$2\sin\frac{1}{2}B\sin(A + nB) = \cos\left(A + \frac{2n-1}{2}B\right) - \cos\left(A + \frac{2n+1}{2}B\right).$$

Ajoutant ces $n+1$ dernières égalités membre à membre, et effectuant les réductions, on obtient la relation

$$2S\sin\frac{1}{2}B = \cos\left(A - \frac{1}{2}B\right) - \cos\left(A + \frac{2n+1}{2}B\right),$$

ou bien (n° 35)

$$S\sin\frac{1}{2}B = \sin\left(A + \frac{n}{2}B\right)\sin\frac{n+1}{2}B;$$

donc, etc.

Scolie. — Le second membre de la relation (1) pouvant s'écrire sous la forme

$$\frac{\sin(n+1)\frac{B}{2}}{\sin\frac{B}{2}}\sin\left(A + \frac{n}{2}B\right),$$

on en conclut immédiatement que si l'arc B est un infiniment petit et que son signe soit tel, que la valeur absolue du rapport trigonométrique $\sin\left(A + \frac{n}{2} B\right)$ augmente sans cesse, la valeur de ce second membre ira constamment en augmentant, ou constamment en diminuant, selon qu'on aura $\sin A > \text{ou} < 0$, et tendra vers $(n+1)\sin A$ comme limite (nº 49), de sorte que la relation, objet du théorème précédent, peut être considérée comme subsistant encore dans le cas de $B = 0$.

Corollaire. — La relation (1) donne

$$\sin A + \sin 2A + \sin 3A + \ldots + \sin(n+1)A$$
$$= \frac{\sin\frac{n+2}{2}A \sin\frac{n+1}{2}A}{\sin\frac{1}{2}A},$$

en y faisant $B = A$, et

$$\sin A + \sin 3A + \sin 5A + \ldots + \sin(2n+1)A$$
$$= \frac{\sin^2(n+1)A}{\sin A},$$

en y faisant $B = 2A$.

69. Théorème. — *Les mêmes choses étant posées que dans le théorème précédent, si l'on désigne par* S′ *la somme des* $n+1$ *premiers termes de la suite*

$$\cos A, \quad \cos(A+B), \quad \cos(A+2B), \quad \cos(A+3B), \ldots,$$

dans laquelle le terme de rang $\alpha + 1$ *est* $\cos(A + \alpha B)$, *on a la relation*

$$S' = \frac{\cos\left(A + n\frac{B}{2}\right)\sin(n+1)\frac{B}{2}}{\sin\frac{B}{2}}. \qquad (1)$$

Ce théorème se déduit immédiatement du précédent, en remarquant que S′ résulte de S en y changeant A en $\frac{\Pi}{2} + A$.

Scolie. — En répétant à peu près ce qui a été dit au scolie du n° 68, on montrerait que la relation (1) peut être considérée comme subsistant dans le cas de $B = 0$.

Corollaire. — La relation (1) donne

$$\cos A + \cos 2A + \cos 3A + \ldots + \cos(n+1)A = \frac{\cos(n+2)\frac{A}{2}\sin(n+1)\frac{A}{2}}{\sin\frac{A}{2}},$$

en y faisant $B = A$, et

$$\cos A + \cos 3A + \cos 5A + \ldots + \cos(2n+1)A = \frac{1}{2}\frac{\sin(n+1)2A}{\sin A},$$

en y faisant $B = 2A$.

70. Théorème. — *Si l'on désigne par m un nombre entier positif, nul ou négatif, par* A, B, A′, B′, *quatre arcs quelconques, positifs ou négatifs, les deux derniers assujettis toutefois à la relation*

$$2mH \pm A' = B', \tag{1}$$

et par S *la somme des* $n+1$ *premiers termes de la suite*

$$\sin A \sin B, \quad \sin(A + A')\sin(B + B'),$$
$$\sin(A + 2A')\sin(B + 2B'), \ldots,$$

dans laquelle le terme de rang $\alpha + 1$ *est*

$$\sin(A + \alpha A')\sin(B + \alpha B');$$

on a la relation

$$S = \pm\frac{(n+1)\sin A'\cos(A \mp B) - \sin(n+1)A'\cos(A \pm B + nA')}{2\sin A'}, \tag{2}$$

où chaque double signe est coordonné avec celui de la relation (1).

Démonstration. — K étant un nombre entier quelconque, positif, nul ou négatif, on a (n° 35)

$$2\sin(A + KA')\sin(B + KB') = \pm[\cos(A \mp B) - \cos(A \pm B + 2KA')] \text{ (}^1\text{)}.$$

Si l'on donne à K successivement les valeurs

$$0, \quad 1, \quad 2, \quad 3, \ldots, \quad n,$$

il vient

$$2\sin A \sin B = \pm[\cos(A \mp B) - \cos(A \pm B)],$$

$$2\sin(A + A')\sin(B + B') = \pm[\cos(A \mp B) - \cos(A \pm B + 2A')],$$

$$2\sin(A + 2A')\sin(B + 2B') = \pm[\cos(A \mp B) - \cos(A \pm B + 4A')],$$

. . . .

$$2\sin(A + nA')\sin(B + nB') = \pm[\cos(A \mp B) - \cos(A \pm B + 2nA')].$$

Ajoutant ces $n + 1$ dernières égalités membre à membre, et observant qu'on a (n° 69)

$$\cos(A \pm B) + \cos(A \pm B + 2A') + \cos(A \pm B + 4A') + \ldots + \cos(A \pm B + 2nA') = \frac{\sin(n+1)A'\cos(A \pm B + nA')}{\sin A'},$$

il vient

$$2S = \pm\left[(n+1)\cos(A \mp B) - \frac{\sin(n+1)A'\cos(A \pm B + nA')}{\sin A'}\right];$$

donc, etc.

Scolie. — Les deux cas du théorème précédent peuvent être conclus l'un de l'autre : car si l'on considère le poly-

---

(1) Dans toutes les égalités qui seront posées dans cette démonstration, chaque double signe devra toujours être considéré comme coordonné avec celui de la relation (1).

nôme

$$-\sin A \sin B - \sin (A + A') \sin (B + B') - \sin (A + 2 A') \sin (B + 2 B') - \ldots - \sin (A + n A') \sin (B + n B'),$$

et qu'on y change B en $-$ B, on peut l'écrire sous la forme

$$\sin A \sin B + \sin (A + A') \sin [B + (-B')] + \sin (A + 2 A') \sin [B + 2 (-B')] + \ldots + \sin (A + n A') \sin [B + n (-B')].$$

Or, selon qu'on a

$$2 m H + A' = B' \quad \text{ou} \quad 2 m H - A' = B',$$

on a

$$2 (-m) H - A' = (-B') \quad \text{ou} \quad 2 (-m) H + A' = (-B');$$

donc, etc.

Corollaire. — Si dans la relation (2) on suppose $B = A$ et $B' = A'$, il vient

$$\sin^2 A + \sin^2 (A + A') + \sin^2 (A + 2 A') + \ldots + \sin^2 (A + n A') = \frac{1}{2}\left[n + 1 - \frac{\sin (n + 1) A' \cos (2 A + n A')}{\sin A'}\right],$$

et cette dernière relation donne

$$\sin^2 A + \sin^2 2 A + \sin^2 3 A + \ldots + \sin^2 (n + 1) A = \frac{1}{4}\left[2 n + 3 - \frac{\sin (2 n + 3) A}{\sin A}\right],$$

en y faisant $A' = A$, ou bien

$$\sin^2 A + \sin^2 3 A + \sin^2 5 A + \ldots + \sin^2 (2 n + 1) A = \frac{1}{2}\left[n + 1 - \frac{\sin (n + 1) 4 A}{2 \sin 2 A}\right],$$

en y faisant $A' = 2 A$.

71. Théorème. — *Les mêmes choses étant posées que dans le théorème précédent, si l'on désigne par* S' *la*

somme des $n+1$ *premiers termes de la suite*

$$\sin A\cos B,\quad \sin(A+A')\cos(B+B'),\quad \sin(A+2A')\cos(B+2B'),\ldots;$$

dans laquelle le terme de rang $\alpha+1$ *est*

$$\sin(A+\alpha A')\cos(B+\alpha B');$$

on a la relation

$$S'=\frac{\sin(n+1)A'\sin(A\pm B+nA')+(n+1)\sin A'\sin(A\mp B)}{2\sin A'},$$

où chaque double signe est coordonné avec celui de la relation (1) *du* n° 70.

Ce théorème se déduit immédiatement du précédent, en remarquant que S' résulte de S en y changeant B en $\frac{H}{2}+B$.

72. Théorème. — *Les mêmes choses étant encore posées que dans le théorème du* n° 70, *si l'on désigne par* S'' *la somme des* $n+1$ *premiers termes de la suite*

$$\cos A\cos B,\quad \cos(A+A')\cos(B+B');\quad \cos(A+2A')\cos(B+2B'),\ldots;$$

dans laquelle le terme de rang $\alpha+1$ *est*

$$\cos(A+\alpha A')\cos(B+\alpha B');$$

on a la relation

$$S''=\frac{\sin(n+1)A'\cos(A\pm B+nA')+(n+1)\sin A'\cos(A\mp B)}{2\sin A'};\quad (1)$$

où chaque double signe est coordonné avec celui de la relation (1) *du* n° 70.

Ce théorème se déduit immédiatement du précédent, en

remarquant que S'' résulte de S' en y changeant A en $\frac{H}{2} + A$.

Corollaire. — Si dans la relation (1) on suppose $B = A$ et $B' = A'$, il vient

$$\cos^2 A + \cos^2 (A + A') + \cos^2 (A + 2A') + \ldots + \cos^2 (A + nA')$$
$$= \frac{1}{2}\left[n + 1 + \frac{\sin(n+1)A' \cos(2A + nA')}{\sin A'}\right],$$

et cette dernière relation donne

$$\cos^2 A + \cos^2 2A + \cos^2 3A + \ldots + \cos^2 (n+1)A$$
$$= \frac{1}{4}\left[2n + 1 + \frac{\sin(2n+3)A}{\sin A}\right],$$

en y faisant $A' = A$, ou bien

$$\cos^2 A + \cos^2 3A + \cos^2 5A + \ldots + \cos^2 (2n+1)A$$
$$= \frac{1}{2}\left[n + 1 + \frac{\sin(n+1)4A}{2 \sin 2A}\right],$$

en y faisant $A' = 2A$.

Les trois relations précédentes peuvent se conclure immédiatement de celles données dans le corollaire du n° 70.

73. Théorème. — *Si l'on désigne par* A, B, A' *et* B' *quatre arcs quelconques, positifs ou négatifs, et par* S *la somme des* $n + 1$ *premiers termes de la suite*

$$\sin A \sin B, \quad \sin (A + A') \sin (B + B'),$$
$$\sin (A + 2A') \sin (B + 2B'), \ldots,$$

dans laquelle le terme de rang $\alpha + 1$ *est*

$$\sin (A + \alpha A') \sin (B + \alpha B'),$$

on a la relation

$$\frac{[A+(n+1)A']\sin(B+nB')-\sin[B+(n+1)B']\sin(A+nA')+\sin(A-A')\sin B-\sin(B-B')\sin A}{2(\cos A'-\cos B')}. \quad (1$$

Démonstration. — Posons, pour abréger,

$$A - B = \delta,$$
$$A' - B' = \delta',$$
$$A + B = \omega,$$
$$A' + B' = \omega',$$

et soit K un nombre entier quelconque, positif, nul ou négatif.

On a (n° 35)

$$2\sin(A + KA')\sin(B + KB') = \cos(\delta + K\delta') - \cos(\omega + K\omega').$$

Si l'on donne à K successivement les valeurs

$$0, \quad 1, \quad 2, \quad 3, \ldots, \quad n,$$

il vient

$$2\sin A\sin B = \cos\delta - \cos\omega,$$
$$2\sin(A + A')\sin(B + B') = \cos(\delta + \delta') - \cos(\omega + \omega'),$$
$$2\sin(A + 2A')\sin(B + 2B') = \cos(\delta + 2\delta') - \cos(\omega + 2\omega'),$$
$$\ldots\ldots\ldots\ldots\ldots\ldots\ldots\ldots\ldots\ldots$$
$$2\sin(A + nA')\sin(B + nB') = \cos(\delta + n\delta') - \cos(\omega + n\omega').$$

Ajoutant ces $n+1$ dernières égalités membre à membre, il vient (n° 69)

$$2S = \frac{\cos\left(\delta + n\dfrac{\delta'}{2}\right)\sin(n+1)\dfrac{\delta'}{2}}{\sin\dfrac{\delta'}{2}} - \frac{\cos\left(\omega + n\dfrac{\omega'}{2}\right)\sin(n+1)\dfrac{\omega'}{2}}{\sin\dfrac{\omega'}{2}},$$

ou bien (n° 35)

$$2S = \frac{\sin\left[(2n+1)\dfrac{\delta'}{2}+\delta\right]+\sin\left(\dfrac{\delta'}{2}-\delta\right)}{2\sin\dfrac{\delta'}{2}} - \frac{\sin\left[(2n+1)\dfrac{\omega'}{2}+\omega\right]+\sin\left(\dfrac{\omega'}{2}-\omega\right)}{2\sin\dfrac{\omega'}{2}}.$$

Maintenant, comme on a (n° 35)

$$2\sin\left[(2n+1)\frac{\delta'}{2}+\delta\right]\sin\frac{\omega'}{2} = \cos[B+(n+1)B'-(A+nA')] - \cos[A+(n+1)A'-(B+nB')],$$

$$2\sin\left(\frac{\delta'}{2}-\delta\right)\sin\frac{\omega'}{2} = \cos(B-B'-A) - \cos(A-A'-B),$$

$$2\sin\left[(2n+1)\frac{\omega'}{2}+\omega\right]\sin\frac{\delta'}{2} = \cos[B+(n+1)B'+A+nA'] - \cos[A+(n+1)A'+B+nB'],$$

$$2\sin\left(\frac{\omega'}{2}-\omega\right)\sin\frac{\delta'}{2} = \cos(B-B'+A) - \cos(A-A'+B),$$

$$4\sin\frac{\delta'}{2}\sin\frac{\omega'}{2} = 2(\cos B' - \cos A'),$$

et, par suite,

$$\begin{aligned}&2\sin\left[(2n+1)\frac{\delta'}{2}+\delta\right]\sin\frac{\omega'}{2} - 2\sin\left[(2n+1)\frac{\omega'}{2}+\omega\right]\sin\frac{\delta'}{2}\\ &= 2\sin[B+(n+1)B']\sin(A+nA')\\ &- 2\sin[A+(n+1)A']\sin(B+nB'),\end{aligned}$$

$$\begin{aligned}&2\sin\left(\frac{\delta'}{2}-\delta\right)\sin\frac{\omega'}{2} - 2\sin\left(\frac{\omega'}{2}-\omega\right)\sin\frac{\delta'}{2}\\ &= 2\sin(B-B')\sin A - 2\sin(A-A')\sin B,\end{aligned}$$

il en résulte immédiatement la relation (1). Donc, etc.

Scolie. — Dans le cas particulier où les deux arcs A'

et B′ sont tels, qu'on a $\cos A' = \cos B'$, le second membre de la relation (1) se présente, comme il est aisé de le voir, sous la forme $\frac{0}{0}$, et, par suite, pour le lecteur non initié à la détermination des valeurs particulières des fonctions qui se présentent sous cette forme [1], il doit naturellement alors sembler impropre à la détermination de la somme S; c'est pourquoi nous avons cru devoir traiter au n° 70 le cas particulier qui vient d'être mentionné.

Une remarque analogue à la précédente pourra être faite relativement à chacun des deux premiers théorèmes qui vont suivre.

Corollaire. — Si l'on désigne les sommes

$$\sin A \sin B + \sin 2A \sin 2B + \sin 3A \sin 3B + \ldots + \sin(n+1)A \sin(n+1)B,$$

$$\sin A \sin B + \sin 3A \sin 3B + \sin 5A \sin 5B + \ldots + \sin(2n+1)A \sin(2n+1)B,$$

respectivement par S_1, S_2, la relation (1) donne

$$S_1 = \frac{\sin(n+2)A \sin(n+1)B - \sin(n+2)B \sin(n+1)A}{2(\cos A - \cos B)}, \quad (2)$$

en y faisant $A' = A$ et $B' = B$, ou bien

$$S_2 = \frac{\sin(2n+3)A \sin(2n+1)B - \sin(2n+3)B \sin(2n+1)A}{2(\cos 2A - \cos 2B)},$$

en y faisant $A' = 2A$ et $B' = 2B$.

La relation (2) a été donnée par Lagrange, dans les *Mémoires de l'Académie de Berlin*.

---

[1] Le lecteur qui connaîtrait la partie de l'analyse mathématique qui traite de cette détermination fera bien de s'exercer à déduire le théorème du n° **70**, de la relation (1), en y considérant, par exemple, le second membre comme une fonction de la variable B′, qui, pour la valeur $2m\Pi \pm A'$ attribuée à cette variable, se présente sous la forme $\frac{0}{0}$.

74. Théorème. — *Les mêmes choses étant posées que dans le théorème précédent, si l'on désigne par S' la somme des $n+1$ premiers termes de la suite*

$$\sin A \cos B, \quad \sin(A+A')\cos(B+B'), \quad \sin(A+2A')\cos(B+2B')\ldots,$$

dans laquelle le terme de rang $\alpha+1$ est

$$\sin(A+\alpha A')\cos(B+\alpha B'),$$

on a la relation

$$\frac{\mathrm{in}[A+(n+1)A']\cos(B+nB')-\cos[B+(n+1)B']\sin(A+nA')+\sin(A-A')\cos B-\cos(B-B')\sin A}{2(\cos A'-\cos B')}.$$

Ce théorème se déduit immédiatement du précédent, en remarquant que S' résulte de S en y changeant B en $\frac{H}{2}+B$.

Corollaire. — Si l'on désigne les sommes

$$\sin A\cos B+\sin 2A\cos 2B+\sin 3A\cos 3B+\ldots + \sin(n+1)A\cos(n+1)B,$$

$$\sin A\cos B+\sin 3A\cos 3B+\sin 5A\cos 5B+\ldots + \sin(2n+1)A\cos(2n+1)B,$$

respectivement par S'_1 et S'_2, la relation (1) donne

$$S'_1=\frac{\sin(n+2)A\cos(n+1)B-\cos(n+2)B\sin(n+1)A-\sin A}{2(\cos A-\cos B)},$$

en y faisant $A'=A$ et $B'=B$, ou bien

$$S'_2=\frac{\sin^2(n+1)(A+B)\sin(B-A)-\sin^2(n+1)(B-A)\sin(A+B)}{\cos 2A-\cos 2B}\ [1],$$

en y faisant $A'=2A$ et $B'=2B$.

---

[1] Nous croyons devoir prévenir le lecteur que pour arriver à cette expression de S'_2, il y a quelques transformations à effectuer.

75. THÉORÈME. — *Les mêmes choses étant encore posées que dans le théorème du n° 73, si l'on désigne par S″ la somme des $n+1$ premiers termes de la suite*

$$\cos A \cos B, \quad \cos(A + A')\cos(B + B'),$$
$$\cos(A + 2A')\cos(B + 2B'), \ldots,$$

dans laquelle le terme de rang $\alpha+1$ est

$$\cos(A + \alpha A')\cos(B + \alpha B'),$$

on a la relation

$$\text{s}\frac{[A+(n+1)A']\cos(B+nB')-\cos[B+(n+1)B']\cos(A+nA')+\cos(A-A')\cos B-\cos(B-B')\cos A}{2(\cos A'-\cos B')}.\ (\ $$

Ce théorème se déduit immédiatement du précédent, en remarquant que S″ résulte de S′ en y changeant A en $\frac{H}{2} + A$.

Corollaire. — Si l'on désigne les sommes

$$\cos A \cos B + \cos 2A \cos 2B + \cos 3A \cos 3B + \ldots$$
$$+ \cos(n+1)A\cos(n+1)B,$$

$$\cos A \cos B + \cos 3A \cos 3B + \cos 5A \cos 5B + \ldots$$
$$+ \cos(2n+1)A\cos(2n+1)B,$$

respectivement par S''_1 et S''_2, la relation (1) donne

$$S''_1 = -\frac{1}{2} + \frac{\cos(n+2)A\cos(n+1)B - \cos(n+2)B\cos(n+1)A}{2(\cos A - \cos B)},$$

en y faisant $A' = A$ et $B' = B$, ou bien

$$S''_2 = \frac{\cos(2n+3)A\cos(2n+1)B - \cos(2n+3)B\cos(2n+1)A}{2(\cos 2A - \cos 2B)},$$

en y faisant $A' = 2A$ et $B' = 2B$.

76. *Notation.* — m et n étant deux nombres entiers

positifs quelconques, la notation

$$\left(\frac{m}{n}\right)$$

sera dorénavant employée, à l'exemple d'Euler ([1]), pour désigner l'expression

$$\frac{m(m-1)(m-2)\ldots(m-n+1)}{1.2.3\ldots n}.$$

77. Théorème. — *Si l'on désigne par* A *un arc quelconque positif ou négatif, par m un nombre entier positif, et respectivement par s et c les deux rapports trigonométriques* sin A, cos A, *on a les relations*

$$\sin mA = s\left[\begin{array}{l}(2c)^{m-1} - \left(\frac{m-2}{1}\right)(2c)^{m-3}\\ +\left(\frac{m-3}{2}\right)(2c)^{m-5} - \left(\frac{m-4}{3}\right)(2c)^{m-7}+\ldots\end{array}\right], \quad (1)$$

et

$$\cos mA = \frac{1}{2}\left[\begin{array}{l}(2c)^{m} - \frac{m}{1}(2c)^{m-2} + \frac{m}{2}\left(\frac{m-3}{1}\right)(2c)^{m-4}\\ -\frac{m}{3}\left(\frac{m-4}{2}\right)(2c)^{m-6}+\ldots\end{array}\right]. \quad (2)$$

Démonstration. — Les seconds membres de ces deux relations étant respectivement désignés par M et N, on voit très-facilement qu'on a les égalités

$$Mc + Ns = s\left[(2c)^{m} - \frac{m-1}{1}(2c)^{m-2} + A_1 c^{m-4} + A_2 c^{m-6} + \ldots\right],$$

$$Nc - Ms = \frac{1}{2}\left[(2c)^{m+1} - \frac{m+1}{1}(2c)^{m-1}\right] + B_1 c^{m-3} + B_2 c^{m-5} + \ldots,$$

dans lesquelles A_1, A_2, ..., B_1, B_2, ..., sont des nombres

([1]) *Acta Acad. Sc. imp. Petrop.*, pro anno 1781, pars prior, p. 89.

donnés par les formules générales

$$A_k = (-1)^{k+1} 2^{m-2k-3}\left[\binom{m-k-2}{k+1} + \frac{m}{k+1}\binom{m-k-2}{k}\right],$$

$$B_k = (-1)^{k+1} 2^{m-2k-3}\left[\begin{array}{c} \dfrac{m}{k+1}\dbinom{m-k-2}{k} \\ +2^2\dbinom{m-k-1}{k}+\dbinom{m-k-2}{k+1}\end{array}\right],$$

en y égalant k successivement à chacun des nombres de la suite naturelle

$$1, 2, 3, 4, \ldots,$$

et comme ces valeurs de A_k et B_k peuvent être transformées en les suivantes :

$$A_k = (-1)^{k+1} 2^{m-2k-2}\binom{m-k-1}{k+1},$$

$$B_k = (-1)^{k+1} 2^{m-2k-2}\frac{m+1}{k+1}\binom{m-k-1}{k},$$

il en résulte que l'on peut écrire

$$Mc+Ns = s\left[\begin{array}{l} (2c)^m - \dbinom{m-1}{1}(2c)^{m-2} \\ +\dbinom{m-2}{2}(2c)^{m-4} - \dbinom{m-3}{3}(2c)^{m-6} + \ldots\end{array}\right],$$

$$Nc-Ms = \frac{1}{2}\left[\begin{array}{l} (2c)^{m+1} - \dfrac{m+1}{1}(2c)^{m-1} + \dfrac{m+1}{2}\dbinom{m-2}{1}(2c)^{m-3} \\ -\dfrac{m+1}{3}\dbinom{m-3}{2}(2c)^{m-5} + \ldots\end{array}\right].$$

Ces deux dernières égalités permettent de conclure immédiatement que si les relations (1) et (2) ont lieu pour une certaine valeur de m désignée par cette lettre, elles ont encore lieu lorsqu'on augmente cette valeur d'une unité, car, dans cette hypothèse, les deux expressions $Mc+Ns$

et $Nc - Ms$ égalent respectivement $\sin(m+1)A$ et $\cos(m+1)A$.

Or les relations (1) et (2) sont évidemment vraies pour $m=1$, et même pour $m=2$; donc, etc.

Scolie. — Les deux relations, objet du théorème précédent, ont été trouvées par Viète [1], avec cette différence que ce géomètre considérait les cordes des arcs et non les sinus et cosinus de ces arcs.

Corollaire. — Si dans les relations (1) et (2) on change A en $\frac{H}{2} - A$, on reconnaît de suite que les deux expressions

$$c\left[\begin{array}{l}(2s)^{m-1} - \left(\dfrac{m-2}{1}\right)(2s)^{m-3} + \left(\dfrac{m-3}{2}\right)(2s)^{m-5} \\ - \left(\dfrac{m-4}{3}\right)(2s)^{m-7} + \ldots\end{array}\right],$$

$$\frac{1}{2}\left[\begin{array}{l}(2s)^{m} - \dfrac{m}{1}(2s)^{m-2} + \dfrac{m}{2}\left(\dfrac{m-3}{1}\right)(2s)^{m-4} \\ - \dfrac{m}{3}\left(\dfrac{m-4}{2}\right)(2s)^{m-6} + \ldots\end{array}\right],$$

sont respectivement égales aux deux fonctions circulaires

$$(-1)^{\frac{m}{2}-1}\sin mA \quad \text{et} \quad (-1)^{\frac{m}{2}}\cos mA,$$

ou bien aux deux suivantes :

$$(-1)^{\frac{m-1}{2}}\cos mA \quad \text{et} \quad (-1)^{\frac{m-1}{2}}\sin mA,$$

selon que m est pair ou impair.

78. *Lemme.* — m et k étant deux nombres entiers positifs, le second différent de zéro, si l'on désigne respec-

[1] Voyez ses Œuvres, imprimées à Leyde en 1646. 1 volume in-folio, pages 295, 297 et 299. Elles sont écrites en latin.

tivement par $f(m, k)$ et $\varphi(m, k)$ les deux expressions

$$(m^2-2^2)(m^2-4^2)(m^2-6^2)\ldots[m^2-(2k)^2],$$

et

$$(m^2-1)\ (m^2-3^2)(m^2-5^2)\ldots[m^2-(2k-1)^2],$$

on a la relation

$$mf(m, k)=(m\mp 2k)\varphi(m\pm 1, k), \tag{1}$$

dans laquelle les doubles signes sont coordonnés.

Démonstration. — On a

$$mf(m, k+1)=[m^2-(2k+2)^2]mf(m, k),$$

et (les doubles signes étant coordonnés)

$$\begin{aligned}&[m\mp 2(k+1)]\varphi(m\pm 1, k+1)\\ &=[m^2-(2k+2)^2](m\mp 2k)\varphi(m\pm 1, k),\end{aligned}$$

d'où il suit que si la relation (1) a lieu pour toute valeur de m et pour une certaine valeur de k désignée par cette dernière lettre, elle aura encore lieu pour toute valeur de m et pour la même valeur de k augmentée d'une unité.

Or, quel que soit m, et pour $k=1$, on a évidemment la relation (1); donc, etc.

79. Théorème. — *Les mêmes choses étant posées que dans le théorème du n° 77, on a les relations*

$$\sin mA = c\left[\begin{aligned}&ms-\frac{m(m^2-2^2)}{1.2.3}s^3+\frac{m(m^2-2^2)(m^2-4^2)}{1.2.3.4.5}s^5\\ &-\frac{m(m^2-2^2)(m^2-4^2)(m^2-6^2)}{1.2.3.4.5.6.7}s^7+\ldots\end{aligned}\right],$$

et

$$\begin{aligned}\cos mA = 1&-\frac{m^2}{1.2}s^2+\frac{m^2(m^2-2^2)}{1.2.3.4}s^4-\frac{m^2(m^2-2^2)(m^2-4^2)}{1.2.3.4.5.6}s^6\\ &+\frac{m^2(m^2-2^2)(m^2-4^2)(m^2-6^2)}{1.2.3.4.5.6.7.8}s^8-\ldots,\end{aligned}$$

ou bien

$$\sin mA = ms - \frac{m(m^2-1)}{1.2.3}s^3 + \frac{m(m^2-1)(m^2-3^2)}{1.2.3.4.5}s^5 - \frac{m(m^2-1)(m^2-3^2)(m^2-5^2)}{1.2.3.4.5.6.7}s^7 + \ldots,$$

et

$$\cos mA = c\left[\begin{array}{l} 1 - \frac{m^2-1}{1.2}s^2 + \frac{(m^2-1)(m^2-3^2)}{1.2.3.4}s^4 \\ -\frac{(m^2-1)(m^2-3^2)(m^2-5^2)}{1.2.3.4.5.6}s^6 + \ldots \end{array}\right],$$

selon que m est pair ou impair.

Démonstration. — Les expressions qui sont les seconds membres de ces quatre relations, étant respectivement désignées, quel que soit m, par M, N, M′ et N′, on voit très-facilement qu'on a les égalités

$$Mc + Ns = (m+1)s - \frac{(m+1)[(m+1)^2-1]}{1.2.3}s^3 + A_1 s^5 + A_2 s^7 + A_3 s^9 + \ldots,$$

$$Nc - Ms = c\left[1 - \frac{(m+1)^2-1}{1.2}s^2 + B_1 s^4 + B_2 s^6 + B_3 s^8 + \ldots\right],$$

$$M'c + N's = c\left[\begin{array}{l} (m+1)s - \frac{(m+1)[(m+1)^2-2^2]}{1.2.3}s^3 \\ + A'_1 s^5 + A'_2 s^7 + A'_3 s^9 + \ldots \end{array}\right],$$

$$N'c - M's = 1 - \frac{(m+1)^2}{1.2}s^2 + B'_1 s^4 + B'_2 s^6 + B'_3 s^8 + \ldots,$$

dans lesquelles A_1, A_2, A_3, ..., B_1, B_2, B_3, ..., A'_1, A'_2, A'_3, ..., B'_1, B'_2, B'_3, ..., sont des nombres donnés par les formules générales,

$$A_k = (-1)^{k+1} \frac{m(m^2-2^2)(m^2-4^2)(m^2-6^2)\ldots[m^2-(2k)^2]}{1.2.3.4\ldots(2k+3)}$$
$$\times (m+2k+2)(m+1),$$

$$B_k = (-1)^{k+1} \frac{m(m^2-2^2)(m^2-4^2)(m^2-6^2)\ldots[m^2-(2k)^2]}{1.2.3.4\ldots(2k+2)}$$
$$\times (m+2k+2),$$

$$A'_k = (-1)^{k+1} \frac{(m^2-1)(m^2-3^2)(m^2-5^2)\ldots[m^2-(2k+1)^2]}{1.2.3.4\ldots(2k+3)}$$
$$\times (m+2k+3),$$

$$B'_k = (-1)^{k+1} \frac{(m^2-1)(m^2-3^2)(m^2-5^2)\ldots[m^2-(2k-1)^2]}{1.2.3.4\ldots(2k+2)}$$
$$\times (m+2k+1)(m+1),$$

en y égalant k successivement à chacun des nombres de la suite naturelle

$$1, \quad 2, \quad 3, \quad 4, \ldots;$$

et comme ces valeurs de A_k, B_k, A'_k, B'_k peuvent, d'après le lemme du n° 78, être transformées en les suivantes :

$$=(-1)^{k+1}$$
$$\times \frac{(m+1)[(m+1)^2-1]^2[(m+1)^2-3^2][(m+1)^2-5^2]\ldots[(m+1)^2-(2k+1)^2]}{1.2.3.4\ldots(2k+3)},$$

$$=(-1)^{k+1}$$
$$\times \frac{[(m+1)^2-1][(m+1)^2-3^2][(m+1)^2-5^2]\ldots[(m+1)^2-(2k+1)^2]}{1.2.3.4\ldots(2k+2)},$$

$$=(-1)^{k+1}$$
$$\times \frac{(m+1)[(m+1)^2-2^2][(m+1)^2-4^2][(m+1)^2-6^2]\ldots[(m+1)^2-(2k+2)^2]}{1.2.3.4\ldots(2k+3)},$$

$$=(-1)^{k+1}$$
$$\times \frac{(m+1)^2[(m+1)^2-2^2][(m+1)^2-4^2][(m+1)^2-6^2]\ldots[(m+1)^2-(2k)^2]}{1.2.3.4\ldots(2k+2)},$$

il en résulte que l'on peut écrire

$$\mathrm{M}c + \mathrm{N}s = (m+1)s - \frac{(m+1)[(m+1)^2-1]}{1.2.3}s^3$$
$$+ \frac{(m+1)[(m+1)^2-1][(m+1)^2-3^2]}{1.2.3.4.5}s^5$$
$$- \frac{(m+1)[(m+1)^2-1][(m+1)^2-3^2][(m+1)^2-5^2]}{1.2.3.4.5.6.7}s^7 + \ldots,$$

$$\mathrm{N}c - \mathrm{M}s = c\left\{\begin{array}{l} 1 - \dfrac{(m+1)^2-1}{1.2}s^2 \\ + \dfrac{[(m+1)^2-1][(m+1)^2-3^2]}{1.2.3.4}s^4 \\ - \dfrac{[(m+1)^2-1][(m+1)^2-3^2][(m+1)^2-5^2]}{1.2.3.4.5.6}s^6 + \ldots \end{array}\right\},$$

$$\mathrm{M}'c + \mathrm{N}'s = c\left\{\begin{array}{l} (m+1)s - \dfrac{(m+1)[(m+1)^2-2^2]}{1.2.3}s^3 \\ + \dfrac{(m+1)[(m+1)^2-2^2][(m+1)^2-4^2]}{1.2.3.4.5}s^5 \\ - \dfrac{(m+1)[(m+1)^2-2^2][(m+1)^2-4^2][(m+1)^2-6^2]}{1.2.3.4.5.6.7}s^7 + \ldots \end{array}\right\},$$

$$\mathrm{N}'c - \mathrm{M}'s = 1 - \frac{(m+1)^2}{1.2}s^2 + \frac{(m+1)^2[(m+1)^2-2^2]}{1.2.3.4}s^4$$
$$- \frac{(m+1)^2[(m+1)^2-2^2][(m+1)^2-4^2]}{1.2.3.4.5.6}s^6$$
$$+ \frac{(m+1)^2[(m+1)^2-2^2][(m+1)^2-4^2][(m+1)^2-6^2]}{1.2.3.4.5.6.7.8}s^8 - \ldots.$$

Ces quatre dernières égalités permettent de conclure immédiatement que si le théorème énoncé est vrai pour une certaine valeur de m désignée par cette lettre, il l'est encore lorsqu'on augmente cette valeur d'une unité, car dans cette hypothèse on a

$$\mathrm{M}c + \mathrm{N}s = \sin(m+1)\mathrm{A} \quad \text{et} \quad \mathrm{N}c - \mathrm{M}s = \cos(m+1)\mathrm{A},$$

ou bien

$$M'c + N's = \sin(m+1)A \quad \text{et} \quad N'c - M's = \cos(m+1)A,$$

selon que le nombre entier désigné par m est pair ou impair.

Or le théorème énoncé est évidemment vrai pour $m=1$, pour $m=2$ et même pour $m=3$; donc, etc.

Corollaire I. — Si dans les relations, objet du théorème précédent, on change A en $\frac{H}{2} - A$, on obtient les deux relations

$$(-1)^{\frac{m}{2}+1} \sin mA = s\left\{ \begin{array}{l} mc - \frac{m(m^2-2^2)}{1.2.3}c^3 \\ + \frac{m(m^2-2^2)(m^2-4^2)}{1.2.3.4.5}c^5 \\ - \frac{m(m^2-2^2)(m^2-4^2)(m^2-6^2)}{1.2.3.4.5.6.7}c^7 + \ldots \end{array} \right\},$$

et

$$(-1)^{\frac{m}{2}} \cos mA = 1 - \frac{m^2}{1.2}c^2 + \frac{m^2(m^2-2^2)}{1.2.3.4}c^4 - \frac{m^2(m^2-2^2)(m^2-4^2)}{1.2.3.4.5.6}c^6 + \frac{m^2(m^2-2^2)(m^2-4^2)(m^2-6^2)}{1.2.3.4.5.6.7.8}c^8 - \ldots,$$

ou bien les deux suivantes :

$$(-1)^{\frac{m-1}{2}} \sin mA = s\left[\begin{array}{l} 1 - \frac{m^2-1}{1.2}c^2 + \frac{(m^2-1)(m^2-3^2)}{1.2.3.4}c^4 \\ - \frac{(m^2-1)(m^2-3^2)(m^2-5^2)}{1.2.3.4.5.6}c^6 + \ldots \end{array} \right],$$

et

$$(-1)^{\frac{m-1}{2}} \cos m A = mc - \frac{m(m^2-1)}{1.2.3} c^3 + \frac{m(m^2-1)(m^2-3^2)}{1.2.3.4.5} c^5 - \frac{m(m^2-1)(m^2-3^2)(m^2-5^2)}{1.2.3.4.5.6.7} c^7 + \ldots,$$

selon que m est pair ou impair.

Corollaire II. — Si l'on a égard à la relation connue,

$$\sin^2 m A = \frac{1 - \cos 2 m A}{2},$$

qui a lieu quel que soit le nombre entier positif m, il vient

$$\sin^2 m A = \frac{1 - \frac{4m^2}{2} s^2 + \frac{4m^2(4m^2-2^2)}{2.3.4} s^4 - \frac{4m^2(4m^2-2^2)(4m^2-4^2)}{2.3.4.5.6} s^6 + \frac{4m^2(4m^2-2^2)(4m^2-4^2)(4m^2-6^2)}{2.3.4.5.6.7.8} s^8 - \ldots}{2}$$

ou bien

$$\sin^2 m A = \frac{1}{4} \left\{ \begin{array}{l} m^2 (2s)^2 - \dfrac{m^2(m^2-1)}{3.4} (2s)^4 \\ + \dfrac{m^2(m^2-1)(m^2-2^2)}{3.4.5.6} (2s)^6 \\ - \dfrac{m^2(m^2-1)(m^2-2^2)(m^2-3^2)}{3.4.5.6.7.8} (2s)^8 + \ldots \end{array} \right\}, \quad (1)$$

et, par suite,

$$\cos^2 m A = 1 - \frac{1}{4} \left\{ \begin{array}{l} m^2 (2s)^2 - \dfrac{m^2(m^2-1)}{3.4} (2s)^4 \\ + \dfrac{m^2(m^2-1)(m^2-2^2)}{3.4.5.6} (2s)^6 \\ - \dfrac{m^2(m^2-1)(m^2-2^2)(m^2-3^2)}{3.4.5.6.7.8} (2s)^8 + \ldots \end{array} \right\}. \quad (2)$$

La relation (1) a été donnée par Jacques Bernoulli ([1]);

([1]) Voyez ses OEuvres, tome II, pages 923-925.

dans le cas particulier où m est une puissance entière et positive de 2, et avec cette différence que ce géomètre considère les cordes des arcs et non les sinus de ces arcs.

Relativement aux relations (1) et (2), nous ferons observer que si l'on désigne par n un nombre entier positif, et, d'une manière générale, par $N_{(m,\,n)}$ le $n^{\text{ième}}$ nombre figuré du $m^{\text{ième}}$ ordre, on a

$$\frac{m^2(m^2-1)(m^2-2^2)(m^2-3^2)\ldots[m^2-(n-1)^2]}{3.4.5.6\ldots(2n)}$$
$$= N_{(m-n;\,2n+1)} + N_{(m-n-1,\,2n+1)},$$

ce qui permet d'écrire les deux relations en question sous une autre forme assez remarquable. Cette observation est de Jacques Bernoulli.

PROBLÈME GÉNÉRAL RELATIF A LA DIVISION DES ARCS.

80. PROBLÈME. — *Étant donné un nombre a positif, nul ou négatif, et satisfaisant aux relations*

$$-1 \leqq a \leqq 1;$$

déterminer un nombre x positif, nul ou négatif, de telle sorte qu'il existe un certain arc A pour lequel on ait

$$\sin A = a \quad \text{et} \quad \sin\frac{A}{m} = x.$$

Solution. — Désignons par K un nombre entier positif, nul ou négatif, susceptible de varier indéfiniment, et par α le plus petit arc positif dont le sinus égale a.

On sait que tous les arcs qui ont même sinus que l'arc α sont seulement ceux donnés par les deux expressions

$$2KH + \alpha \quad \text{et} \quad (2K+1)H - \alpha,$$

ou bien par les $2m$ suivantes :

$$\left.\begin{array}{ll} 2mKH+\alpha, & (2mK+2)H+\alpha, \\ (2mK+4)H+\alpha,\ldots, & (2mK+2m-2)H+\alpha, \\ (2mK+1)H-\alpha, & (2mK+3)H-\alpha, \\ (2mK+5)H-\alpha,\ldots, & (2mK+2m-1)H-\alpha, \end{array}\right\} \quad (1)$$

attendu que le nombre K peut être de l'une quelconque des m formes

$$m, \quad m+1, \quad m+2, \ldots, \quad m+(m-1).$$

Si l'on divise les arcs (1) par le nombre m, il vient les arcs

$$\begin{array}{ll} 2KH+\dfrac{\alpha}{m}, & 2KH+\dfrac{2H+\alpha}{m}, \\ 2KH+\dfrac{4H+\alpha}{m},\ldots, & 2KH+\dfrac{(2m-2)H+\alpha}{m}, \\ 2KH+\dfrac{H-\alpha}{m}, & 2KH+\dfrac{3H-\alpha}{m}, \\ 2KH+\dfrac{5H-\alpha}{m},\ldots, & 2KH+\dfrac{(2m-1)H-\alpha}{m}, \end{array}$$

qui, quel que soit le nombre K, ont respectivement pour sinus les nombres compris dans les deux suites

$$\sin\frac{\alpha}{m}, \quad \sin\frac{2H+\alpha}{m}, \quad \sin\frac{4H+\alpha}{m},\ldots, \quad \sin\frac{(2m-2)H+\alpha}{m}, \quad (2)$$

$$\sin\frac{H-\alpha}{m}, \quad \sin\frac{3H-\alpha}{m}, \quad \sin\frac{5H-\alpha}{m},\ldots, \quad \sin\frac{(2m-1)H-\alpha}{m}. \quad (3)$$

De ce qui précède, on peut déjà conclure que les valeurs de x qui satisfont au problème proposé, sont les différents nombres des deux suites précédentes.

Maintenant, relativement à ces nombres, distinguons deux cas selon que m est pair ou impair.

Premier cas. — Le nombre m est pair. La relation évidente

$$\sin\frac{KH+\alpha}{m} = -\sin\frac{(K-m)H+\alpha}{m}$$

montre que les nombres de chacune des deux suites (2) et (3) sont deux à deux égaux et de signes contraires.

Lorsque a n'est ni nul ni égal à ± 1, les nombres de ces deux suites sont tous distincts les uns des autres, car deux quelconques des arcs

$$\frac{\alpha}{m},\quad \frac{2H+\alpha}{m},\quad \frac{4H+\alpha}{m},\ldots,\quad \frac{(2m-2)H+\alpha}{m};$$

$$\frac{H-\alpha}{m},\quad \frac{3H-\alpha}{m},\quad \frac{5H-\alpha}{m},\ldots,\quad \frac{(2m-1)H-\alpha}{m};$$

ne peuvent donner une somme égale à un multiple impair de H, ou une différence égale à un multiple de 2H.

Lorsque $a=0$, les deux nombres $\sin\frac{H}{2}(=1)$ et $\sin\frac{3H}{2}(=-1)$ font évidemment partie de la suite (2) ou de la suite (3), selon que $\frac{m}{2}$ est pair ou impair; et la relation évidente

$$\sin\frac{KH}{m} = \sin\frac{(m-K)H}{m}$$

montre que tous les nombres de chacune de ces deux suites, sauf les deux qui viennent d'être désignés comme appartenant à l'une d'elles, sont égaux deux à deux.

De plus, dans cette même hypothèse de $a=0$, un nombre de la suite (2) ne peut égaler un nombre de la suite (3).

Lorsque $a=\pm 1$, les nombres de la première de ces deux suites sont distincts les uns des autres, et sont les mêmes que ceux de la seconde.

Second cas. — Le nombre m est impair. La relation

évidente

$$\sin \frac{2KH + \alpha}{m} = \sin \frac{(m - 2K)H - \alpha}{m}$$

montre que les nombres de la suite (2) sont les mêmes que ceux de la suite (3).

Lorsque a n'est pas égal à ± 1, les nombres de la suite (2) sont distincts les uns des autres.

Lorsque $a = \pm 1$, il y a toujours un des deux nombres $\sin \frac{H}{2}$ et $\sin \frac{3H}{2}$, et seulement un, qui fait partie de la suite (2), et tous les autres nombres de cette suite sont égaux deux à deux. De plus, c'est $\sin \frac{H}{2}$ ou $\sin \frac{3H}{2}$ qui fait partie de la suite en question, selon que $\frac{1}{2}(m - a)$ est pair ou impair.

Cela posé, cherchons à résoudre le problème énoncé, et pour cela reprenons successivement les deux cas déjà considérés.

Premier cas. — Le nombre m est pair. Si dans la relation

$$(-1)^{\frac{m}{2}-1} \sin m A = \cos A \left\{ \begin{array}{l} 2(\sin A)^{m-1} \\ -\left(\dfrac{m-2}{1}\right)(2\sin A)^{m-3} \\ +\left(\dfrac{m-3}{2}\right)(2\sin A)^{m-5} - \ldots \end{array} \right\}$$

du n° 77, on change A en $\frac{A}{m}$, il vient

$$(-1)^{\frac{m}{2}-1} \sin A = \cos \frac{A}{m} \left\{ \begin{array}{l} \left(2\sin \dfrac{A}{m}\right)^{m-1} \\ -\left(\dfrac{m-2}{1}\right)\left(2\sin \dfrac{A}{m}\right)^{m-3} \\ +\left(\dfrac{m-3}{2}\right)\left(2\sin \dfrac{A}{m}\right)^{m-5} - \ldots \end{array} \right\},$$

d'où il suit que les deux nombres a et x, c'est-à-dire le nombre a et chacun des nombres des suites (2) et (3), sont nécessairement liés entre eux par l'une ou l'autre des deux équations

$$(-1)^{\frac{m}{2}-1} a = \sqrt{1-x^2} \left[\begin{array}{l} (2x)^{m-1} - \left(\frac{m-2}{1}\right)(2x)^{m-3} \\ + \left(\frac{m-3}{2}\right) 2x^{m-5} - \ldots \end{array} \right],$$

$$(-1)^{\frac{m}{2}-1} a = -\sqrt{1-x^2} \left[\begin{array}{l} (2x)^{m-1} - \left(\frac{m-2}{1}\right)(2x)^{m-3} \\ + \left(\frac{m-3}{2}\right)(2x)^{m-5} - \ldots \end{array} \right],$$

ou, si l'on aime mieux, par l'équation algébrique du degré $2m$ en x,

$$a^2 = (1-x^2) \left[\begin{array}{l} (2x)^{m-1} - \left(\frac{m-2}{1}\right)(2x)^{m-3} \\ + \left(\frac{m-3}{2}\right)(2x)^{m-5} - \ldots \end{array} \right]^2,$$

laquelle ne contient que des puissances paires de cette inconnue.

De plus, toute valeur de x qui vérifie cette dernière équation est évidemment une solution du problème, et par conséquent elle est l'un des nombres des suites (2) et (3).

Second cas. — Le nombre m est impair. Si dans la relation

$$(-1)^{\frac{m-1}{2}} \sin mA = \frac{1}{2} \left\{ \begin{array}{l} (2\sin A)^m - \frac{m}{1}(2\sin A)^{m-2} \\ + \frac{m}{2}\left(\frac{m-3}{1}\right)(2\sin A)^{m-4} \\ - \frac{m}{3}\left(\frac{m-4}{2}\right)(2\sin A)^{m-6} + \ldots \end{array} \right\}$$

du n° 77, on change A en $\frac{A}{m}$, il vient

$$(-1)^{\frac{m-1}{2}}\sin A = \frac{1}{2}\left\{\begin{array}{l} \left(2\sin\frac{A}{m}\right)^m - \frac{m}{1}\left(2\sin\frac{A}{m}\right)^{m-2} \\ + \frac{m}{2}\left(\frac{m-3}{1}\right)\left(2\sin\frac{A}{m}\right)^{m-4} \\ - \frac{m}{3}\left(\frac{m-4}{2}\right)\left(2\sin\frac{A}{m}\right)^{m-6} + \ldots \end{array}\right\},$$

d'où il suit que les deux nombres a et x, c'est-à-dire le nombre a et chacun des nombres de la suite (2), sont nécessairement liés entre eux par l'équation du degré m en x,

$$(-1)^{\frac{m-1}{2}} a = \frac{1}{2}\left\{\begin{array}{l} (2x)^m - \frac{m}{1}(2x)^{m-2} \\ + \frac{m}{2}\left(\frac{m-3}{1}\right)(2x)^{m-4} \\ - \frac{m}{3}\left(\frac{m-4}{2}\right)(2x)^{m-6} + \ldots \end{array}\right\},$$

laquelle ne contient que des puissances impaires de cette inconnue.

De plus, toute valeur de x qui vérifie cette équation est évidemment une solution du problème, et par conséquent elle est l'un des nombres de la suite (2).

La solution du problème est ainsi ramenée, dans les deux cas, à la résolution d'une équation algébrique dont le degré, par suite de ce qui a été dit précédemment et de certaines théories d'analyse algébrique, est susceptible d'être abaissé au-dessous de m dans certains cas particuliers.

Scolie. — Si l'on ne tenait pas à avoir les nombres des deux suites (2) et (3) avec une trop grande approximation, on pourrait les calculer évidemment à l'aide des Tables trigonométriques.

FORMULE DE MOIVRE POUR UN EXPOSANT ENTIER POSITIF OU NÉGATIF.

81. *Notation.* — Pour abréger, nous représenterons dans la suite de cet ouvrage, à l'exemple de Gauss, le symbole $\sqrt{-1}$ par la lettre italique i.

82. *Lemme.* — Si l'on désigne par $A_1, A_2, A_3, \ldots, A_m$, m arcs quelconques, positifs ou négatifs, et par P le produit des m expressions imaginaires

$$\cos A_1 + i \sin A_1, \qquad \cos A_2 + i \sin A_2,$$
$$\cos A_3 + i \sin A_3, \ldots, \qquad \cos A_m + i \sin A_m,$$

on a

$$P = \cos(A_1 + A_2 + A_3 + \ldots + A_m) + i \sin(A_1 + A_2 + A_3 + \ldots + A_m).$$

Démonstration. — On a

$$\begin{aligned}&(\cos A_1 + i \sin A_1)(\cos A_2 + i \sin A_2)\\ &= (\cos A_1 \cos A_2 - \sin A_1 \sin A_2)\\ &+ i(\sin A_1 \cos A_2 + \cos A_1 \sin A_2),\end{aligned}$$

ou bien

$$\begin{aligned}&(\cos A_1 + i \sin A_1)(\cos A_2 + i \sin A_2)\\ &= \cos(A_1 + A_2) + i \sin(A_1 + A_2),\end{aligned}$$

et, par suite,

$$\begin{aligned}&[\cos(A_1 + A_2) + i \sin(A_1 + A_2)](\cos A_3 + i \sin A_3)\\ &= \cos(A_1 + A_2 + A_3) + i \sin(A_1 + A_2 + A_3),\end{aligned}$$

$$\begin{aligned}&[\cos(A_1 + A_2 + A_3) + i \sin(A_1 + A_2 + A_3)](\cos A_4 + i \sin A_4)\\ &= \cos(A_1 + A_2 + A_3 + A_4) + i \sin(A_1 + A_2 + A_3 + A_4),\end{aligned}$$

. . . .

$$\begin{aligned}&\left[\begin{array}{l}\quad \cos(A_1 + A_2 + A_3 + \ldots + A_{m-1})\\ + i \sin(A_1 + A_2 + A_3 + \ldots + A_{m-1})\end{array}\right](\cos A_m + i \sin A_m)\\ &= \cos(A_1 + A_2 + A_3 + \ldots + A_m) + i \sin(A_1 + A_2 + A_3 + \ldots + A_m).\end{aligned}$$

Multipliant ces $m-1$ dernières relations membre à membre, et réduisant, il vient l'égalité qu'il s'agissait de démontrer.

Corollaire. — Si la somme des arcs $A_1, A_2, A_3, \ldots, A_m$ est égale au quadrant multiplié par un nombre entier K positif, nul ou négatif, le produit P égale

$$1, \quad i, \quad -1, \quad \text{ou} \quad -i,$$

selon que la valeur de K est

$$\dot{4}, \quad \dot{4}+1, \quad \dot{4}+2, \quad \text{ou} \quad \dot{4}-1.$$

Comme les deux expressions

$$\cos A_1 - i \sin A_1 \quad \text{et} \quad \sin A_1 + i \cos A_1$$

sont respectivement égales aux deux suivantes :

$$\cos(-A_1) + i \sin(-A_1) \quad \text{et} \quad \cos\left(\frac{H}{2} - A_1\right) + i \sin\left(\frac{H}{2} - A_1\right),$$

le corollaire qui vient d'être indiqué comprend, comme cas particuliers, les égalités

$$(\cos A_1 + i \sin A_1)(\cos A_1 - i \sin A_1) = 1$$

et

$$(\cos A_1 + i \sin A_1)(\sin A_1 + i \cos A_1) = i.$$

La première de ces deux dernières égalités montre que les deux expressions conjuguées

$$\cos A_1 + i \sin A_1 \quad \text{et} \quad \cos A_1 - i \sin A_1$$

sont en même temps réciproques.

83. Théorème. — *Si l'on désigne par* A *un arc quelconque positif ou négatif, et par* m *un nombre entier positif, on a l'égalité*

$$(\cos A + i \sin A)^m = \cos m A + i \sin m A. \qquad (1)$$

Démonstration. — Ce théorème résulte immédiatement du lemme précédent, en y faisant

$$A_1 = A_2 = A_3 = \ldots = A_m = A.$$

Scolie. — L'égalité (1) a été découverte par Moivre (Abraham), géomètre français du XVIIIᵉ siècle.

Corollaire I. — Si dans cette égalité on change A en — A, il vient

$$(\cos A - i \sin A)^m = \cos m A - i \sin m A. \qquad (2)$$

Corollaire II. — Les égalités (1) et (2) donnent

$$\sin m A = \frac{(\cos A + i \sin A)^m - (\cos A - i \sin A)^m}{2i}$$

et

$$\cos m A = \frac{(\cos A + i \sin A)^m + (\cos A - i \sin A)^m}{2},$$

d'où l'on tire

$$\sin m A = \frac{[\cos A(1 + i \operatorname{tang} A)]^m - [\cos A(1 - i \operatorname{tang} A)]^m}{2i}$$

et

$$\cos m A = \frac{[\cos A(1 + i \operatorname{tang} A)]^m + [\cos A(1 - i \operatorname{tang} A)]^m}{2},$$

ou bien

$$\sin m A = \frac{\cos^m A}{2i}[(1 + i \operatorname{tang} A)^m - (1 - i \operatorname{tang} A)^m]$$

et

$$\cos m A = \frac{\cos^m A}{2}[(1 + i \operatorname{tang} A)^m + (1 - i \operatorname{tang} A)^m].$$

Corollaire III. — L'égalité

$$(\cos A + i \sin A)(\cos A - i \sin A) = 1$$

donne

$$\frac{1}{(\cos A + i \sin A)^m} = (\cos A - i \sin A)^m,$$

et, par suite,

$$\frac{1}{(\cos A + i \sin A)^m} = \cos m A - i \sin m A$$
$$= \cos(-mA) + i \sin(-mA),$$

ou, ce qui revient au même,

$$(\cos A + i \sin A)^{-m} = \cos(-mA) + i \sin(-mA).$$

Cette dernière égalité n'est autre que la formule de Moivre étendue au cas d'un exposant entier négatif $-m$.

AUTRES PROPRIÉTÉS RELATIVES A LA SOMMATION DES SUITES LIMITÉES.

84. Théorème. — *Si l'on désigne par* A *un arc quelconque positif ou négatif, par* m *un nombre entier positif, et respectivement par* s *et* c *les deux rapports trigonométriques* $\sin A$, $\cos A$, *on a les relations*

$$\left.\begin{aligned}\sin m A = \left(\frac{m}{1}\right) c^{m-1} s - \left(\frac{m}{3}\right) c^{m-3} s^3 \\ + \left(\frac{m}{5}\right) c^{m-5} s^5 - \left(\frac{m}{7}\right) c^{m-7} s^7 + \ldots,\end{aligned}\right\} \quad (1)$$

et

$$\left.\begin{aligned}\cos m A = c^m - \left(\frac{m}{2}\right) c^{m-2} s^2 + \left(\frac{m}{4}\right) c^{m-4} s^4 \\ - \left(\frac{m}{6}\right) c^{m-6} s^6 + \left(\frac{m}{8}\right) c^{m-8} s^8 - \ldots\end{aligned}\right\}. \quad (2)$$

Démonstration. — Ce théorème se conclut immédiatement de la relation

$$\cos m A + i \sin m A = (c + is)^m,$$

en y développant le second membre (d'après la formule du binôme), lequel peut alors s'écrire sous la forme

$$a + ib,$$

a et b étant deux quantités réelles, et en se rappelant ensuite que l'égalité des deux expressions imaginaires

$$\cos mA + i\sin mA \quad \text{et} \quad a+ib$$

exige qu'on ait

$$\sin mA = b \quad \text{et} \quad \cos mA = a.$$

Scolie. — Les deux relations, objet du théorème précédent, ont été données, pour la première fois, par Jean Bernoulli, en 1701, dans les *Actes de Leipsick*.

Corollaire. — Si l'on pose $\tang A = t$, les relations (1) et (2) donnent

$$\frac{\sin mA}{c^m} = \left(\frac{m}{1}\right)t - \left(\frac{m}{3}\right)t^3 + \left(\frac{m}{5}\right)t^5 - \left(\frac{m}{7}\right)t^7 + \ldots,$$

$$\frac{\cos mA}{c^m} = 1 - \left(\frac{m}{2}\right)t^2 + \left(\frac{m}{4}\right)t^4 - \left(\frac{m}{6}\right)t^6 + \left(\frac{m}{8}\right)t^8 - \ldots,$$

et, par suite,

$$\tang mA = \frac{\left(\frac{m}{1}\right)t - \left(\frac{m}{3}\right)t^3 + \left(\frac{m}{5}\right)t^5 - \left(\frac{m}{7}\right)t^7 + \ldots}{1 - \left(\frac{m}{2}\right)t^2 + \left(\frac{m}{4}\right)t^4 - \left(\frac{m}{6}\right)t^6 + \left(\frac{m}{8}\right)t^8 - \ldots}.$$

85. Théorème. — *Si l'on désigne par $a_1, a_2, a_3, \ldots, a_n$ et x, $n+1$ quantités numériques quelconques, réelles (alors positives ou négatives) ou imaginaires, par* A *et* B *deux arcs aussi quelconques positifs ou négatifs, le premier seul pouvant être nul, et respectivement par* $F(x)$, S, C *les trois sommes*

$$1 + a_1x + a_2x^2 + a_3x^3 + \ldots + a_nx^n,$$

$$\sin A + a_1\sin(A+B) + a_2\sin(A+2B)$$
$$+ a_3\sin(A+3B) + \ldots + a_n\sin(A+nB),$$

$$\cos A + a_1\cos(A+B) + a_2\cos(A+2B)$$
$$+ a_3\cos(A+3B) + \ldots + a_n\cos(A+nB),$$

on a les relations

$$S = \frac{[F(\alpha) + F(\beta)]\sin A - i[F(\alpha) - F(\beta)]\cos A}{2}$$

et

$$C = \frac{[F(\alpha) + F(\beta)]\cos A + i[F(\alpha) - F(\beta)]\sin A}{2},$$

dans lesquelles, pour abréger, α et β tiennent respectivement lieu des deux expressions conjuguées $\cos B + i \sin B$ *et* $\cos B - i \sin B$.

Démonstration. — D'après le lemme du n° 82 et la formule de Moivre, on a les égalités

$$\begin{aligned}
&\cos(A + B) \pm i\sin(A + B) \\
&= (\cos A \pm i\sin A)(\cos B \pm i\sin B), \\
&\cos(A + 2B) \pm i\sin(A + 2B) \\
&= (\cos A \pm i\sin A)(\cos B \pm i\sin B)^2, \\
&\cos(A + 3B) \pm i\sin(A + 3B) \\
&= (\cos A \pm i\sin A)(\cos B \pm i\sin B)^3, \\
&\dots\dots\dots\dots\dots\dots\dots\dots \\
&\cos(A + nB) \pm i\sin(A + nB) \\
&= (\cos A \pm i\sin A)(\cos B \pm i\sin B)^n,
\end{aligned}$$

dans chacune desquelles les doubles signes sont coordonnés, et, par suite, il vient

$$C + iS = (\cos A + i\sin A)(1 + a_1\alpha + a_2\alpha^2 + a_3\alpha^3 + \dots + a_n\alpha^n),$$

$$C - iS = (\cos A - i\sin A)(1 + a_1\beta + a_2\beta^2 + a_3\beta^3 + \dots + a_n\beta^n),$$

ou bien

$$C + iS = (\cos A + i\sin A)F(\alpha),$$

$$C - iS = (\cos A - i\sin A)F(\beta),$$

d'où l'on tire immédiatement les deux relations qu'il s'agissait de démontrer.

Scolie I. — Ce théorème a été indiqué par Euler dans sa dissertation ayant pour titre : *Subsidium calculi sinuum* (¹) », et la démonstration que nous venons d'en donner se trouve dans un Mémoire publié par Nicolas Fuss dans le tome XII (p. 125) des *Nova Acta Acad. Sc. imp. Petrop.*; année 1796 (²).

Scolie II. — L'une quelconque des deux relations, objet du théorème précédent, peut être déduite immédiatement de l'autre en y changeant l'arc A en $\frac{H}{2} + A$.

Corollaire I. — Si les $n+1$ quantités 1; a_1, a_2, a_3; ...; et a_n forment une progression géométrique, on a

$$F(x) = \frac{(a_1 x)^{n+1} - 1}{a_1 x - 1};$$

et, par suite,

$$S = \frac{a_1^{n+2}\sin(A+nB) - a_1^{n+1}\sin[A+(n+1)B] - a_1\sin(A-B) + \sin A}{a_1^2 - 2a_1\cos B + 1},$$

$$C = \frac{a_1^{n+2}\cos(A+nB) - a_1^{n+1}\cos[A+(n+1)B] - a_1\cos(A-B) + \cos A}{a_1^2 - 2a_1\cos B + 1}.$$

Ces deux dernières relations donnent

$$S = \frac{a_1^{n+2}\sin(n+1)A - a_1^{n+1}\sin(n+2)A + \sin A}{a_1^2 - 2a_1\cos A + 1}$$

et

$$C = \frac{a_1^{n+2}\cos(n+1)A - a_1^{n+1}\cos(n+2)A - a_1 + \cos A}{a_1^2 - 2a_1\cos A + 1},$$

(¹) *Novi Commentarii Acad. Sc. imp. Petrop.*, t. V ; ann. 1754-55.

(²) Nous ferons observer toutefois que les deux célèbres géomètres que nous venons de citer ne considéraient pas, dans le théorème en question, les trois sommes F (x), S et C comme limitées quant au nombre de leurs termes.

en y faisant $B = A$, ou bien

$$S = \frac{a_1^{n+2}\sin(2n+1)A - a_1^{n+1}\sin(2n+3)A + (1+a_1)\sin A}{a_1^2 - 2a_1\cos 2A + 1}$$

et

$$C = \frac{a_1^{n+2}\cos(2n+1)A - a_1^{n+1}\cos(2n+3)A + (1-a_1)\cos A}{a_1^2 - 2a_1\cos 2A + 1},$$

en y faisant $B = 2A$.

Les relations données aux n°s 68 et 69 peuvent se déduire très-aisément des précédentes. Nous laissons cette déduction comme exercice au lecteur.

Corollaire II. — a étant un nombre quelconque positif ou négatif, si les n quantités a_1; a_2, a_3; . . . ; a_n sont respectivement égales aux n nombres

$$\left(\frac{n}{1}\right)a,\quad \left(\frac{n}{2}\right)a^2,\quad \left(\frac{n}{3}\right)a^3,\ldots,\quad \left(\frac{n}{n}\right)a^n;$$

on a

$$F(x) = (1 + ax)^n,$$

et en désignant par ω un arc positif, nul ou négatif, dont la tangente égale

$$\frac{a\sin B}{1 + a\cos B};$$

il vient

$$F(\alpha) = (1 + a\cos B)^n(1 + i\tang\omega)^n = \frac{a^n\sin^n B}{\tang^n\omega}(1 + i\tang\omega)^n$$

et

$$F(\beta) = (1 + a\cos B)^n(1 - i\tang\omega)^n = \frac{a^n\sin^n B}{\tang^n\omega}(1 - i\tang\omega)^n;$$

ou bien

$$F(\alpha) = \frac{a^n\sin^n B}{\sin^n\omega}(\cos n\omega + i\sin n\omega)$$

et

$$F(\beta) = \frac{a^n\sin^n B}{\sin^n\omega}(\cos n\omega - i\sin n\omega);$$

d'où l'on déduit

$$\left.\begin{array}{l}\sin A + \left(\frac{n}{1}\right) a \sin(A+B) + \left(\frac{n}{2}\right) a^2 \sin(A+2B) \\ + \left(\frac{n}{3}\right) a^3 \sin(A+3B) + \ldots + \left(\frac{n}{n}\right) a^n \sin(A+nB) \\ = \dfrac{a^n \sin^n B}{\sin^n \omega} \sin(A+n\omega)\end{array}\right\} \quad (1)$$

et

$$\left.\begin{array}{l}\cos A + \left(\frac{n}{1}\right) a \cos(A+B) + \left(\frac{n}{2}\right) a^2 \cos(A+2B) \\ + \left(\frac{n}{3}\right) a^3 \cos(A+3B) + \ldots + \left(\frac{n}{n}\right) a^n \cos(A+nB) \\ = \dfrac{a^n \sin^n B}{\sin^n \omega} \cos(A+n\omega).\end{array}\right\} \quad (2)$$

Ces deux dernières relations en fournissent plusieurs autres qui sont très-remarquables, comme on va le voir :

1°. Si $a = 1$, on peut prendre l'arc $\frac{B}{2}$ pour valeur de ω, et alors on obtient les deux relations

$$\left.\begin{array}{l}\sin A + \left(\frac{n}{1}\right) \sin(A+B) + \left(\frac{n}{2}\right) \sin(A+2B) \\ + \left(\frac{n}{3}\right) \sin(A+3B) + \ldots + \left(\frac{n}{n}\right) \sin(A+nB) \\ = 2^n \cos^n \frac{B}{2} \sin\left(A + n\frac{B}{2}\right);\end{array}\right\} \quad (3)$$

$$\left.\begin{array}{l}\cos A + \left(\frac{n}{1}\right) \cos(A+B) + \left(\frac{n}{2}\right) \cos(A+2B) \\ + \left(\frac{n}{3}\right) \cos(A+3B) + \ldots + \left(\frac{n}{n}\right) \cos(A+nB) \\ = 2^n \cos^n \frac{B}{2} \cos\left(A + n\frac{B}{2}\right),\end{array}\right\} \quad (4)$$

lesquelles donnent, en y faisant $A = o$,

$$\left.\begin{aligned}&\sin B + \frac{1}{2}\left(\frac{n-1}{1}\right)\sin 2B + \frac{1}{3}\left(\frac{n-1}{2}\right)\sin 3B + \ldots\\&+\frac{1}{n}\left(\frac{n-1}{n-1}\right)\sin nB = \frac{2^n}{n}\cos^n\frac{B}{2}\sin n\frac{B}{2}\end{aligned}\right\}\quad(5)$$

et

$$\left.\begin{aligned}&1 + \left(\frac{n}{1}\right)\cos B + \left(\frac{n}{2}\right)\cos 2B + \left(\frac{n}{3}\right)\cos 3B + \ldots\\&+\left(\frac{n}{n}\right)\cos nB = 2^n\cos^n\frac{B}{2}\cos n\frac{B}{2}.\end{aligned}\right\}\quad(6)$$

2°. Si $a = -1$, on peut prendre l'arc $\frac{B}{2} - \frac{H}{2}$ pour valeur de ω, et alors on trouve que les quatre expressions

$$\sin A - \left(\frac{n}{1}\right)\sin(A+B) + \left(\frac{n}{2}\right)\sin(A+2B)$$
$$-\left(\frac{n}{3}\right)\sin(A+3B) + \ldots + (-1)^n\left(\frac{n}{n}\right)\sin(A+nB);$$

$$\cos A - \left(\frac{n}{1}\right)\cos(A+B) + \left(\frac{n}{2}\right)\cos(A+2B)$$
$$-\left(\frac{n}{3}\right)\cos(A+3B) + \ldots + (-1)^n\left(\frac{n}{n}\right)\cos(A+nB);$$

$$\sin B - \frac{1}{2}\left(\frac{n-1}{1}\right)\sin 2B + \frac{1}{3}\left(\frac{n-1}{2}\right)\sin 3B - \ldots$$
$$+(-1)^{n-1}\frac{1}{n}\left(\frac{n-1}{n-1}\right)\sin nB,$$

$$1 - \left(\frac{n}{1}\right)\cos B + \left(\frac{n}{2}\right)\cos 2B - \left(\frac{n}{3}\right)\cos 3B + \ldots$$
$$+(-1)^n\left(\frac{n}{n}\right)\cos nB;$$

desquelles les deux dernières résultent des deux autres en y faisant $A = o$, sont respectivement égales aux quatre produits

$$(\sqrt{-1})^n\, 2^n \sin^n \frac{B}{2} \sin\left(A + n\frac{B}{2}\right);$$

$$(\sqrt{-1})^n\, 2^n \sin^n \frac{B}{2} \cos\left(A + n\frac{B}{2}\right),$$

$$(\sqrt{-1})^{n+1} \frac{2^n}{n} \sin^n \frac{B}{2} \sin n\frac{B}{2},$$

$$(\sqrt{-1})^n\, 2^n \sin^n \frac{B}{2} \cos n\frac{B}{2},$$

ou aux quatre suivants :

$$(\sqrt{-1})^{n+1}\, 2^n \sin^n \frac{B}{2} \cos\left(A + n\frac{B}{2}\right);$$

$$(\sqrt{-1})^{n-1}\, 2^n \sin^n \frac{B}{2} \sin\left(A + n\frac{B}{2}\right);$$

$$(\sqrt{-1})^{n-1} \frac{2^n}{n} \sin^n \frac{B}{2} \cos n\frac{B}{2},$$

$$(\sqrt{-1})^{n-1}\, 2^n \sin^n \frac{B}{2} \sin n\frac{B}{2};$$

selon que n est pair ou impair.

On peut encore déduire ce que nous venons de dire ici (2°), des relations (3), (4), (5) et (6), en y changeant les arcs A et B, respectivement en $\frac{H}{2} - A$ et $H - B$.

3°. Si dans les relations (1) et (2) on pose $B = \frac{H}{2}$, il vient

$$\left[1 - \left(\frac{n}{2}\right) a^2 + \left(\frac{n}{4}\right) a^4 - \left(\frac{n}{6}\right) a^6 + \ldots\right] \sin A$$

$$+ \left[\left(\frac{n}{1}\right) a - \left(\frac{n}{3}\right) a^3 + \left(\frac{n}{5}\right) a^5 - \ldots\right] \cos A$$

$$= (1 + a^2)^{\frac{n}{2}} \sin(A + n\omega)$$

et

$$\left[1-\binom{n}{2}a^2+\binom{n}{4}a^4-\binom{n}{6}a^6+\ldots\right]\cos A$$
$$-\left[\binom{n}{1}a-\binom{n}{3}a^3+\binom{n}{5}a^5-\ldots\right]\sin A$$
$$=(1+a^2)^{\frac{n}{2}}\cos(A+n\omega),$$

attendu que l'on peut choisir ω de telle sorte qu'on ait

$$\sin\omega=\frac{a}{(1+a^2)^{\frac{1}{2}}}.$$

Ces deux dernières relations donnent, en y faisant $A=0$,

$$\binom{n}{1}a-\binom{n}{3}a^3+\binom{n}{5}a^5-\binom{n}{7}a^7+\ldots=(1+a^2)^{\frac{n}{2}}\sin n\omega$$

et

$$1-\binom{n}{2}a^2+\binom{n}{4}a^4-\binom{n}{6}a^6+\ldots=(1+a^2)^{\frac{n}{2}}\cos n\omega.$$

Presque tout ce qui est contenu dans ce dernier corollaire est extrait du Mémoire déjà cité de Fuss.

Les relations (5) et (6) ont été données, avant Fuss, par Euler (¹).

SUR LES QUANTITÉS NUMÉRIQUES RÉELLES OU IMAGINAIRES.

86. Théorème. — *Si l'on désigne par* A *et* B *deux nombres quelconques positifs ou négatifs, le second seul pouvant être nul, on peut toujours déterminer un nombre positif* μ *et un arc* ω *positif ou négatif tels, que l'on ait*

$$A=\mu\cos\omega \quad \text{et} \quad B=\mu\sin\omega. \tag{1}$$

(¹) *Nova Acta Acad. Sc. imp. Petrop.*, t. VII, p. 87 et seq., ann. 1789.

Démonstration. — Soit α l'un quelconque des arcs positifs ou négatifs dont la tangente égale $\frac{B}{A}$. On sait qu'on a

$$\operatorname{tang}(-H+\alpha) = \operatorname{tang}\alpha$$

et

$$\cos(-H+\alpha) = -\cos\alpha.$$

Si l'on représente par ω celui des deux arcs α et $-H+\alpha$ dont le cosinus est de même signe que le nombre A, et par μ la racine carrée positive de la somme A^2+B^2, la relation

$$\operatorname{tang}\omega = \frac{B}{A}$$

donne

$$\frac{A}{\cos\omega} = \frac{B}{\sin\omega} = \frac{\mu}{1};$$

donc, etc.

Scolie I. — Si α est le plus petit arc positif dont la tangente égale $\frac{B}{A}$, on a nécessairement

$$\alpha < H,$$

et

$$-H \leqq -H+\alpha < H,$$

de sorte que dans les égalités (1) on peut, si l'on veut, considérer l'arc ω comme étant toujours compris entre $-H$ et $+H$.

Scolie II. — Le théorème précédent montre que l'expression imaginaire

$$A+Bi$$

peut être transformée en la fonction circulaire

$$\mu(\cos\omega + i\sin\omega). \tag{2}$$

Le nombre positif μ et l'arc ω sont respectivement ce qu'on appelle le *module* et l'*argument* de l'expression $A + Bi$.

La fonction (2) s'écrit assez souvent sous la forme abrégée

$$\mu(\omega),$$

et s'énonce μ *argument* ω.

87. Théorème. — *Le module et l'argument d'un produit de plusieurs quantités numériques réelles ou imaginaires sont respectivement égaux au produit des modules de ces quantités, et à la somme de leurs arguments.*

Démonstration. — Si l'on désigne par $\mu_1, \mu_2, \mu_3, \ldots, \mu_m$ les modules de m quantités numériques réelles ou imaginaires, et par $\omega_1, \omega_2, \omega_3, \ldots, \omega_m$ les arguments respectifs de ces quantités, le calcul des expressions imaginaires et le lemme du n° 82 donnent

$$\begin{aligned} &\mu_1(\omega_1).\mu_2(\omega_2).\mu_3(\omega_3)\ldots\mu_m(\omega_m) \\ &= \mu_1\mu_2\mu_3\ldots\mu_m(\omega_1 + \omega_2 + \omega_3 + \ldots + \omega_m); \end{aligned}$$

donc, etc.

Corollaire. — Si on a

$$\mu_1 = \mu_2 = \mu_3 = \ldots = \mu_m$$

et

$$\omega_1 = \omega_2 = \omega_3 = \ldots = \omega_m,$$

il vient

$$[\mu_1(\omega_1)]^m = \mu_1^m(m\omega_1).$$

Cette dernière relation pourrait être considérée comme résultant directement de la formule de Moivre (dans le cas d'un exposant entier positif) et du calcul des imaginaires.

88. Théorème. — *Le module et l'argument du quotient de deux quantités numériques réelles ou imaginaires*

sont respectivement égaux au quotient des modules de ces deux quantités et à la différence de leurs arguments.

Démonstration. — Si l'on désigne par μ_1, μ_2 les modules de deux quantités numériques réelles ou imaginaires, et par ω_1, ω_2 leurs arguments respectifs, on a (n° 87)

$$\mu_1(\omega_1) = \mu_2(\omega_2) \cdot \frac{\mu_1}{\mu_2}(\omega_1 - \omega_2);$$

donc, etc.

Corollaire. — m étant un nombre entier positif, le théorème précédent donne

$$\frac{1\,(0)}{\mu_1^m(m\omega_1)} = \frac{1}{\mu_1^m}(-m\omega_1) = \mu_1^{-m}(-m\omega_1),$$

et comme

$$\frac{1\,(0)}{\mu_1^m(m\omega_1)} = \frac{1}{[\mu_1^m(\omega_1)]^m} = [\mu_1(\omega_1)]^{-m},$$

il vient

$$[\mu_1(\omega_1)]^{-m} = \mu_1^{-m}(-m\omega_1).$$

Cette dernière relation pourrait être considérée comme résultant directement de la formule de Moivre (dans le cas d'un exposant entier négatif) et du calcul des imaginaires.

RÉSOLUTION DES ÉQUATIONS BINOMES.

89. Problème. — *Déterminer les racines de l'équation binôme générale*

$$x^m - (A + Bi) = 0, \qquad (1)$$

à la seule inconnue x, et dans laquelle m, A, B, sont des nombres donnés, le premier entier positif, les deux autres quelconques, positifs, nuls ou négatifs.

Solution. — Désignons respectivement par μ et ω le module et l'argument de l'expression $A + Bi$.

Pour qu'une quantité numérique, réelle ou imaginaire, ayant le nombre positif r pour module et l'arc positif, nul ou négatif, φ pour argument, soit racine de l'équation (1), il est évidemment nécessaire et suffisant que l'on ait

$$r^m \cos m\varphi = \mu \cos \omega$$

et

$$r^m \sin m\varphi = \mu \sin \omega,$$

ou, ce qui revient au même,

$$r^m = \mu$$

et

$$\varphi = \frac{2\,\mathrm{H} + \omega}{m},$$

d'où il suit que les racines de l'équation (1) sont toutes les valeurs que prend la fonction

$$\mu^{\frac{1}{m}}\left(\cos\frac{2z\mathrm{H}+\omega}{m} + i\sin\frac{2z\mathrm{H}+\omega}{m}\right) \qquad (2)$$

de la variable z, lorsqu'on y égale cette variable successivement à chacun des termes de la suite naturelle et indéfinie

$$\ldots,\quad -3,\quad -2,\quad -1,\quad 0,\quad 1,\quad 2,\quad 3,\ldots \qquad (3)$$

De plus, α et β étant deux termes quelconques de cette suite, si l'on observe que l'égalité

$$\cos\frac{2\alpha\mathrm{H}+\omega}{m} + i\sin\frac{2\alpha\mathrm{H}+\omega}{m}$$
$$= \cos\frac{2\beta\mathrm{H}+\omega}{m} + i\sin\frac{2\beta\mathrm{H}+\omega}{m}$$

a lieu toutes les fois que la différence $\alpha - \beta$ est un multiple positif ou négatif de m, et seulement dans ce cas, on en conclut immédiatement que m est le nombre des racines de l'équation (1) qui sont distinctes les unes des autres, et que pour les avoir il suffit, dans la fonction (2), d'égaler z successivement à m termes consécutifs de la suite (3), par exemple aux m termes

$$0,\quad 1,\quad 2,\quad 3,\ldots,\quad m-1, \qquad (4)$$

ainsi qu'on le fait ordinairement.

Scolie I. — Si dans l'équation (1) on a $B=0$, les racines de cette équation sont alors toutes les valeurs que prend la fonction de la variable z

$$\mu^{\frac{1}{m}}\left(\cos\frac{2zH}{m}+i\sin\frac{2zH}{m}\right),$$

ou bien celle-ci

$$\mu^{\frac{1}{m}}\left[\cos\frac{(2z+1)H}{m}+i\sin\frac{(2z+1)H}{m}\right],$$

selon que A est positif ou négatif, lorsqu'on y égale cette variable z, successivement, à chacun des termes de la suite (4).

De plus, si la valeur absolue de A est l'unité, on a

$$\mu^{\frac{1}{m}}=1.$$

Scolie II. — Pour que l'équation (1) admette au moins une racine réelle, il faut que B soit nul, et qu'on n'ait pas simultanément $A<0$ et m pair.

De plus, ces conditions étant remplies, le nombre des racines réelles de l'équation en question est *deux* ou *un*, selon que m est pair ou impair.

Dans le premier cas, les deux quantités $\mu^{\frac{1}{m}}$ et $-\mu^{\frac{1}{m}}$ sont les deux racines réelles, et dans le second, c'est la première ou la seconde de ces deux quantités qui est la racine réelle, selon que A est positif ou négatif.

Corollaire. — Si l'on désigne par α l'un quelconque des termes de la suite (3), les m racines de l'équation (1) sont évidemment toutes les valeurs que prend la fonction

$$\mu^{\frac{1}{m}}\left[\cos\frac{2(z-\alpha)H+\omega}{m}+i\sin\frac{2(z-\alpha)H+\omega}{m}\right]$$

de la variable z, lorsqu'on y égale cette variable, successivement, à chacun des termes de la suite (4).

Or, cette dernière fonction peut s'écrire sous la forme

$$\mu^{\frac{1}{m}}\left[\cos\frac{2(-\alpha)H+\omega}{m}+i\sin\frac{2(-\alpha)H+\omega}{m}\right]$$
$$\times\left(\cos\frac{2zH}{m}+i\sin\frac{2zH}{m}\right),$$

et comme l'expression

$$\mu^{\frac{1}{m}}\left[\cos\frac{2(-\alpha)H+\omega}{m}+i\sin\frac{2(-\alpha)H+\omega}{m}\right]$$

peut être rendue égale à telle ou telle racine de l'équation (1), selon le terme de la suite (3) qui se trouve désigné ici par α, on en conclut immédiatement la propriété suivante, savoir :

Que les m racines de l'équation (1) *s'obtiennent en multipliant l'une quelconque d'entre elles, successivement, par chacune des m racines m*ièmes *de l'unité*, c'est-à-dire par chacune des racines de l'équation binôme

$$x^m - 1 = 0.$$

EXTENSION DE LA FORMULE DE MOIVRE AU CAS D'UN EXPOSANT FRACTIONNAIRE POSITIF OU NÉGATIF.

90. Théorème. — *A étant un arc quelconque, positif ou négatif, et m, n deux nombres entiers, le premier positif et plus grand que l'unité, le second positif ou*

négatif, si l'on considère l'expression

$$(\cos A + i \sin A)^{\frac{n}{m}} \quad (1)$$

comme représentant toute quantité dont la puissance m égale

$$(\cos A + i \sin A)^n,$$

cette expression est susceptible de m valeurs distinctes, et seulement de m, lesquelles sont données par la fonction

$$\left(\cos \frac{n}{m} A + i \sin \frac{n}{m} A\right) \left(\cos \frac{2zH}{m} + i \sin \frac{2zH}{m}\right) \quad (2)$$

de la variable z, en y égalant cette variable successivement à m termes consécutifs de la suite naturelle et indéfinie

$$\ldots, \quad -3, \quad -2, \quad -1, \quad 0, \quad 1, \quad 2, \quad 3, \ldots,$$

par exemple, aux m suivants

$$0, \quad 1, \quad 2, \quad 3, \ldots, \quad m-1.$$

Démonstration. — Car les valeurs de l'expression (1) ne sont autres que les racines de l'équation binôme

$$x^m - (\cos A + i \sin A)^n = 0,$$

à la seule inconnue x; donc, etc.

Scolie. — Par suite de ce théorème, les deux expressions (1) et (2) sont considérées comme équivalentes, et l'on écrit l'égalité

$$(\cos A + i \sin A)^{\frac{n}{m}}$$
$$= \left(\cos \frac{n}{m} A + i \sin \frac{n}{m} A\right) \cdot \left(\cos \frac{2zH}{m} + i \sin \frac{2zH}{m}\right),$$

dans laquelle z doit être considéré comme désignant un nombre quelconque positif, nul ou négatif.

Telle est la *formule de Moivre* étendue au cas d'un exposant fractionnaire, positif ou négatif.

PROPRIÉTÉS DES RACINES DES ÉQUATIONS BINOMES $x^m - 1 = 0$ ET $y^m + 1 = 0$.

91. Soient les deux équations binômes

$$x^m - 1 = 0 \qquad (X)$$

et

$$y^m + 1 = 0, \qquad (Y)$$

ayant respectivement pour seule inconnue x et y, et dans lesquelles m désigne un nombre entier positif quelconque.

Les racines de ces deux équations sont, respectivement, toutes les valeurs que reçoivent les deux fonctions (n° 89)

$$\cos\frac{2zH}{m} + i\sin\frac{2zH}{m} \qquad (x)$$

et

$$\cos\frac{(2z+1)H}{m} + i\sin\frac{(2z+1)H}{m} \qquad (y)$$

de la variable z, en y égalant cette variable, successivement, à m termes consécutifs de la suite naturelle et indéfinie

$$\ldots, \quad -3, \quad -2, \quad -1, \quad 0, \quad 1, \quad 2, \quad 3, \ldots,$$

par exemple, aux m termes $0, 1, 2, 3, \ldots, m-1$.

92. Dans ce paragraphe, ainsi que dans celui commençant au n° 124, nous désignerons par x_a et y_a (a étant supposé être un nombre entier positif, nul ou négatif), les valeurs respectives des fonctions (x) et (y) pour $z = a$; de sorte que x_a et y_a seront respectivement racines des équations (X) et (Y).

Lorsqu'une racine de l'équation (X) ou de l'équation (Y)

sera désignée par x_a ou y_a, on pourra toujours supposer, si l'on veut, que a est l'un des termes de la suite

$$0, \quad 1, \quad 2, \quad 3, \ldots, \quad m-1.$$

93. Théorème. — *Les racines imaginaires de l'une quelconque des équations* (X) *et* (Y) *sont deux à deux conjuguées.*

Démonstration. — On a évidemment

$$x_a = \cos\frac{2(m-a)\mathrm{H}}{m} - i\sin\frac{2(m-a)\mathrm{H}}{m}$$

et

$$y_a = \cos\frac{[2(m-a-1)+1]\mathrm{H}}{m} - i\sin\frac{[2(m-a-1)+1]\mathrm{H}}{m},$$

d'où il suit que si ces deux racines x_a et y_a sont imaginaires, elles sont respectivement conjuguées aux deux autres racines x_{m-a} et y_{m-a-1}. Donc, etc.

Scolie I. — Deux racines imaginaires et conjuguées de l'une quelconque des équations (X) et (Y) sont en même temps réciproques (n° 82).

Scolie II. — Les racines de l'équation (1) du n° 89 sont toutes les valeurs que reçoit la fonction

$$\mu^{\frac{1}{m}}\left(\cos\frac{\omega}{m} + i\sin\frac{\omega}{m}\right)\left(\cos\frac{2z\mathrm{H}}{m} \pm i\sin\frac{2z\mathrm{H}}{m}\right)$$

de la variable z, en y donnant à cette variable, successivement, les valeurs

$$0, \quad 1, \quad 2, \quad 3\ldots, \quad \frac{m}{2}$$

si m est pair, ou bien les suivantes :

$$0, \quad 1, \quad 2, \quad 3, \ldots, \quad \frac{m-1}{2}$$

si m est impair.

Lorsqu'on a $B = 0$, la fonction précédente peut être remplacée par la suivante :

$$\mu^{\frac{1}{m}}\left(\cos\frac{2zH}{m} \pm i\sin\frac{2zH}{m}\right),$$

ou bien par celle-ci :

$$\mu^{\frac{1}{m}}\left[\cos\frac{(2z+1)H}{m} \pm i\sin\frac{(2z+1)H}{m}\right],$$

selon que A est positif ou négatif.

Dans ces deux fonctions, il suffit toujours de donner, successivement, à z les mêmes valeurs que précédemment [1].

94. THÉORÈME. — *Le produit de deux racines de l'une quelconque des équations* (X) *et* (Y) *est une racine de la première de ces deux équations.*

Démonstration. — Car on a

$$x_a x_b = x_{a+b} \quad \text{et} \quad y_a y_b = x_{a+b+1}.$$

Donc, etc.

Corollaire. — Le quotient de deux racines appartenant, toutes deux, à l'équation (X), ou bien celui d'une racine de cette équation par une racine de l'équation (Y), est, dans le premier cas, une racine de l'équation (X), et dans le second une racine de l'équation (Y).

Car on a

$$x_a = x_b x_{a-b} = y_b y_{a-b-1},$$

et, par suite,

$$\frac{x_a}{x_b} = x_{a-b}, \quad \frac{x_a}{y_b} = y_{a-b-1}.$$

---

[1] Pour la seconde de ces deux fonctions, il suffit, à la rigueur, lorsque m est pair, de donner à z successivement les valeurs 0, 1, 2, 3, ..., $\frac{m}{2} - 1$.

95. THÉORÈME. — *Le produit d'une racine de l'équation* (X) *par une racine de l'équation* (Y) *est une racine de cette dernière.*

Démonstration. — Car on a

$$x_a y_b = y_{a+b}.$$

Donc, etc.

Corollaire. — Le quotient de deux racines de l'équation (Y), ou bien celui d'une racine de cette équation par une racine de l'équation (X), est, dans le premier cas, une racine de cette dernière équation, et dans le second, une racine de l'équation (Y).

Car on a

$$y_a = y_b x_{a-b} = x_b y_{a-b},$$

et, par suite,

$$\frac{y_a}{y_b} = x_{a-b}, \quad \frac{y_a}{x_b} = y_{a-b}.$$

96. THÉORÈME. — *Les puissances entières, positives ou négatives, de l'une quelconque des racines de l'équation* (X), *sont aussi racines de cette équation.*

Démonstration. — Car, n étant un nombre entier positif ou négatif, on a

$$(x_a)^n = x_{na}.$$

97. THÉORÈME. — *Les puissances entières et paires, positives on négatives, de l'une quelconque des racines de l'équation* (Y), *sont racines de l'équation* (X).

Démonstration. — Car, n étant un nombre entier positif ou négatif, on a

$$y_a^{2n} = x_{2na+n}.$$

98. THÉORÈME. — *Les puissances entières et impaires, positives ou négatives, de l'une quelconque des racines de l'équation* (Y), *sont aussi racines de cette équation.*

Démonstration. — Car, n étant un nombre entier positif ou négatif, on a

$$y_a^{2n+1} = y_{(2n+1)a+n}.$$

99. *Lemme.* — a, b et m étant trois nombres entiers, le premier positif ou négatif, les deux autres positifs et premiers entre eux [1], si l'on retranche de chacun des m termes de la progression arithmétique

$$a, \quad a+b, \quad a+2b, \quad a+3b, \ldots, \quad a+(m-1)b, \quad (1)$$

le plus grand multiple positif ou négatif de m qui ne le surpasse pas, on obtient dans un certain ordre les m restes différents

$$0, \quad 1, \quad 2, \quad 3, \ldots, \quad m-1. \quad (2)$$

Démonstration. — Désignons par k, k' $(k > k')$ deux termes de la suite (2), et respectivement par mq, mq' les plus grands multiples positifs ou négatifs de m (les nombres q, q' peuvent être nuls) qui ne surpassent pas les deux termes $a+kb$, $a+k'b$ de la progression (1).

Si l'on pose

$$a+kb-mq = r \quad \text{et} \quad a+k'b-mq' = r',$$

il vient

$$(k-k')b - m(q-q') = r - r'.$$

Or, comme la différence $k-k'$ est positive et inférieure à m, et que b est premier avec ce dernier nombre, le produit $(k-k')b$ ne peut être multiple de m, et par con-

---

[1] Deux nombres entiers, positifs ou négatifs, sont premiers entre eux lorsque leurs valeurs absolues sont premières entre elles, ou, en d'autres termes, lorsqu'ils n'admettent pas d'autres diviseurs communs que $+1$ et -1.

Conformément à cette définition, l'unité positive ou négative doit être considérée comme un nombre premier avec tout nombre entier positif ou négatif.

séquent les deux restes x, r', lesquels sont d'ailleurs positifs et moindres que m, ne peuvent être égaux. Donc, etc.

100. Théorème. — *Si a est un nombre entier, positif ou négatif, premier avec m, la racine x_a élevée aux puissances marquées par m termes consécutifs quelconques de la progression arithmétique et indéfinie*

$$\ldots,\quad r-2k,\quad r-k,\quad r,\quad r+k,\quad r+2k,\ldots \qquad (1)$$

dans laquelle r désigne un nombre entier quelconque positif, nul ou négatif, et k un nombre entier positif, premier avec m, reproduit toutes les racines de l'équation (X).

Démonstration. — Soit t un terme quelconque de la suite (1). Les m puissances

$$x_a^t,\quad x_a^{t+k},\quad x_a^{t+2k},\ldots,\quad x_a^{t+(m-1)k},$$

de x_a, sont respectivement égales (n° 96) à

$$x_{ta},\quad x_{ta+ka},\quad x_{ta+2ka},\ldots,\quad x_{ta+(m-1)ka}. \qquad (2)$$

Or, s étant l'un quelconque des termes de la suite

$$0,\quad 1,\quad 2,\quad 3,\ldots,\quad m-1,$$

si l'on désigne par r le reste obtenu en retranchant de la somme $ta+ska$ le plus grand multiple positif ou négatif de m qui ne la surpasse pas, on a évidemment

$$x_{ta+ska}=x_r,$$

et, par conséquent, en vertu du lemme précédent, les m quantités de la suite (2) ne sont autres que les m racines

$$x_0,\quad x_1,\quad x_2,\ldots,\quad x_{m-1}$$

de l'équation (X) rangées dans un certain ordre. Donc, etc.

Scolie I. — La progression (1) comprend, comme cas

particulier, la suivante :

$$\ldots, \quad -3, \quad -2, \quad -1, \quad 0, \quad 1, \quad 2, \quad 3, \ldots,$$

en y faisant

$$t = 0 \quad \text{et} \quad k = 1.$$

Scolie II. — Dans la progression (1), il y a toujours un nombre indéfini de termes multiples de $\frac{m}{2}$ et se succédant de $\frac{m}{2}$ en $\frac{m}{2}$, ou multiples de m et se succédant de m en m, selon que m est pair ou impair.

Scolie III. — Le nombre m étant plus grand que 2, si l'on désigne par t un terme de la progression (1) tel, que $2t$ soit multiple de ce nombre m, les quantités

$$x_a^t, \quad x_a^{t+k}, \quad x_a^{t+2k}, \ldots, \quad x_a^{t+\frac{m}{2}k},$$

$$x_{m-a}^{t+k}, \quad x_{m-a}^{t+2k}, \quad x_{m-a}^{t+3k}, \ldots, \quad x_{m-a}^{t+\frac{m-2}{2}k};$$

ou bien les suivantes :

$$x_a^t, \quad x_a^{t+k}, \quad x_a^{t+2k}, \ldots, \quad x_a^{t+\frac{m-1}{2}k};$$

$$x_{m-a}^{t+k}, \quad x_{m-a}^{t+2k}, \quad x_{m-a}^{t+3k}, \ldots, \quad x_{m-a}^{t+\frac{m-1}{2}k},$$

selon que m est pair ou impair, sont toutes les racines de l'équation (X).

101. Théorème. — *Si a est un nombre entier positif ou négatif, admettant avec m un plus grand commun diviseur δ autre que l'unité, la racine x_a élevée aux puissances marquées par les différents termes de la progression* (1) *du numéro précédent, ne reproduit que les $\frac{m}{\delta}$ ra-*

cines de l'équation binôme

$$x^{\frac{m}{\delta}} - 1 = 0,$$

à la seule inconnue x.

Démonstration. — a' et m' désignant les quotients respectifs obtenus en divisant a et m par δ, on a

$$x_a = \cos\frac{2a'H}{m'} + i\sin\frac{2a'H}{m'},$$

et par conséquent x_a est racine de l'équation $x^{m'} - 1 = 0$.

Cela étant établi, le théorème proposé est une conséquence immédiate de celui du n° 100, puisque a' est premier avec m'. Donc, etc.

Scolie.—On appelle *racine primitive* de l'équation (X), toute racine de cette équation qui, étant élevée aux puissances marquées par m termes consécutifs quelconques de la progression (1) du n° 100, reproduit toutes les racines de la même équation.

Corollaire I. — De deux racines conjuguées de l'équation (X), si l'une d'elles est primitive, l'autre l'est aussi, et, par conséquent, cette équation a un nombre pair de racines primitives lorsque m est plus grand que 2.

Corollaire II. — Le nombre des racines primitives de l'équation (X) est égal à l'indicateur [1] du nombre m.

Corollaire III. — Toute racine non primitive de l'équation (X) est racine primitive d'une équation binôme

---

[1] Le nombre qui marque combien il y a de nombres entiers positifs premiers avec un autre nombre entier positif donné et moindres que lui, est ce que plusieurs géomètres appellent l'*indicateur* de ce dernier nombre.

Les corollaires I et II montrent que l'indicateur d'un nombre entier positif plus grand que 2 est toujours pair.

de même forme, $x^{m'} - 1 = 0$, et de degré m' sous-multiple de m.

Corollaire IV. — Les racines primitives de l'équation (X) jouissent de cette propriété caractéristique de n'être racine d'aucune équation binôme de même forme, telle que $x^{m'} - 1 = 0$, et de degré m' inférieur à m.

Corollaire V. — Si m est un nombre premier, toutes les racines de l'équation (X), excepté la racine égale à l'unité, sont des racines primitives de cette équation.

102. Théorème. — *a et n étant deux nombres entiers positifs ou négatifs, pour que x^n_a soit une racine primitive de l'équation* (X), *il faut et il suffit que les deux nombres a et n soient premiers avec m.*

Démonstration. — Pour que x^n_a, ou, ce qui est la même chose x_{na}, soit racine primitive de l'équation (X), il faut et il suffit, d'après ce qui a déjà été établi, que na soit premier avec m. Or, pour que ces deux derniers nombres soient premiers entre eux, il faut et il suffit que n et a soient premiers avec m; donc, etc.

Corollaire. — Lorsque le nombre m est plus grand que 2, l'équation (X) a autant de couples de racines primitives qu'il y a de nombres entiers positifs moindres que $\frac{m}{2}$ et premiers avec m [1].

Cela résulte immédiatement du théorème précédent et du scolie III du n° 100.

---

[1] En rapprochant ce corollaire du second du n° **101**, on en conclut immédiatement une propriété d'arithmologie, savoir : que, m étant un nombre entier positif plus grand que 2, le nombre qui marque combien il y a de nombres entiers positifs moindres que $\frac{m}{2}$ et premiers avec m, est précisément la moitié de l'indicateur de ce dernier nombre.

Cette propriété, au surplus, peut se démontrer directement, d'une manière très-simple.

103. Théorème. — *a étant un nombre entier positif, nul ou négatif, si $2a+1$ est premier avec m, la racine y_a élevée aux puissances marquées par m termes consécutifs quelconques de la progression arithmétique et indéfinie*

$$\ldots 2(r-2k),\quad 2(r-k),\quad 2r,\quad 2(r+k),\quad 2(r+2k),\ldots, \qquad (1)$$

dans laquelle r désigne un nombre entier quelconque positif, nul ou négatif, et k un nombre entier positif, premier avec m, reproduit toutes les racines de l'équation (X).

En s'aidant de ce qui a été dit au n° 97, ce théorème se démontre, pour ainsi dire, comme celui du n° 100.

Scolie I. — La progression (1) comprend, comme cas particulier, la suivante :

$$\ldots,\quad -4,\quad -2,\quad 0,\quad 2,\quad 4,\ldots,$$

en y faisant $r=0$ et $k=1$.

Scolie II. — Dans la progression (1), il y a toujours un nombre indéfini de termes multiples de m, et ces termes se succèdent de $\frac{m}{2}$ en $\frac{m}{2}$, ou de m en m, selon que m est pair ou impair.

Scolie III. — Si l'on désigne par $2t$ un terme de la progression (1), qui soit multiple de m, les quantités

$$y_a^{2t},\quad y_a^{2(t+k)},\quad y_a^{2(t+2k)},\ldots,\quad y_a^{2\left(t+\frac{m}{2}k\right)},$$

$$y_{m-a-1}^{2(t+k)},\quad y_{m-a-1}^{2(t+2k)},\quad y_{m-a-1}^{2(t+3k)},\ldots,\quad y_{m-a-1}^{2\left(t+\frac{m-2}{2}k\right)},$$

ou bien les suivantes :

$$y_a^{2t},\quad y_a^{2(t+k)},\quad y_a^{2(t+2k)},\ldots,\quad y_a^{2\left(t+\frac{m-1}{2}k\right)},$$

$$y_{m-a-1}^{2(t+k)},\quad y_{m-a-1}^{2(t+2k)},\quad y_{m-a-1}^{2(k+3k)},\ldots,\quad y_{m-a-1}^{2\left(t+\frac{m-1}{2}k\right)},$$

selon que m est pair ou impair, sont toutes les racines de l'équation (**X**).

104. Théorème. — *a étant un nombre entier positif ou négatif, si* $2a+1$ *et* m *ont un plus grand commun diviseur* δ *autre que l'unité, la racine* y_a *élevée aux puissances marquées par les différents termes de la progression* (1) *du numéro précédent, ne reproduit que les* $\frac{m}{\delta}$ *racines de l'équation binôme*

$$x^{\frac{m}{\delta}} - 1 = 0,$$

à la seule inconnue x.

Ce théorème se déduit du précédent de la même manière que celui du n° **101** a été déduit du théorème donné au n° **100**.

105. Théorème. — *a et n étant deux nombres entiers positifs ou négatifs, le second seul devant être différent de zéro, pour que* y_a^{2n} *soit une racine primitive de l'équation* (X), *il faut et il suffit que les deux nombres* $2a+1$ *et* n *soient premiers avec* m.

En se rappelant que

$$y_a^{2n} = x_{(2a+1)n} = x_{2a+1}^{n},$$

ce théorème est une conséquence immédiate de celui du n° **102**.

106. Théorème. — *a étant un nombre entier positif, nul ou négatif, si* $2a+1$ *est premier avec* m, *la racine* y_a *élevée aux puissances marquées par* m *termes consécutifs quelconques de la progression arithmétique et indéfinie*

$$\left.\begin{array}{l} \ldots,\quad 1+2(r-2k),\quad 1+2(r-k),\quad 1+2r, \\ 1+2(r+k),\quad 1+2(r+2k),\ldots, \end{array}\right\}(1)$$

dans laquelle r désigne un nombre entier quelconque positif, nul ou négatif, et k un nombre entier positif premier avec m, reproduit toutes les racines de l'équation (Y).

En s'aidant de ce qui a été dit au n° 98, ce théorème se démontre, pour ainsi dire, comme celui du n° 100.

Scolie I. — La progression (1) comprend, comme cas particulier, la suivante :

$$\ldots,\quad -3,\quad -1,\quad 1,\quad 3,\quad 5,\ldots,$$

en y faisant $r = 0$ et $k = 1$.

Scolie II. — Dans la progression (1), il y a toujours un nombre indéfini de termes égaux à des multiples de m augmentés de k, et se succédant de $\frac{m}{2}$ en $\frac{m}{2}$, ou égaux à des multiples de m et se succédant de m en m, selon que m est pair ou impair.

Scolie III. — m étant pair, si l'on désigne par t un terme de la progression (1) tel, que $t - k$ soit multiple de m, les quantités,

$$y_a^t,\quad y_a^{t+2k}.\quad y_a^{t+4k},\ldots,\quad y_a^{t+(m-2)k},$$

$$y_{m-a-1}^t,\quad y_{m-a-1}^{t+2k},\quad y_{m-a-1}^{t+4k},\ldots,\quad y_{m-a-1}^{t+(m-2)k},$$

sont toutes les racines de l'équation (Y).

Scolie IV. — m étant impair, si l'on désigne par t un terme de la progression (1) qui soit multiple de m, les quantités

$$y_a^t,\quad y_a^{t+2k},\quad y_a^{t+4k},\ldots,\quad y_a^{t+(m-1)k},$$

$$y_{m-a-1}^{t+2k},\quad y_{m-a-1}^{t+4k},\quad y_{m-a-1}^{t+6k},\ldots,\quad y_{m-a-1}^{t+(m-1)k},$$

sont toutes les racines de l'équation (Y).

107. Théorème. — *a étant un nombre entier positif ou négatif, si $2a + 1$ et m ont un plus grand commun*

diviseur δ autre que l'unité, la racine y_a élevée aux puissances marquées par les différents termes de la progression (1) *du numéro précédent, ne reproduit que les $\frac{m}{\delta}$ racines de l'équation binôme*

$$y^{\frac{m}{\delta}} + 1 = 0,$$

à la seule inconnue y.

Ce théorème se déduit du précédent de la même manière que celui du n° 101 a été déduit du théorème donné au n° 100.

Scolie. — On appelle *racine primitive* de l'équation (Y), toute racine de cette équation qui étant élevée aux puissances marquées par m termes consécutifs quelconques de la progression (1) du n° 106, reproduit toutes les racines de la même équation.

Corollaire I. — De deux racines conjuguées de l'équation (Y), si l'une d'elles est primitive, l'autre l'est aussi.

Corollaire II. — Le nombre des racines primitives de l'équation (Y) est égal à l'indicateur du nombre $2m$.

Corollaire III. — Toute racine non primitive de l'équation (Y) est racine primitive d'une équation binôme de même forme $y^{m'} + 1 = 0$, et de degré m' sous-multiple de m.

Corollaire IV. — Les racines primitives de l'équation (Y) jouissent de cette propriété caractéristique de n'être racine d'aucune équation binôme de même forme, telle que $y^{m'} + 1 = 0$, et de degré m' inférieur à m.

Corollaire V. — Si m est un nombre premier, toutes les racines de l'équation (Y), excepté la racine égale à -1 (lorsque m est > 2), sont des racines primitives de cette équation.

Si m est une puissance de 2, toutes les racines de l'équation en question sont primitives.

108. Théorème. — *a et n étant deux nombres entiers positifs, nuls ou négatifs, pour que y_a^{2n+1} soit une racine primitive de l'équation (Y), il faut et il suffit que les deux nombres $2a+1$ et $2n+1$ soient premiers avec m.*

Démonstration. — Pour que y_a^{2n+1}, ou, ce qui est la même chose, $y_{(2n+1)a+n}$, soit racine primitive de l'équation (Y), il faut et il suffit, d'après ce qui a déjà été établi, que $2[(2n+1)a+n]+1$ ou $(2a+1)(2n+1)$ soit premier avec m. Or pour que ces deux nombres soient premiers entre eux, il faut et il suffit que $2a+1$ et $2n+1$ soient premiers avec m; donc, etc.

Corollaire. — L'équation (Y) a autant de couples de racines primitives qu'il y a de nombres entiers positifs impairs plus petits que le nombre m et premiers avec ce nombre (¹).

Cela résulte immédiatement du théorème précédent et des scolies III et IV du n° **106**.

109. Théorème. — *Le nombre m étant impair, si x_a et y_a sont respectivement racines primitives des équations (X) et (Y), il en est de même des quantités $-y_a$ et $-x_a$*

Ce théorème est, pour ainsi dire, évident.

Corollaire. — Les deux équations (X) et (Y) ont le même nombre de racines primitives lorsque m est impair.

110. Théorème. — *n étant un nombre entier positif ou négatif, la somme des puissances $n^{\text{ièmes}}$ des racines*

(¹) En rapprochant ce corollaire du second du n° **107**, on en conclut immédiatement une propriété d'arithmologie, savoir : que, m étant un nombre entier positif plus grand que l'unité, le nombre qui marque combien il y a de nombres entiers positifs impairs, moindres que m et premiers avec lui, est précisément la moitié de l'indicateur du nombre $2m$.

de l'une quelconque des équations (X) et (Y) *est nulle, excepté lorsque n est un multiple de m.*

Démonstration. — D'après ce qui a été établi aux nos 100 et 106, on a

$$x_1^0,\quad x_1^1,\quad x_1^2,\quad x_1^3,\ldots,\quad x_1^{m-1},$$

pour les m racines de l'équation (X), et

$$y_0^1,\quad y_0^3,\quad y_0^5,\quad y_0^7,\ldots,\quad y_0^{2m-1},$$

pour les m racines de l'équation (Y).

De plus, comme les m termes de chacune de ces deux suites de racines constituent une progression géométrique, il vient

$$x_1^0 + x_1^n + x_1^{2n} + x_1^{3n} + \ldots + x_1^{(m-1)n} = \frac{x_1^{mn} - x_1^0}{x_1^n - 1}$$

et

$$y_0^n + y_0^{3n} + y_0^{5n} + y_0^{7n} + \ldots + y_0^{(2m-1)n} = \frac{y_0^n\,(y_0^{2mn} - 1)}{y_0^{2n} - 1}.$$

Or, des quatre quantités x_1^m, $-y_0^m$, x_1^n et y_0^{2n} les deux premières étant toutes deux égales à l'unité, et les deux autres (nos 96 et 97) à x_n, il en résulte que

$$x_1^{mn} - x_1^0 = y_0^{2mn} - 1 = 0,$$

et que $x_1^n - 1$ ou y_0^{2n-1} est nul seulement dans le cas où n est multiple de m. Donc, etc.

Scolie. — Lorsque n est un multiple mt de m, la somme des puissances $n^{\text{ièmes}}$ des racines de l'équation (X) est égale à m, et celle des puissances $n^{\text{ièmes}}$ des racines de l'équation (Y) est égale à m ou à $-m$, selon que le nombre t est pair ou impair.

Car, si l'on désigne par k un terme quelconque de la suite

$$0,\quad 1,\quad 2,\quad 3,\ldots,\quad m-1,$$

on a

$$x_1^{kn} = (x_1^m)^{kt} = 1^{kt} = 1$$

et

$$y_0^{(2k+1)n} = (y_0^m)^{(2k+1)t} = (-1)^{(2k+1)t}.$$

111. Théorème. — *Les racines communes à deux équations binômes de la forme* (X),

$$x^m - 1 = 0 \quad \text{et} \quad x^n - 1 = 0, \tag{1}$$

sont les racines de l'équation

$$x^\delta - 1 = 0, \tag{2}$$

δ désignant le plus grand commun diviseur des deux nombres entiers positifs m et n.

Démonstration. — Les quantités $\frac{m}{\delta}$, $\frac{n}{\delta}$ et x^δ étant respectivement désignées par m', n' et z, on peut substituer aux équations (1) les deux suivantes :

$$z^{m'} - 1 = 0 \quad \text{et} \quad z^{n'} - 1 = 0. \tag{3}$$

De plus, $\frac{2aH}{m'}$ et $\frac{2bH}{n'}$ étant respectivement les arguments d'une racine de la première et d'une racine de la seconde de ces deux dernières équations (a et b sont nécessairement deux nombres entiers positifs ou négatifs, et, comme on sait, on peut, si l'on veut, sans nuire à la généralité de la démonstration, les supposer positifs), pour que ces deux racines soient égales, il faut et il suffit que l'égalité

$$\frac{2aH}{m'} = 2KH + \frac{2bH}{n'},$$

ou

$$an' = (n'K + b)m',$$

soit possible pour une valeur entière de K positive, nulle

ou négative, ou, ce qui revient au même, il faut et il suffit que a et b soient respectivement multiples de m' et n', attendu que ces deux derniers nombres sont premiers entre eux.

Ainsi les équations (3) n'ont pas d'autre racine commune que l'unité, et, par conséquent, toutes les racines communes aux équations (1) sont les racines de l'équation (2). Donc, etc.

112. Théorème. — *Les racines communes à deux équations binômes de la forme* (Y),

$$y^m + 1 = 0 \quad \text{et} \quad y^n + 1 = 0, \tag{1}$$

sont les racines de l'équation

$$y^\delta + 1 = 0,$$

δ désignant le plus grand commun diviseur des deux nombres entiers positifs m et n, pourvu toutefois que $\frac{m}{\delta}$ et $\frac{n}{\delta}$ *soient deux nombres impairs.*

Ce théorème se démontre, pour ainsi dire, comme le précédent.

Scolie. — Les équations (1) n'ont pas de racines communes lorsque les deux nombres $\frac{m}{\delta}$ et $\frac{n}{\delta}$ ne sont pas tous deux impairs.

113. Théorème. — *Les racines communes à deux équations binômes, l'une de la forme* (X), *l'autre de la forme* (Y),

$$x^m - 1 = 0 \quad \text{et} \quad y^n + 1 = 0, \tag{1}$$

sont les racines de l'équation

$$y^\delta + 1 = 0,$$

δ désignant le plus grand commun diviseur des deux nombres entiers positifs m et n, pourvu toutefois que $\frac{m}{\delta}$ soit un nombre pair, et $\frac{n}{\delta}$ *un nombre impair.*

Ce théorème se démontre, pour ainsi dire, comme celui du n° **111**.

Scolie. — Les équations (1) n'ont pas de racines communes lorsque les deux nombres $\frac{m}{\delta}$ et $\frac{n}{\delta}$ ne sont pas, le premier pair, et le second impair.

114. Théorème. — *m et n étant deux nombres entiers positifs, premiers entre eux, si l'on multiplie deux à deux les m racines de l'équation*

$$x^m - 1 = 0, \tag{1}$$

par les n racines de l'équation

$$x^n - 1 = 0, \tag{2}$$

on obtient les mn racines de l'équation

$$x^{mn} - 1 = 0. \tag{3}$$

Démonstration. — Soient $\frac{2aH}{m}$ et $\frac{2bH}{n}$ [1] les arguments de deux racines quelconques r et r' appartenant respectivement aux équations (1) et (2).

Comme la somme

$$\frac{2(an + bm)H}{mn}$$

---

[1] L'observation qui, au n° **111**, a été placée entre parenthèses, et qui est relative aux deux nombres a et b, s'applique évidemment encore aux deux nombres désignés ici par ces mêmes lettres et aux deux autres désignés un peu plus loin par les lettres a' et b'.

de ces deux arguments peut être prise, évidemment, pour argument de l'une des racines de l'équation (3), il en résulte que le produit rr' est racine de cette dernière équation.

Maintenant $\frac{2a'H}{m}$ et $\frac{2b'H}{n}$ étant les arguments de deux autres racines s et s' appartenant respectivement aux équations (1) et (2), pour que les deux produits rr' et ss' fussent égaux, on devrait pouvoir satisfaire à l'équation

$$\frac{2(an+bm)H}{mn} = 2KH + \frac{2(a'n+b'm)H}{mn},$$

ou

$$(a-a')n = (nK + b' - b)m,$$

par une valeur entière positive, nulle ou négative de K, ce qui est impossible, puisque m et n sont premiers entre eux, et que r et s étant deux quantités distinctes, on ne peut avoir

$$a - a' = m.$$

Donc, etc.

Scolie. — Pour que deux racines appartenant respectivement aux équations (1) et (2) donnent pour produit une racine primitive de l'équation (3), il faut et il suffit qu'elles soient respectivement racines primitives de ces deux premières équations.

Car, les mêmes choses étant posées que ci-dessus, pour que le produit rr' soit racine primitive de l'équation (3), ou, ce qui revient au même, pour que $an+bm$ soit premier avec mn, il faut et il suffit que a et b soient respectivement premiers avec m et n.

Corollaire. — $m_1, m_2, m_3, \ldots, m_n$ étant des nombres entiers positifs premiers entre eux deux à deux, si l'on désigne par

$$r_1, \quad r_2, \quad r_3, \ldots, \quad r_n,$$

des racines quelconques appartenant respectivement aux équations

$$x^{m_1}-1=0,\quad x^{m_2}-1=0,\quad x^{m_3}-1=0,\ldots,\quad x^{m_n}-1=0,\quad (4)$$

le produit $r_1 r_2 r_3 \ldots r_n$ et tous les autres produits que l'on peut ainsi obtenir, sont toutes les racines de l'équation

$$x^{m_1 m_2 m_3 \ldots m_n}-1=0.$$

De plus, pour qu'un produit tel que $r_1 r_2 r_3 \ldots r_n$ soit racine primitive de cette dernière équation, il faut et il suffit que les n facteurs $r_1, r_2, r_3, \ldots, r_n$ qui le constituent, soient respectivement racines primitives des équations (4).

115. Théorème. — *m et n étant deux nombres entiers positifs premiers entre eux, si l'on multiplie deux à deux les m racines de l'équation*

$$y^m+1=0 \qquad (1)$$

par les n racines de l'équation

$$y^n+1=0, \qquad (2)$$

on obtient les mn racines de l'équation

$$x^{mn}-1=0, \qquad (3)$$

ou de l'équation

$$y^{mn}+1=0, \qquad (4)$$

selon que m et n sont tous deux impairs ou non.

Ce théorème se démontre, pour ainsi dire, comme le précédent.

Scolie. — Pour que deux racines appartenant respectivement aux équations (1) et (2) donnent pour produit une racine primitive de l'équation (3) ou de l'équation (4), selon que m et n sont tous deux impairs ou non, il faut et il suffit qu'elles soient respectivement racines primitives des deux premières équations.

Ce scolie se démontre comme celui du n° **114**.

Corollaire. — $m_1, m_2, m_3, \ldots, m_n$ étant des nombres entiers positifs premiers entre eux deux à deux, et tels, que l'un d'eux, par exemple m_1, soit pair, si l'on désigne par

$$r_1,\ r_2,\ r_3,\ldots,\ r_n,$$

des racines quelconques appartenant respectivement aux équations

$$y^{m_1}+1=0,\ y^{m_2}+1=0,\ y^{m_3}+1=0,\ldots,\ y^{m_n}+1=0, \quad (5)$$

le produit $r_1 r_2 r_3 \ldots r_n$ et tous les autres produits que l'on peut ainsi obtenir, sont toutes les racines de l'équation

$$y^{m_1 m_2 m_3 \ldots m_n}+1=0.$$

De plus, pour qu'un produit tel que $r_1 r_2 r_3 \ldots r_n$ soit racine primitive de cette dernière équation, il faut et il suffit que les n facteurs $r_1, r_2, r_3, \ldots, r_n$ qui le constituent, soient respectivement racines primitives des équations (5).

116. Théorème. — *m et n étant deux nombres entiers positifs premiers entre eux, si l'on multiplie deux à deux les m racines de l'équation*

$$x^m-1=0 \quad (1)$$

par les n racines de l'équation

$$y^n+1=0, \quad (2)$$

on obtient les mn racines de l'équation

$$x^{mn}-1=0,$$

ou de l'équation

$$y^{mn}+1=0, \quad (3)$$

selon que m est pair ou impair.

Ce théorème se démontre, pour ainsi dire, comme celui du n° **114**.

Scolie. — m étant impair, pour que deux racines appartenant respectivement aux équations (1) et (2) donnent pour produit une racine primitive de l'équation (3), il faut et il suffit qu'elles soient respectivement racines primitives de ces deux premières équations.

Ce scolie se démontre comme celui du n° **114**.

Corollaire. — $m_1, m_2, m_3, \ldots, m_n$ étant des nombres entiers positifs premiers entre eux deux à deux tels, que les $n-1$ derniers soient tous impairs, si l'on désigne par

$$r_1,\ r_2,\ r_3, \ldots,\ r_n,$$

des racines quelconques appartenant respectivement aux équations

$$y^{m_1}+1=0,\ x^{m_2}-1=0,\ x^{m_3}-1=0, \ldots,\ x^{m_n}-1=0, \quad (4)$$

le produit $r_1 r_2 r_3 \ldots r_n$ et tous les autres produits que l'on peut ainsi obtenir, sont toutes les racines de l'équation

$$y^{m_1 m_2 m_3 \ldots m_n}+1=0.$$

De plus, pour qu'un produit tel que $r_1 r_2 r_3 \ldots r_n$ soit racine primitive de cette dernière équation, il faut et il suffit que les n facteurs $r_1, r_2, r_3, \ldots, r_n$ qui le constituent, soient respectivement racines primitives des équations (4).

117. *Lemme.* — Lorsque le degré m de l'équation (X) est une puissance $n^{\text{ième}}$ d'un nombre premier α, le nombre des racines primitives de cette équation est

$$m\left(1-\frac{1}{\alpha}\right).$$

Démonstration. — Car, si l'on se reporte à ce qui a

été dit au n° **101** (coroll. IV), on voit de suite que les racines de l'équation

$$x^{\alpha^{n-1}}-1=0$$

sont toutes les racines non primitives de l'équation (X), et que par conséquent le nombre des autres racines de cette dernière équation est

$$\alpha^n-\alpha^{n-1},$$

ou

$$m\left(1-\frac{1}{\alpha}\right).$$

Donc, etc.

118. Théorème. — *Si* $\alpha_1, \alpha_2, \alpha_3, \ldots, \alpha_t$ *sont les facteurs premiers différents qui entrent dans la composition du nombre* m, *le nombre des racines primitives de l'équation* (X) *est*

$$m\left(1-\frac{1}{\alpha_1}\right)\left(1-\frac{1}{\alpha_2}\right)\left(1-\frac{1}{\alpha_3}\right)\cdots\left(1-\frac{1}{\alpha_t}\right) \text{ (}^1\text{)}.$$

Ce théorème est une conséquence immédiate du lemme précédent et de ce qui a été dit au n° **114** (coroll.).

119. Théorème. — *Si* $\alpha_1, \alpha_2, \alpha_3, \ldots, \alpha_t$ *sont les facteurs premiers différents qui entrent dans la composition du nombre* m, α_1 *étant le plus petit de tous ces facteurs, le nombre des racines primitives de l'équation* (Y) *est*

$$m\left(1-\frac{1}{\alpha_1}\right)\left(1-\frac{1}{\alpha_2}\right)\left(1-\frac{1}{\alpha_3}\right)\cdots\left(1-\frac{1}{\alpha_t}\right),$$

ou bien

$$2m\left(1-\frac{1}{\alpha_1}\right)\left(1-\frac{1}{\alpha_2}\right)\left(1-\frac{1}{\alpha_3}\right)\cdots\left(1-\frac{1}{\alpha_t}\right);$$

---

(1) En rapprochant ce théorème du corollaire II du n° **101**, on obtient l'expression générale de l'indicateur de tout nombre entier positif m.

selon qu'on a

$$\alpha_1 > \text{ ou } = 2.$$

Ce théorème est une conséquence immédiate du précédent, en remarquant que, d'après ce qui a été dit aux nos 101 et 107 (coroll. II), l'équation (Y) a le même nombre de racines primitives que l'équation binôme $x^{2m} - 1 = 0$ à la seule inconnue x.

Corollaire. — Lorsque m est pair, le nombre des racines primitives de l'équation (Y) est double de celui des racines primitives de l'équation (X).

On pourrait encore ici conclure le corollaire du n° 109.

120. Théorème. — *Étant donné le système des n équations*

$$x_1^\alpha - 1 = 0, \quad x_2^\alpha - x_1 = 0, \quad x_3^\alpha - x_2 = 0, \ldots, \quad x_n^\alpha - x_{n-1} = 0, \qquad (1)$$

aux n inconnues x_1, x_2, x_3, ..., x_{n-1}, x_n; et dans lequel l'exposant α est un nombre premier positif, si, pour chacune des solutions de ce système d'équations, on forme un produit unique avec les n quantités (ou valeurs des inconnues) qui la constituent, les α^n produits que l'on obtient ainsi sont toutes les racines de l'équation

$$x^{\alpha^n} - 1 = 0. \qquad (2)$$

Démonstration. — Soit

$$x_1 = r_1, \quad x_2 = r_2, \quad x_3 = r_3, \ldots, \quad x_n = r_n,$$

une solution du système des équations (1).

D'après ce qui a été établi au n° 89 relativement aux racines des équations binômes, on reconnaît de suite que les quantités

$$r_1, \quad r_2, \quad r_3, \ldots, \quad r_n,$$

ont chacune l'unité pour module, et que leurs arguments

respectifs peuvent être choisis de telle sorte qu'ils soient exprimés sous la forme

$$\frac{2a_1 H}{\alpha}, \quad \frac{2(a_1 + a_2\alpha) H}{\alpha^2}, \quad \frac{2(a_1 + a_2\alpha + a_3\alpha^2) H}{\alpha^3}, \ldots,$$
$$\frac{2(a_1 + a_2\alpha + a_3\alpha^2 + \ldots + a_n\alpha^{n-1}) H}{\alpha^n},$$

$a_1, a_2, a_3, \ldots, a_n$ étant des nombres entiers nuls ou positifs, et moindres que α.

Si l'on désigne par Σ la somme de ces arguments, et, d'une manière générale, par S_t la somme

$$\alpha^0 + \alpha^1 + \alpha^2 + \alpha^3 + \ldots + \alpha^t,$$

on a

$$\Sigma = \frac{2(a_1 S_{n-1} + a_2 S_{n-2}\alpha + a_3 S_{n-3}\alpha^2 + \ldots + a_n\alpha^{n-1}) H}{\alpha^n}$$

et

$$r_1 r_2 r_3 \ldots r_n = \cos\Sigma + i\sin\Sigma,$$

d'où il suit que le produit $r_1 r_2 r_3 \ldots r_n$ est racine de l'équation (2).

Maintenant

$$x_1 = r'_1, \quad x_2 = r'_2, \quad x_3 = r'_3, \ldots, \quad x_n = r'_n,$$

étant une seconde solution du système des équations (1), comme l'argument Σ' du produit $r'_1 r'_2 r'_3 \ldots r'_n$ peut, d'après ce qui précède, être choisi de telle sorte qu'il soit exprimé sous la forme

$$\Sigma' = \frac{2(a'_1 S_{n-1} + a'_2 S_{n-2}\alpha + a'_3 S_{n-3}\alpha^2 + \ldots + a'_n\alpha^{n-1}) H}{\alpha^n},$$

$a'_1, a'_2, a'_3, \ldots, a'_n$ étant des nombres entiers nuls ou positifs, et moindres que α, on voit évidemment que la différence $\Sigma - \Sigma'$ ne peut égaler un multiple positif ou négatif de 2H, et que par conséquent on ne peut avoir

$$r_1 r_2 r_3 \ldots r_n = r'_1 r'_2 r'_3 \ldots r'_n.$$

Ainsi tous les produits dont il est question dans l'énoncé du théorème sont non-seulement racines de l'équation (2), mais encore ils sont tous distincts entre eux.

Or, le nombre de ces produits, c'est-à-dire le nombre des solutions du système des équations (1), est évidemment α^n; donc, etc.

Scolie. — Les mêmes choses étant posées que ci-dessus, pour que le produit $r_1 r_2 r_3 \ldots r_n$ soit racine primitive de l'équation (2), il faut et il suffit que r_1 ne soit pas égal à l'unité.

Car, pour que la somme

$$a_1 S_{n-1} + a_2 S_{n-2} \alpha + a_3 S_{n-3} \alpha^2 + \ldots + a_n \alpha^{n-1}$$

soit un nombre premier avec α^n, il faut et il suffit évidemment que a_1 ne soit pas multiple de α.

121. Théorème. — *Étant donné le système des n équations*

$$y_1^2 + 1 = 0,\ y_2^2 + y_1 = 0,\ y_3^2 + y_2 = 0, \ldots,\ y_n^2 + y_{n-1} = 0,$$

aux n inconnues $y_1, y_2, y_3, \ldots, y_{n-1}, y_n$, si, pour chacune des solutions de ce système d'équations, on forme un produit unique avec les n quantités (ou valeurs des inconnues) qui la constituent, les 2^n produits que l'on obtient ainsi sont toutes les racines de l'équation

$$y^{2^n} + 1 = 0.$$

Ce théorème se démontre, pour ainsi dire, comme le précédent.

122. Théorème. — *Étant donné le système des n équa-*

tions

$$\left.\begin{array}{l} y_1^\alpha + 1 = 0, \quad y_2^\alpha + y_1 = 0, \quad y_3^\alpha - y_2 = 0, \\ y_4^\alpha - y_3 = 0, \quad y_5^\alpha - y_4 = 0, \ldots, \quad y_n^\alpha - y_{n-1} = 0, \end{array}\right\} \quad (1)$$

aux n inconnues $y_1, y_2, y_3, y_4, y_5, \ldots, y_{n-1}, y_n$, *et dans lequel l'exposant* α *est un nombre premier positif et plus grand que* 2, *si, pour chacune des solutions de ce système d'équations, on forme un produit unique avec les* n *quantités (ou valeurs des inconnues) qui la constituent, les* α^n *produits que l'on obtient ainsi, sont toutes les racines de l'équation*

$$y^{\alpha^n} + 1 = 0. \quad (2)$$

Ce théorème se démontre encore, pour ainsi dire, comme celui du n° 120.

Scolie. — Pour que l'un des produits dont il est question dans ce théorème, soit racine primitive de l'équation (2), il faut et il suffit que la racine de la première des équations (1), qui y entre comme facteur, ne soit pas égale à -1.

123. THÉORÈME. — *Étant donné le système des n équations*

$$y_1^\alpha + 1 = 0, \quad y_2^\alpha + y_1 = 0, \quad y_3^\alpha + y_2 = 0, \ldots, \quad y_n^\alpha + y_{n-1} = 0, \quad (1)$$

aux n inconnues $y_1, y_2, y_3, \ldots, y_{n-1}, y_n$, *et dans lequel l'exposant* α *est un nombre premier positif et plus grand que* 2, *si, pour chacune des solutions de ce système d'équations, on forme un produit unique avec les n quantités (ou valeurs des inconnues) qui la constituent, les* α^n *produits que l'on obtient ainsi, sont toutes les racines de l'équation*

$$x^{\alpha^n} - 1 = 0, \quad (2)$$

ou de l'équation

$$y^{\alpha''}+1=0, \tag{3}$$

selon qu'on a, ou non, l'une des deux égalités

$$n=\dot{4}, \quad n=\dot{4}-1.$$

Ce théorème se démontre encore, pour ainsi dire, comme celui du n° 120.

Scolie. — Pour que l'un des produits dont il est question dans ce théorème soit racine primitive de celle des équations (2) et (3) dont il est racine, il faut et il suffit que la racine de la première des équations (1), qui y entre comme facteur, ne soit pas égale à —1.

SUR LES POLYGONES RECTILIGNES RÉGULIERS.

124. Théorème. — *Si l'on désigne par m, n deux nombres entiers positifs, le second moindre que le premier, et, d'une manière générale, par A_k (k étant un nombre positif quelconque) l'extrémité de l'arc $\frac{2H}{m}k$, pour que toutes les extrémités*

$$A_0,\quad A_n,\quad A_{2n},\quad A_{3n},\ldots,\quad A_{(m-1)n}, \tag{1}$$

soient distinctes entre elles, il faut et il suffit qu'on ait n premier avec m.

Démonstration. — D'abord, lorsque les deux nombres m et n admettent un diviseur commun δ entier, positif et différent de l'unité, les extrémités (1) ne sont pas toutes distinctes entre elles, puisque $A_{\frac{m}{\delta}n}$, qui est l'une d'elles, coïncide avec A_0.

En second lieu, r et s étant deux quelconques des termes de la suite

$$0,\ 1,\ 2,\ 3,\ldots,\ m-1,$$

pour que A_{rn} et A_{sn} coïncident, il faut que l'équation

$$\frac{2H}{m} rn - \frac{2H}{m} sn = 2KH,$$

ou

$$(r - s)n = mK,$$

soit vérifiée par une valeur entière, positive ou négative de K, ce qui est évidemment impossible lorsque m et n sont premiers entre eux. Donc, etc.

Scolie I. — Les deux nombres m et n étant supposés premiers entre eux, si l'on mène les cordes

$$A_0 A_n, \quad A_n A_{2n}, \quad A_{2n} A_{3n}, \ldots, \quad A_{(m-1)n} A_0,$$

on obtient un polygone régulier [1] de m côtés, inscrit

---

[1] Plusieurs points, non en ligne droite, S_1, S_2, S_3, ..., S_{m-1} et S_m, étant donnés sur un plan, si, par des droites, on joint le premier de ces points avec le second, le second avec le troisième, le troisième avec le quatrième, etc., et enfin le dernier avec le premier, on obtient une ligne brisée qui limite de toutes parts une certaine portion de la surface plane sur laquelle les points ont été donnés. Cette portion de surface ainsi limitée est ce qu'on appelle un *polygone rectiligne* (ou simplement un *polygone*), dont la ligne brisée $S_1 S_2 S_3 \ldots S_{m-1} S_m S_1$ est le contour ou le *périmètre*.

Les *sommets* d'un polygone sont les seuls points qui ont servi à sa formation.

Deux sommets d'un polygone sont dits *consécutifs* lorsque, dans sa formation, ils ont été unis immédiatement par une seule droite.

Toute droite qui, dans un polygone, unit deux sommets est appelée *côté* ou *diagonale* de ce polygone, selon que les deux sommets en question sont consécutifs ou non.

Deux côtés d'un polygone sont dits *consécutifs* lorsqu'ils partent d'un même sommet.

Dans un polygone, tout angle compris par deux côtés consécutifs est appelé *angle* du polygone.

Un polygone est *régulier* lorsque tous ses côtés sont égaux, ainsi que ses angles.

Un polygone est *convexe* lorsqu'il est tout entier d'un même côté de chacune des droites indéfinies que l'on peut tracer par ses différents couples de sommets consécutifs. Dans le cas contraire, il est dit *concave*.

Nous avons cru devoir exposer ici ces définitions, parce qu'il nous a semblé que dans plusieurs Traités de Géométrie elles étaient données d'une manière assez imparfaite.

au cercle C, et qui est tel, que l'arc positif

$$A_0 A_n A_{2n} A_{3n} \ldots A_{(m-1)n} A_0$$

sous-tendu par son périmètre est égal à $2nH$.

Ce polygone régulier est dit *de la $n^{ième}$ espèce.*

Parmi les différents polygones réguliers de m côtés, inscrits au cercle C, qui peuvent ainsi être formés, ceux de la première espèce, c'est-à-dire ceux que l'on considère particulièrement dans les éléments de géométrie, sont les seuls qui soient convexes; tous les autres présentent la forme d'une étoile, et sont appelés, pour cette raison, polygones réguliers *étoilés* (1).

Scolie II. — n et p étant deux nombres entiers positifs, inégaux, moindres que m, et premiers avec lui, les deux polygones réguliers de m côtés que l'on peut inscrire au cercle C, l'un de la $n^{ième}$ et l'autre de la $p^{ième}$ espèce, sont égaux entre eux toutes les fois qu'on a

$$n + p = m,$$

et seulement dans ce cas.

D'après cela, si chacun des deux nombres n et p est moindre que $\frac{m}{2}$, les deux polygones dont il vient d'être question, sont différents l'un de l'autre.

125. Théorème. — *Le nombre des polygones réguliers de m côtés et distincts les uns des autres, qui peuvent être inscrits dans le cercle* C, *est précisément la moitié de l'indicateur du nombre m.*

---

(1) Pour la théorie de ces polygones, on peut consulter différents ouvrages, entre autres les *Leçons nouvelles de Géométrie élémentaire*, par M. A. Amiot, page 67; les *Nouvelles Annales de Mathématiques*, tome VIII, page 68, et le *Journal de l'École Polytechnique*, Xe cahier, page 25.

Démonstration. — $S_1, S_2, S_3, \ldots, S_m$ étant les m sommets successifs d'un polygone régulier quelconque P, de m côtés, et inscrit au cercle C, on peut parfaitement supposer que le sommet S_1 soit l'origine A des arcs, et que la direction suivie dans le parcours du plus petit arc α sous-tendu par la corde $S_1 S_2$, en allant de S_1 vers S_2, soit le sens des arcs positifs.

Le polygone P ayant m côtés, le plus petit arc positif multiple à la fois de α et de $2\,\mathrm{H}$ est évidemment $m\alpha$, et par conséquent les deux nombres entiers positifs m et $\frac{m\alpha}{2\,\mathrm{H}}$ sont premiers entre eux.

De plus, comme α est moindre que H, on a $\frac{m\alpha}{2\,\mathrm{H}} > \frac{m}{2}$.

Maintenant, si l'on adopte les notations du n° 124 et que, pour abréger, on désigne par n le nombre entier positif $\frac{m\alpha}{2\,\mathrm{H}}$, comme les m points

$$S_1, \quad S_2, \quad S_3, \ldots, \quad S_m,$$

sont respectivement les mêmes que les m suivants

$$A_0, \quad A_n, \quad A_{2n}, \ldots, \quad A_{(m-1)n},$$

il est évident que le polygone P dont il est question ici, n'est autre que le polygone régulier de m côtés et de la $n^{\text{ième}}$ espèce qui a été défini au Scolie I du numéro précédent.

De tout ce qui vient d'être dit, et en ayant égard au Scolie II du n° 124, on peut conclure immédiatement que le nombre des polygones réguliers de m côtés et distincts les uns des autres, qui peuvent être inscrits au cercle C, est égal à celui des nombres entiers positifs, moindres que $\frac{m}{2}$, et premiers avec m.

Donc (n° 102, note), etc.

Scolie. — Tous les polygones réguliers de m côtés et distincts les uns des autres, qui peuvent être inscrits au cercle C, sont tous ceux qui seraient formés comme il est dit au Scolie I du n° 124, en égalant n successivement à chacun des nombres entiers positifs, moindres que $\frac{m}{2}$ et premiers avec m.

126. THÉORÈME. — *Si l'on désigne par* $A_{(m,a)}$ *le côté du polygone régulier de* m *côtés et d'espèce* a $\left(\textit{ce nombre } a \textit{ est supposé moindre que } \frac{m}{2}\right)$ *inscrit dans le cercle* C, *on a la relation*

$$A_{(m,a)} = 2\ R \sin \frac{a\,H}{m}.$$

Démonstration. — On a

$$A_{(m,a)} = G\,\frac{2\,a\,H}{m},$$

et comme (n° 8)

$$\frac{\frac{1}{2}\,G\,\frac{2\,a\,H}{m}}{R} = \sin \frac{a\,H}{m},$$

il vient

$$G\,\frac{2\,a\,H}{m} = 2\,R \sin \frac{a\,H}{m},$$

et, par suite, la relation qu'il s'agissait de démontrer.

Donc, etc.

Corollaire. — La relation connue

$$\sin \frac{a\,H}{m} = \sqrt{\frac{1 - \cos \frac{2\,a\,H}{m}}{2}}$$

donne

$$A_{(m,a)} = R\sqrt{2\left(1 - \cos\frac{2aH}{m}\right)}.$$

Scolie. — Les mêmes choses étant posées qu'au n° 92, on a

$$A_{(m,a)} = \frac{R}{i}\left(x_{\frac{a}{2}} - x_{m-\frac{a}{2}}\right),$$

ou bien

$$A_{(m,a)} = \frac{R}{i}\left(y_{\frac{a-1}{2}} - y_{m-\frac{a+1}{2}}\right),$$

selon que a est pair ou impair, et encore

$$A_{(m,a)} = \frac{R}{i}\left(x_{\frac{m-a}{2}} - x_{\frac{m+a}{2}}\right),$$

si les deux nombres a et m sont tous deux de même parité.

De plus, quel que soit a, on peut toujours écrire

$$A_{(m,a)} = R\sqrt{2 - (x_a + x_{m-a})}.$$

127. Problème. — *Déterminer les huit polygones réguliers de dix-sept côtés que l'on peut inscrire dans le cercle* C.

Solution analytique. — Pour abréger, désignons par A l'arc $\frac{H}{17}$.

D'après le corollaire du numéro précédent, le problème proposé sera résolu du moment que l'on connaîtra les cosinus des huit arcs

$$2A,\quad 4A,\quad 6A,\quad 8A,\quad 10A,\quad 12A,\quad 14A,\quad 16A.$$

Pour déterminer ces cosinus, posons

$$\cos 2A + \cos 8A = v, \tag{1}$$
$$\cos 4A + \cos 16A = x, \tag{2}$$
$$\cos 6A + \cos 10A = y, \tag{3}$$
$$\cos 12A + \cos 14A = z, \tag{4}$$
$$v + x = t \tag{5}$$

et

$$y + z = u. \tag{6}$$

Comme on a (n° 69)

$$\cos 2A + \cos 4A + \cos 6A + \ldots + \cos 16A = \frac{\cos 9A \sin 8A}{\sin A},$$

et que

$$\frac{\cos 9A \sin 8A}{\sin A} = \frac{2\cos 9A \sin 9A}{2\sin A} = \frac{\sin 18A}{2\sin A} = -\frac{1}{2},$$

il vient

$$t + u = -\frac{1}{2}. \tag{7}$$

De plus, si l'on fait attention qu'un produit de deux cosinus peut toujours être transformé en la demi-somme de deux autres cosinus, on trouve immédiatement

$$tu = -1, \tag{8}$$
$$vx = -\frac{1}{4}, \tag{9}$$
$$yz = -\frac{1}{4}, \tag{10}$$

$$\cos 2A \cos 8A = \frac{y}{2}, \quad \cos 4A \cos 16A = \frac{z}{2},$$

$$\cos 6A \cos 10A = \frac{x}{2}, \quad \cos 12A \cos 14A = \frac{v}{2},$$

d'où il suit que les équations du second degré, à la seule

inconnue X,

$$X^2+\frac{1}{2}X-1=0,$$

$$X^2-tX-\frac{1}{4}=0,$$

$$X^2-uX-\frac{1}{4}=0,$$

$$X^2-vX+\frac{y}{2}=0,$$

$$X^2-xX+\frac{z}{2}=0,$$

$$X^2-yX+\frac{x}{2}=0,$$

$$X^2-zX+\frac{v}{2}=0,$$

ont pour racines, la première t et u, la seconde v et x, la troisième y et z, la quatrième cos 2 A et cos 8 A, la cinquième cos 4 A et cos 16 A, la sixième cos 6 A et cos 10 A, et la septième cos 12 A et cos 14 A.

Maintenant, si l'on observe que des équations (1), (2), (3), (4), (5) et (6), résultent immédiatement les relations [1]

$$v>0,\quad x<0,\quad v+x \text{ ou } t>0,$$
$$y>0,\quad z<0,\quad y+z \text{ ou } u<0,$$

les sept équations du second degré qui viennent d'être formées donneront immédiatement les huit cosinus dont

---

(1) Pour s'en convainvre, il suffit de remarquer qu'on a

$$\cos 2A+\cos 8A = 2\cos 5A \cos 3A,$$
$$\cos 4A+\cos 16A = 2\cos 10A \cos 6A = -2\cos 7A \cos 6A$$
$$\cos 6A+\cos 10A = 2\cos 8A \cos 2A,$$

et

$$\cos 12A+\cos 14A = 2\cos 13A \cos A = -2\cos 4A \cos A.$$

il a été question au commencement de cette solution, et par suite les côtés des polygones réguliers cherchés.

Solution géométrique. — Les mêmes choses étant posées que précédemment, si l'on désigne les longueurs linéaires

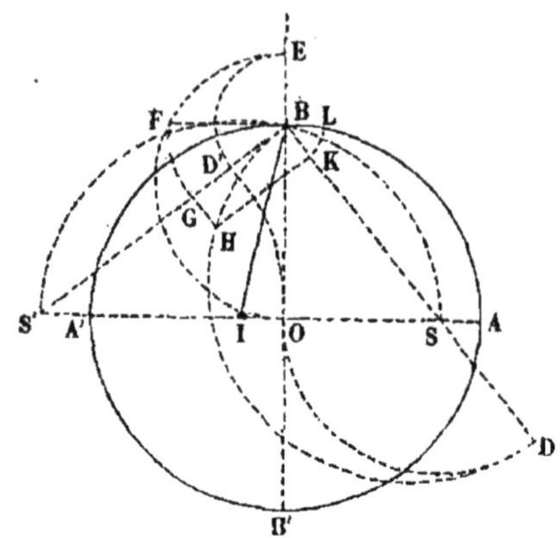

$$\mathrm{R}t,\quad -\mathrm{R}u,\quad \mathrm{R}v,\quad -\mathrm{R}x,$$

$$\mathrm{R}y \text{ et } -\mathrm{R}z,$$

respectivement par les lettres

$$\mathrm{T},\ \mathrm{U},\ \mathrm{V},\ \mathrm{X},\ \mathrm{Y} \text{ et } \mathrm{Z},$$

les équations (5), (6), (7), (8), (9) et (10) donnent immédiatement

$$\mathrm{U}-\mathrm{T}=\frac{\mathrm{R}}{2},\quad \mathrm{V}-\mathrm{X}=\mathrm{T},\quad \mathrm{Z}-\mathrm{Y}=\mathrm{U},$$

$$\mathrm{UT}=\mathrm{R}^2,\qquad \mathrm{VX}=\frac{\mathrm{R}^2}{4},\qquad \mathrm{ZY}=\frac{\mathrm{R}^2}{4}.$$

De plus, comme on a

$$\text{Ȼ}\,\mathrm{A}=2\,\mathrm{R}\sin\frac{\mathrm{A}}{2}=2\,\mathrm{R}\cos 8\,\mathrm{A},$$

$$\text{Ȼ}\,13\,\mathrm{A}=2\,\mathrm{R}\sin 13\frac{\mathrm{A}}{2}=2\,\mathrm{R}\cos 2\,\mathrm{A},$$

il vient

$$\text{Ȼ}\,\mathrm{A}+\text{Ȼ}\,13\,\mathrm{A}=2\,\mathrm{R}v=2\mathrm{V}$$

et

$$\text{Ȼ}\,\mathrm{A}\,.\,\text{Ȼ}\,13\,\mathrm{A}=4\,\mathrm{R}^2\cos 2\,\mathrm{A}\cos 8\,\mathrm{A}=2\,\mathrm{R}^2 y=2\,\mathrm{YR}.$$

Ces équations étant établies et les mêmes choses étant posées que dans la figure du n° 2, prenons sur le rayon OA' du cercle C, $\mathrm{OI}=\frac{\mathrm{OA'}}{4}$, et joignons les deux points I et B.

Soient S et S′ les points où la circonférence décrite du point I comme centre, avec IB pour rayon, rencontre la droite indéfinie AA′.

On a

$$OS = BI - OI, \quad OS' = BI + OI,$$

d'où

$$OS' - OS = 2\,OI = \frac{R}{2},$$

$$OS' . OS = \overline{BI}^2 - \overline{OI}^2 = \overline{OB}^2 = R^2,$$

et, par conséquent,

$$OS' = U, \quad OS = T.$$

Maintenant, ayant tracé les deux droites BS et BS′, prenons sur le prolongement de BS, à partir du point S, SD = OS, et sur BS′, à partir du point S′, S′D′ = OS′. On a

$$BD - (BS - OS) = 2\,OS = 2\,T,$$

$$BD\,(BS - OS) = \overline{BS}^2 - \overline{OS}^2 = \overline{OB}^2 = R^2,$$

$$(B'S' + OS') - BD' = 2\,OS' = 2\,U$$

et

$$(BS' + OS')\,BD' = \overline{BS'}^2 - \overline{OS'}^2 = \overline{OB}^2 = R^2,$$

d'où il résulte

$$BD = 2\,V \quad \text{et} \quad BD' = 2\,Y.$$

Enfin, ayant pris sur BS′, à partir du point B, la distance BG égale à BF qui est la moyenne géométrique entre OB et BE (= BD′), traçons par le point G une perpendiculaire sur BS′, et H étant le point le plus voisin du point G, où cette perpendiculaire est rencontrée par la demi-circonférence BHD décrite sur BD comme diamètre, abaissons de ce point H la perpendiculaire HK sur ce diamètre. On a

$$BK + DK = BD = 2\,V$$

et

$$BK.DK = \overline{KH}^2 = \overline{BF}^2 = BD'.OB = 2\,YR,$$

d'où il résulte

$$BK = GA.$$

D'après cela, si du point B comme centre, avec BK pour rayon, on décrit un arc de cercle coupant la circonférence du cercle C au point L, on aura

$$\text{arc}\,BL = A.$$

Cet arc étant obtenu, on pourra de suite construire les huit polygones réguliers demandés.

PROPRIÉTÉS CONCERNANT CERTAINES FONCTIONS ALGÉBRIQUES.

128. *Notation.* — Dans ce paragraphe, ainsi que dans le suivant, n et k étant deux nombres entiers quelconques, nuls ou positifs, et $f(z)$ une certaine fonction de la lettre z, nous représenterons par

$$\prod_{z=n}^{z=n+k} [f(z)],$$

l'expression

$$f(n).f(n+1).f(n+2).f(n+3)\ldots f(n+k).$$

129. Théorème. — *Si l'on désigne par m un nombre entier positif, par x une quantité quelconque réelle (alors positive ou négative) ou imaginaire, et par a un nombre positif, on a les relations*

$$x^{2m} - a = \frac{x - a^{\frac{1}{m}}}{x + a^{\frac{1}{m}}} \prod_{z=0}^{z=m-1} \left[x^2 - 2xa^{\frac{1}{2m}} \cos\frac{(z+1)\,\mathrm{H}}{m} + a^{\frac{1}{m}}\right], \quad (1)$$

et

$$x^{2m} + a = \prod_{z=0}^{z=m-1} \left[x^2 - 2xa^{\frac{1}{2m}} \cos\frac{(2z+1)H}{2m} + a^{\frac{1}{m}}\right]. \qquad (2)$$

Démonstration. — La fonction

$$x^2 - 2xa^{\frac{1}{2m}} \cos\frac{zH}{m} + a^{\frac{1}{m}}$$

de la lettre z, pouvant s'écrire, évidemment, sous la forme

$$\left[x - a^{\frac{1}{2m}}\left(\cos\frac{zH}{m} + i\sin\frac{zH}{m}\right)\right] \times \left[x - a^{\frac{1}{2m}}\left(\cos\frac{zH}{m} - i\sin\frac{zH}{m}\right)\right],$$

on voit, de suite, d'après ce qui a été dit au n° 89 touchant les racines des équations binômes

$$x^{2m} - a = 0 \quad \text{et} \quad x^{2m} + a = 0,$$

à la seule inconnue x, que les seconds membres des deux relations (1) et (2) sont simplement et respectivement les résultats obtenus en décomposant les premiers membres de ces mêmes relations en facteurs du premier degré par rapport à x [1]. Donc, etc.

130. Théorème. — *Les mêmes choses étant posées que dans le théorème précédent, on a les relations*

$$x^{2m+1} - a$$
$$= \left(x - a^{\frac{1}{2m+1}}\right) \prod_{z=1}^{z=m} \left[x^2 - 2xa^{\frac{1}{2m+1}} \cos\frac{2zH}{2m+1} + a^{\frac{2}{2m+1}}\right],$$

---

[1] Voyez dans les Traités d'Algèbre la théorie de la décomposition des fonctions algébriques entières à une seule variable en facteurs du premier degré par rapport à cette variable.

et

$$x^{2m+1} + a$$
$$= \left(x + a^{\frac{1}{2m+1}}\right) \prod_{z=0}^{z=m-1} \left[x^2 - 2xa^{\frac{1}{2m+1}} \cos \frac{(2z+1)H}{2m+1} + a^{\frac{2}{2m+1}}\right].$$

Ce théorème se démontre comme le précédent.

131. Théorème — *Si l'on désigne par m un nombre entier positif, par x une quantité quelconque réelle (alors positive ou négative) ou imaginaire, par a et b deux nombres positifs ou négatifs, et respectivement par μ et ω le module et l'argument de la quantité a + bi, on a la relation*

$$\left.\begin{aligned} &x^{2m} - 2ax^m + a^2 + b^2 \\ &= \prod_{z=0}^{z=m-1} \left[x^2 - 2x\mu^{\frac{1}{m}} \cos \frac{2zH + \omega}{m} + \mu^{\frac{2}{m}}\right]. \end{aligned}\right\} \quad (1)$$

Démonstration. — L'expression

$$x^{2m} - 2ax^m + a^2 + b^2$$

et la fonction

$$x^2 - 2x\mu^{\frac{1}{m}} \cos \frac{2zH + \omega}{m} + \mu^{\frac{2}{m}}$$

de la lettre z pouvant s'écrire, évidemment et respectivement, sous la forme

$$[x^m - (a + bi)][x^m - (a - bi)],$$

$$\left[x - \mu^{\frac{1}{m}} \left(\cos \frac{2zH + \omega}{m} + i \sin \frac{2zH + \omega}{m}\right)\right]$$
$$\times \left[x - \mu^{\frac{1}{m}} \left(\cos \frac{2zH + \omega}{m} - i \sin \frac{2zH + \omega}{m}\right)\right],$$

on voit de suite, d'après ce que l'on sait (n° 89) touchant

les racines des équations binômes

$$x^m - (a + bi) = 0 \quad \text{et} \quad x^m - (a - bi) = 0,$$

à la seule inconnue x, que le second membre de la relation (1) est simplement le résultat obtenu en décomposant le premier membre de cette même relation, en facteurs du premier degré par rapport à x.

Donc, etc.

Scolie. — La relation (2) du n° **129** est un cas particulier de celle qui vient d'être démontrée.

PROPRIÉTÉS RELATIVES A LA MULTIPLICATION DES ARCS.

132. Théorème. — *Si l'on désigne par* A *un arc quelconque positif ou négatif, et par* m *un nombre entier positif, on a les relations*

$$\sin m\mathrm{A} = 2^{m-1} \frac{\sin \mathrm{A}}{1 + \cos \mathrm{A}} \prod_{z=0}^{z=m-1} \left[\cos \mathrm{A} - \cos \frac{(z+1)\mathrm{H}}{m}\right] \tag{1}$$

et

$$\cos m\mathrm{A} = 2^{m-1} \prod_{z=0}^{z=m-1} \left[\cos \mathrm{A} - \cos \frac{(2z+1)\mathrm{H}}{2m}\right]. \tag{2}$$

Démonstration. — Les relations du n° **129** donnent (en y faisant $a = 1$)

$$x^{2m} - 1 = \frac{x-1}{x+1} \prod_{z=0}^{z=m-1} \left[x^2 - 2x \cos \frac{(z+1)\mathrm{H}}{m} + 1\right],$$

$$x^{2m} + 1 = \prod_{z=0}^{z=m-1} \left[x^2 - 2x \cos \frac{(2z+1)\mathrm{H}}{2m} + 1\right],$$

ou bien

$$x^m - \frac{1}{x^m} = \frac{x - \frac{1}{x}}{x + 2 + \frac{1}{x}} \prod_{z=0}^{z=m-1} \left[x - 2\cos\frac{(z+1)H}{m} + \frac{1}{x}\right],$$

$$x^m + \frac{1}{x^m} = \prod_{z=0}^{z=m-1} \left[x - 2\cos\frac{(2z+1)H}{2m} + \frac{1}{x}\right],$$

et en posant dans ces deux dernières relations

$$x = \cos A + i \sin A,$$

il vient (n°s 82 et 83) les relations (1) et (2).

Donc, etc.

133. Théorème. — *Les mêmes choses étant posées que dans le théorème précédent, on a les relations*

$$\sin mA = 2^{m-1} \sin A \prod_{z=0}^{z=m-2} \left[\sin\left\{\frac{(z+1)H}{m} + A\right\}\right], \qquad (1)$$

et

$$\cos mA = 2^{m-1} \prod_{z=0}^{z=m-1} \left[\sin\left\{\frac{2z+1)H}{2m} + A\right\}\right]. \qquad (2)$$

Démonstration. — En désignant, pour abréger, par $\varphi(m, z)$ la fonction

$$\left[\cos A - \cos\frac{(z+1)H}{m}\right]\left[\cos A - \cos\frac{(m-z-1)H}{m}\right]$$

de m et de z, le théorème précédent permet d'écrire

$$\sin mA = 2^{m-1} \sin A \cos A \prod_{z=0}^{z=\frac{m}{2}-2} [\varphi(m, z)], \qquad (3)$$

et

$$\cos m\mathrm{A} = 2^{m-1}\prod_{z=0}^{z=\frac{m}{2}}[\varphi(2m, 2z)], \tag{4}$$

ou bien

$$\sin m\mathrm{A} = 2^{m-1}\sin\mathrm{A}\prod_{z=0}^{z=\frac{m-3}{2}}[\varphi(m, z)], \tag{5}$$

$$\cos m\mathrm{A} = 2^{m-1}\cos\mathrm{A}\prod_{z=0}^{z=\frac{m-3}{2}}[\varphi(2m, 2z)], \tag{6}$$

selon que m est pair ou impair, et comme on a

$$\varphi(m, z) = \cos^2\mathrm{A} - \cos^2\frac{(z+1)\mathrm{H}}{m}$$
$$= \frac{1}{2}\left[\cos 2\mathrm{A} - \cos\frac{2(z+1)\mathrm{H}}{m}\right],$$

ou bien

$$\varphi(m, z) = \sin\left[\frac{(z+1)\mathrm{H}}{m} + \mathrm{A}\right]\sin\left[\frac{(z+1)\mathrm{H}}{m} - \mathrm{A}\right]$$
$$= \sin\left[\frac{(z+1)\mathrm{H}}{m} + \mathrm{A}\right]\sin\left[\frac{(m-z-1)\mathrm{H}}{m} + \mathrm{A}\right],$$

on voit, de suite, que les relations (3) et (4), ou (5) et (6), peuvent être transformées respectivement en les relations (1) et (2). Donc, etc.

Scolie. — Si l'on se reporte aux choses établies dans la démonstration précédente, on obtient immédiatement les relations suivantes :

$$\sin 2m\mathrm{A} = 2^{2m-2}\sin 2\mathrm{A}\prod_{z=0}^{z=m-2}\left[\cos^2\mathrm{A} - \cos^2\frac{(z+1)\mathrm{H}}{2m}\right]$$
$$= 2^{2m-2}\sin 2\mathrm{A}\prod_{z=0}^{z=m-2}\left[\sin\left\{\frac{(z+1)\mathrm{H}}{2m} + \mathrm{A}\right\}\sin\left\{\frac{(z+1)\mathrm{H}}{2m} - \mathrm{A}\right\}\right],$$

$$\cos 2mA = 2^{2m-1}\prod_{z=0}^{z=m-1}\left[\cos^2 A - \cos^2\frac{(2z+1)H}{4m}\right]$$

$$= 2^{2m-1}\prod_{z=0}^{z=m-1}\left[\sin\left\{\frac{(2z+1)H}{4m}+A\right\}\sin\left\{\frac{(2z+1)H}{4m}-A\right\}\right],$$

$$\sin(2m+1)A = 2^{2m}\sin A\prod_{z=0}^{z=m-1}\left[\cos^2 A - \cos^2\frac{(z+1)H}{2m+1}\right]$$

$$= 2^{2m}\sin A\prod_{z=0}^{z=m-1}\left[\sin\left\{\frac{(z+1)H}{2m+1}+A\right\}\sin\left\{\frac{(z+1)H}{2m+1}-A\right\}\right],$$

et

$$\cos(2m+1)A = 2^{2m}\cos A\prod_{z=0}^{z=m-1}\left[\cos^2 A - \cos^2\frac{(2z+1)H}{4m+2}\right]$$

$$= 2^{2m}\cos A\prod_{z=0}^{z=m-1}\left[\sin\left\{\frac{(2z+1)H}{4m+2}+A\right\}\sin\left\{\frac{(2z+1)H}{4m+2}-A\right\}\right].$$

RÉSOLUTION DES ÉQUATIONS ALGÉBRIQUES DU TROISIÈME DEGRÉ.

134. Problème. — *Déterminer les racines de l'équation algébrique du troisième degré*

$$x^3 + px + q = 0, \qquad (1)$$

dans laquelle les coefficients p et q sont des quantités réelles (positives ou négatives) ou imaginaires (¹).

(¹) Lorsque l'un des deux coefficients p et q est nul, la résolution de l'équation (1) revient à celle d'une équation binôme; c'est pourquoi nous supposons ici que ces coefficients sont tous deux différents de zéro.

Solution. — Considérons le système de cette équation et de la suivante

$$x = y - \frac{p}{3y}, \tag{2}$$

qui renferme les deux inconnues x et y (¹).

Si l'on élimine x entre ces deux équations, il vient

$$y^6 + qy^3 - \left(\frac{p}{3}\right)^3 = 0\ (^2),$$

et comme cette dernière équation, à la seule inconnue y, est équivalente aux deux suivantes :

$$y^3 + \frac{q}{2} - \sqrt{\left(\frac{p}{3}\right)^3 + \left(\frac{q}{2}\right)^2} = 0, \tag{3}$$

$$y^3 + \frac{q}{2} + \sqrt{\left(\frac{p}{3}\right)^3 + \left(\frac{q}{2}\right)^2} = 0, \tag{4}$$

il en résulte que les racines de l'équation (1) sont les valeurs de x déduites de l'équation (2) en y égalant successivement y à chacune des racines des équations binômes (3) et (4).

De plus, comme on a

$$\frac{q}{2} + \sqrt{\left(\frac{p}{3}\right)^3 + \left(\frac{q}{2}\right)^2} = \frac{\left(-\frac{p}{3}\right)^3}{\frac{q}{2} - \sqrt{\left(\frac{p}{3}\right)^3 + \left(\frac{q}{2}\right)^2}},$$

si l'on désigne par α, β, γ les trois racines de l'une des équations (3) et (4), celles de l'autre sont $-\frac{p}{3\alpha}$, $-\frac{p}{3\beta}$,

---

(¹) La considération de ce système d'équations pour résoudre l'équation (1) est due à Viète. (Voyez ses Œuvres, déjà citées, page 122.)

(²) Cette équation a été appelée par Lagrange la *réduite* ou la *résolvante* de l'équation (1).

$-\frac{p}{3\gamma}$, et par conséquent les six racines de ces deux équations fournissent pour valeurs de x satisfaisant à l'équation (1), seulement les trois quantités

$$\alpha-\frac{p}{3\alpha},\quad \beta-\frac{p}{3\beta},\quad \gamma-\frac{p}{3\gamma}. \tag{5}$$

La solution du problème proposé se trouvant ainsi indiquée d'une manière générale, nous allons maintenant exposer tous les développements que comporte cette même question lorsque les quantités p et q sont réelles, positives ou négatives.

Nous distinguerons à cet égard deux cas, et dans chacun d'eux nous désignerons par x_1, x_2, x_3 les trois racines (5) de l'équation (1).

Premier cas. — On suppose

$$\left(\frac{p}{3}\right)^3+\left(\frac{q}{2}\right)^2>0. \tag{6}$$

Si l'on désigne par a l'une des deux racines cubiques imaginaires

$$-\frac{1}{2}+\frac{\sqrt{3}}{2}i,\quad -\frac{1}{2}-\frac{\sqrt{3}}{2}i$$

de l'unité, et par A l'une des racines cubiques de la quantité

$$-\frac{q}{2}+\sqrt{\left(\frac{p}{3}\right)^3+\left(\frac{q}{2}\right)^2}, \tag{7}$$

il vient

$$A,\quad Aa,\quad Aa^2,$$

pour les racines de l'équation (3); d'où il résulte que l'on a

$$x_1=A-\frac{p}{3A},$$

$$x_2=Aa-\frac{p}{3Aa}=Aa-\frac{p}{3A}a^2$$

et

$$x_3 = A a^2 - \frac{p}{3 A a^2} = A a^2 - \frac{p}{3 A} a.$$

Si l'on suppose

$$a = -\frac{1}{2} + \frac{\sqrt{3}}{2} i,$$

il vient

$$x_2 = -\frac{1}{2}\left(A - \frac{p}{3A}\right) + \frac{\sqrt{3}}{2}\left(A + \frac{p}{3A}\right) i$$

et

$$x_3 = -\frac{1}{2}\left(A - \frac{p}{3A}\right) - \frac{\sqrt{3}}{2}\left(A + \frac{p}{3A}\right) i.$$

D'après ce qui précède, et en supposant, ainsi que nous le ferons toujours dans les calculs qui vont suivre, que l'on ait désigné par A la racine cubique réelle de la quantité (7), on voit que l'équation (1) admet, dans le cas de la relation (6), une racine réelle et deux racines imaginaires conjuguées.

Cela posé, voyons l'emploi avantageux que l'on peut faire des fonctions circulaires pour le calcul des racines x_1, x_2 et x_3.

1°. Si p est positif, désignons par ω et φ les plus petits arcs positifs dont les tangentes égalent respectivement les nombres

$$\frac{\left(\frac{p}{3}\right)^{\frac{3}{2}}}{\left(\frac{q}{2}\right)} \quad \text{et} \quad \left(\operatorname{tang}\frac{\omega}{2}\right)^{\frac{1}{3}}.$$

On a

$$A = \sqrt[3]{-\frac{q}{2}\left(1 - \frac{1}{\cos\omega}\right)} = \sqrt[3]{\frac{q \sin^2\frac{\omega}{2}}{\cos\omega}} = \left(\frac{p}{3}\right)^{\frac{1}{2}} \operatorname{tang}\varphi,$$

et, par suite,

$$x_1 = \left(\frac{p}{3}\right)^{\frac{1}{2}}(\tang\varphi - \cot\varphi),$$

$$x_2 = -\frac{1}{2}\left(\frac{p}{3}\right)^{\frac{1}{2}}\left[\tang\varphi - \cot\varphi - \sqrt{3}(\tang\varphi + \cot\varphi)i\right],$$

$$x_3 = -\frac{1}{2}\left(\frac{p}{3}\right)^{\frac{1}{2}}\left[\tang\varphi - \cot\varphi + \sqrt{3}(\tang\varphi + \cot\varphi)i\right],$$

ou bien

$$x_1 = -2\left(\frac{p}{3}\right)^{\frac{1}{2}}\cot 2\varphi,$$

$$x_2 = \left(\frac{p}{3}\right)^{\frac{1}{2}}\left(\cot 2\varphi + \frac{\sqrt{3}}{\sin 2\varphi}i\right),$$

$$x_3 = \left(\frac{p}{3}\right)^{\frac{1}{2}}\left(\cot 2\varphi - \frac{\sqrt{3}}{\sin 2\varphi}i\right).$$

2°. Si p est négatif, désignons par ω et φ les plus petits arcs positifs tels que le sinus du premier et la tangente du second égalent respectivement les nombres

$$\frac{\left(-\frac{p}{3}\right)^{\frac{3}{2}}}{\left(\frac{q}{2}\right)} \quad \text{et} \quad \left(\tang\frac{\omega}{2}\right)^{\frac{1}{3}}.$$

On a

$$A = \sqrt[3]{-\frac{q}{2}(1-\cos\omega)} = \sqrt[3]{-q\sin^2\frac{\omega}{2}} = -\left(-\frac{p}{3}\right)^{\frac{1}{2}}\tang\varphi,$$

et, par suite,

$$x_1 = -\left(-\frac{p}{3}\right)^{\frac{1}{2}}(\tang\varphi + \cot\varphi)$$

et

$$x_2 = \frac{1}{2}\left(-\frac{p}{3}\right)^{\frac{1}{2}}\left[\operatorname{tang}\varphi + \cot\varphi - \sqrt{3}\,(\operatorname{tang}\varphi - \cot\varphi)\,i\right],$$

$$x_3 = \frac{1}{2}\left(-\frac{p}{3}\right)^{\frac{1}{2}}\left[\operatorname{tang}\varphi + \cot\varphi + \sqrt{3}\,(\operatorname{tang}\varphi - \cot\varphi)\,i\right],$$

ou bien

$$x_1 = -\left(-\frac{p}{3}\right)^{\frac{1}{2}}\frac{2}{\sin 2\varphi},$$

$$x_2 = \left(-\frac{p}{3}\right)^{\frac{1}{2}}\left(\frac{1}{\sin 2\varphi} + i\sqrt{3}\cot 2\varphi\right),$$

$$x_3 = \left(-\frac{p}{3}\right)^{\frac{1}{2}}\left(\frac{1}{\sin 2\varphi} - i\sqrt{3}\cot 2\varphi\right).$$

Second cas. — On suppose

$$\left(\frac{p}{3}\right)^3 + \left(\frac{q}{2}\right)^2 \leqq 0. \qquad (8)$$

Si l'on désigne par ω l'argument de la quantité

$$-\frac{q}{2} + i\sqrt{\left(-\frac{p}{3}\right)^3 - \left(\frac{q}{2}\right)^2},$$

les racines de l'équation (4) sont les valeurs que prend la fonction

$$\left(-\frac{p}{3}\right)^{\frac{1}{2}}\left(\cos\frac{2z\mathrm{H} + \omega}{3} + i\sin\frac{2z\mathrm{H} + \omega}{3}\right)$$

de la variable z, en y donnant à cette variable successivement les valeurs 0, 1, 2, et comme, pour toute valeur de z, on a l'égalité

$$\frac{-\frac{p}{3}}{\left(-\frac{p}{3}\right)^{\frac{1}{2}}\left(\cos\frac{2z\text{H}+\omega}{3}+i\sin\frac{2z\text{H}+\omega}{3}\right)}$$

$$=\left(-\frac{p}{3}\right)^{\frac{1}{2}}\left(\cos\frac{2z\text{H}+\omega}{3}-i\sin\frac{2z\text{H}+\omega}{3}\right),$$

il vient

$$x_1=2\left(-\frac{p}{3}\right)^{\frac{1}{2}}\cos\frac{\omega}{3},$$

$$x_2=2\left(-\frac{p}{3}\right)^{\frac{1}{2}}\cos\frac{2\text{H}+\omega}{3}$$

et

$$x_3=2\left(-\frac{p}{3}\right)^{\frac{1}{2}}\cos\frac{4\text{H}+\omega}{3}=2\left(-\frac{p}{3}\right)^{\frac{1}{2}}\cos\frac{2\text{H}-\omega}{3}.$$

D'après cela, on voit que dans le cas de la relation (8), les racines x_1, x_2, x_3 de l'équation (1) sont toutes réelles [1]. De plus, on peut reconnaître très-facilement que ces racines sont distinctes entre elles toutes les fois que la quantité

$$\left(\frac{p}{3}\right)^3+\left(\frac{q}{2}\right)^2$$

n'est pas nulle.

---

[1] Lorsque, dans le cas de $\left(\frac{p}{3}\right)^3+\left(\frac{q}{2}\right)^2<0$, on résout le problème proposé par le secours seul de l'analyse algébrique, sans faire usage des fonctions circulaires, les racines de l'équation (1) se présentent sous forme imaginaire, et ne peuvent se réduire à la forme réelle qu'en ayant recours à des séries non terminées; c'est pourquoi le cas en question est désigné, par les géomètres, sous le nom de *cas irréductible* de l'équation (1).

Lorsque cette dernière quantité est nulle, on a

$$x_1 = x_3 = \left(-\frac{p}{3}\right)^{\frac{1}{2}}, \quad x_2 = -2\left(-\frac{p}{3}\right)^{\frac{1}{2}},$$

ou bien

$$x_1 = 2\left(-\frac{p}{3}\right)^{\frac{1}{2}}, \qquad x_2 = x_3 = -\left(-\frac{p}{3}\right)^{\frac{1}{2}},$$

selon que le nombre q est positif ou négatif.

Scolie. — Les procédés indiqués précédemment pour résoudre l'équation (1) peuvent aussi conduire à la détermination des racines d'une équation du troisième degré à une seule inconnue x, telle que

$$x^3 + P_1 x^2 + P_2 x + P_3 = 0,$$

et dans laquelle les coefficients P_1, P_2, P_3 sont des quantités réelles (positives ou négatives et différentes de zéro, sauf P_2 qui peut être nul) ou imaginaires, car il suffit de changer, dans cette dernière équation, x en $x - \frac{P_1}{3}$ pour la ramener à la forme de l'équation (1).

TROISIÈME PARTIE.

ÉTUDE ÉLÉMENTAIRE ET GÉOMÉTRIQUE DES FONCTIONS CIRCULAIRES.

RAPPORTS TRIGONOMÉTRIQUES DES ANGLES RECTILIGNES OU DIÈDRES.

135. Si l'on désigne par A un angle rectiligne ou dièdre quelconque, et par α l'arc positif qui correspond à un angle au centre égal à cet angle rectiligne ou à l'angle rectiligne qui mesure cet angle dièdre, les six rapports trigonométriques

$$\sin\alpha,\quad \text{tang}\,\alpha,\quad \text{séc}\,\alpha,\quad \cos\alpha,\quad \cot\alpha\quad \text{et}\quad \text{coséc}\,\alpha,$$

de cet arc, sont respectivement ce qu'on appelle le *sinus*, la *tangente*, la *sécante*, le *cosinus*, la *cotangente* et la *cosécante* de l'angle A, ou indistinctement les *rapports trigonométriques* de cet angle.

PROPRIÉTÉS RELATIVES AUX TRIANGLES RECTILIGNES.

136. *Notations*. — Dans la suite de cet ouvrage, lorsqu'il s'agira d'un triangle rectiligne ABC, c'est-à-dire d'un triangle rectiligne ayant les trois points A, B, C pour sommets, nous désignerons toujours par a, b, c les trois côtés de ce triangle respectivement opposés à ces sommets, et par A, B, C les trois angles du même triangle respectivement non adjacents à ces côtés.

Lorsque le triangle ABC sera rectangle, le côté a sera toujours supposé être l'hypoténuse, et par conséquent l'angle A sera droit.

Ces mêmes notations seront aussi appliquées aux triangles sphériques.

137. Théorème. — *Dans tout triangle rectiligne, les côtés sont proportionnels aux sinus des angles non adjacents.*

Démonstration. — Soit ABC un triangle rectiligne quelconque.

Si l'on désigne par α, β, γ les arcs qui, sur la circonférence du cercle circonscrit à ce triangle, sont respectivement interceptés par les côtés des angles A, B, C, et par r le rayon de cette circonférence, on a évidemment

$$\sin A = \sin \frac{\alpha}{2} = \frac{\left(\frac{a}{2}\right)}{r},$$

$$\sin B = \sin \frac{\beta}{2} = \frac{\left(\frac{b}{2}\right)}{r}$$

et

$$\sin C = \sin \frac{\gamma}{2} = \frac{\left(\frac{c}{2}\right)}{r},$$

d'où l'on tire

$$\frac{a}{\sin A} = \frac{b}{\sin B} = \frac{c}{\sin C}.$$

Donc, etc.

Scolie. — On a

$$\frac{a}{\sin A} = 2r.$$

Corollaire. — Lorsque le triangle ABC est rectangle, on a

$$\sin C = \cos B,$$

et, par suite,

$$a = \frac{b}{\sin B} = \frac{c}{\cos B},$$

d'où l'on tire

$$b = a \sin B, \quad c = a \cos B \quad \text{et} \quad b = c \tang B, \quad \text{ou} \quad c = b \cot B.$$

138. Théorème. — *Dans tout triangle rectiligne, le carré d'un côté est égal à la somme des carrés des deux autres côtés, moins le double produit de ces deux derniers côtés multiplié par le cosinus de leur angle.*

Démonstration. — Soit ABC un triangle rectiligne quelconque.

Si, ayant abaissé du sommet C la perpendiculaire CD sur la droite AB, on désigne par δ la distance AD affectée du signe + ou du signe — selon que l'angle A est plus petit, ou non, que l'angle droit, on sait que l'on a

$$a^2 = b^2 + c^2 - 2c\delta,$$

et comme le triangle rectangle ACD donne (n° 137)

$$\delta = b \cos A,$$

il vient

$$a^2 = b^2 + c^2 - 2bc \cos A. \tag{1}$$

On démontrerait de même que l'on a

$$b^2 = a^2 + c^2 - 2ac \cos B, \tag{2}$$

et

$$c^2 = a^2 + b^2 - 2ab \cos C. \tag{3}$$

Donc, etc.

Corollaire. — En recourant aux formules du n° 31, on voit de suite que les relations, objet du théorème précédent, peuvent être transformées en les suivantes :

$$a^2 = (b - c)^2 + 4bc \sin^2 \frac{A}{2} = (b + c)^2 - 4bc \cos^2 \frac{A}{2},$$

$$b^2 = (a - c)^2 + 4ac \sin^2 \frac{B}{2} = (a + c)^2 - 4ac \cos^2 \frac{B}{2},$$

et

$$c^2 = (a-b)^2 + 4ab\sin^2\frac{C}{2} = (a+b)^2 - 4ab\cos^2\frac{C}{2}.$$

Scolie I. — On peut déduire le théorème précédent de celui du n° 137.

En effet, les relations

$$\frac{a}{\sin A} = \frac{b}{\sin B} = \frac{c}{\sin C}$$

donnent

$$\frac{a^2}{\sin^2 A} = \frac{b^2}{\sin^2 B} = \frac{c^2}{\sin^2 C} = \frac{2bc\cos A}{2\sin B\sin C\cos A}$$
$$= \frac{b^2 + c^2 - 2bc\cos A}{\sin^2 B + \sin^2 C - 2\sin B\sin C\cos A},$$

et comme (n° 38)

$$\sin^2 A = \sin^2 B + \sin^2 C - 2\sin B\sin C\cos A,$$

il vient la relation (1).

On démontrerait de même les relations (2) et (3).

Scolie II. — Du théorème précédent, on peut déduire celui du n° 137.

En effet, la relation (1) donne

$$\cos A = \frac{b^2 + c^2 - a^2}{2bc},$$

et, par suite,

$$\frac{a^2}{1-\cos^2 A}, \quad \text{ou} \quad \frac{a^2}{\sin^2 A} = \frac{4a^2b^2c^2}{4b^2c^2 - (b^2+c^2-a^2)^2},$$

ou bien

$$\frac{a^2}{\sin^2 A} = \frac{4a^2b^2c^2}{2(a^2b^2 + a^2c^2 + b^2c^2) - (a^4 + b^4 + c^4)}.$$

Comme le second membre de cette dernière égalité est une fonction symétrique (Introd., n° 9) des lettres a, b, c, on en conclut immédiatement qu'en opérant sur les relations (2) et (3) comme nous venons d'opérer sur la relation (1), on trouvera nécessairement pour chacune des quantités $\frac{b^2}{\sin^2 B}$, $\frac{c^2}{\sin^2 C}$, la même valeur que celle que nous venons d'obtenir pour $\frac{a^2}{\sin^2 A}$, et que par conséquent (vu que les rapports trigonométriques $\sin A$, $\sin B$ et $\sin C$ sont tous positifs) on peut écrire

$$\frac{a}{\sin A} = \frac{b}{\sin B} = \frac{c}{\sin C}.$$

139. Théorème. — *Dans tout triangle rectiligne un côté quelconque est égal à la somme des produits obtenus en multipliant chacun des deux autres par le cosinus de l'angle qu'il forme avec le premier côté.*

Démonstration. — Soit ABC un triangle rectiligne quelconque.

Si, ayant abaissé du sommet C la perpendiculaire CD sur la droite AB, on désigne par δ la distance AD affectée du signe + ou du signe — selon que l'angle A est plus petit, ou non, que l'angle droit, et de même par δ' la distance BD affectée du signe + ou du signe — selon que l'angle B est aigu ou obtus, on a évidemment

$$c = \delta + \delta',$$

et comme les triangles rectangles ACD et BCD donnent (n° 137)

$$\delta = b \cos A; \quad \delta' = a \cos B,$$

il vient

$$c = a \cos B + b \cos A. \tag{1}$$

On démontrerait de même que l'on a

$$b = a \cos C + c \cos A, \tag{2}$$

et

$$a = b\cos C + c\cos B. \tag{3}$$

Donc, etc.

Scolie I. — Le théorème précédent peut se déduire de celui du n° 137.

En effet, les relations

$$\frac{a}{\sin A} = \frac{b}{\sin B} = \frac{c}{\sin C}$$

donnent

$$\frac{a\cos B}{\sin A\cos B} = \frac{b\cos A}{\cos A\sin B} = \frac{c}{\sin C} = \frac{a\cos B + b\cos A}{\sin(A+B)},$$

et comme

$$\sin C = \sin(A+B),$$

il vient la relation (1).

On démontrerait de même les relations (2) et (3).

Scolie II. — Du théorème précédent on peut déduire celui du n° 137.

En effet, les relations (2) et (3) donnent

$$a^2 - b^2 = (a\cos B - b\cos A)\,c,$$

et à cause de la relation (1), il vient

$$a^2 - b^2 = a^2\cos^2 B - b^2\cos^2 A,$$

ou bien

$$a^2(1-\cos^2 B) = b^2(1-\cos^2 A),$$

ou bien encore

$$\frac{a^2}{\sin^2 A} = \frac{b^2}{\sin^2 B},$$

d'où

$$\frac{a}{\sin A} = \frac{b}{\sin B}.$$

On démontrerait de même que l'on a

$$\frac{a}{\sin A} = \frac{c}{\sin C}.$$

Scolie III. — Le théorème précédent peut se déduire de celui du n° 138, en ajoutant les trois relations, objet de ce dernier théorème, deux à deux, membre à membre, et réduisant.

Scolie IV. — Du théorème précédent on peut déduire celui du n° 138, en ajoutant les trois relations

$$a^2 = (b \cos C + c \cos B)\, a,$$
$$b^2 = (a \cos C + c \cos A)\, b,$$
$$c^2 = (a \cos B + b \cos A)\, c,$$

membre à membre, après avoir multiplié les deux membres de l'une quelconque d'entre elles par -1.

DIVERSES EXPRESSIONS DE L'AIRE D'UN TRIANGLE RECTILIGNE.

140. Théorème. — *L'aire d'un triangle rectiligne est égale à la moitié du produit de deux quelconques de ses côtés, multipliée par le sinus de leur angle.*

Démonstration. — Soit un triangle rectiligne quelconque ABC.

Si l'on désigne par S l'aire de ce triangle, et que du sommet A on abaisse la perpendiculaire AD sur la droite BC, on sait que l'on a

$$S = \frac{a}{2} \cdot AD,$$

et comme le triangle rectangle ACD donne

$$AD = b \sin C,$$

il vient

$$S = \frac{ab}{2} \sin C.$$

Donc, etc.

141. Théorème. — *L'aire d'un triangle rectiligne est égale à la moitié du carré de l'un quelconque de ses côtés, multipliée par le produit des sinus des angles adjacents à ce côté, et divisée par le sinus du troisième angle.*

Démonstration. — Les mêmes choses étant posées que dans le numéro précédent, la relation

$$\frac{a}{\sin A} = \frac{b}{\sin B}$$

donne

$$b = a \frac{\sin B}{\sin A},$$

et, par suite, il vient

$$\frac{ab}{2} \sin C, \quad \text{ou} \quad S = \frac{a^2}{2} \frac{\sin B \sin C}{\sin A}.$$

Donc, etc.

EXPRESSIONS DES RAYONS DES CERCLES INSCRIT ET EX-INSCRITS A UN TRIANGLE RECTILIGNE.

142. Théorème. — *Le rayon du cercle inscrit à un triangle rectiligne est égal à l'excès de son demi-périmètre sur l'un quelconque des trois côtés, multiplié par la tangente de la moitié de l'angle opposé à ce côté.*

Démonstration. — Soit ABC un triangle rectiligne quelconque.

Désignons par O le centre du cercle inscrit à ce triangle, par r' le rayon de ce cercle, et respectivement par

D, E, F les points de contact du même cercle avec les trois droites BC, AC, AB.

Le triangle rectangle AOF formé en joignant le point O à chacun des points A et F, donne

$$\mathrm{OF} \quad \text{ou} \quad r' = \mathrm{AF} \operatorname{tang} \frac{\mathrm{A}}{2},$$

et comme on a

$$\mathrm{AF} = \mathrm{AE}, \quad \mathrm{BD} = \mathrm{BF}, \quad \mathrm{CD} = \mathrm{CE},$$

il vient, en désignant par p le demi-périmètre du triangle ABC,

$$\mathrm{AF} + \mathrm{BD} + \mathrm{CD} = p,$$

d'où

$$\mathrm{AF} = p - a,$$

et, par suite,

$$r' = (p - a) \operatorname{tang} \frac{\mathrm{A}}{2}.$$

On démontrerait de même que l'on a

$$r' = (p - b) \operatorname{tang} \frac{\mathrm{B}}{2} = (p - c) \operatorname{tang} \frac{\mathrm{C}}{2}.$$

Donc, etc.

Corollaire. — On a

$$r' = \frac{p - a}{\cot \frac{\mathrm{A}}{2}} = \frac{p - b}{\cot \frac{\mathrm{B}}{2}} = \frac{p - c}{\cot \frac{\mathrm{C}}{2}}.$$

143. Théorème. — *Le rayon de l'un quelconque des cercles ex-inscrits à un triangle rectiligne est égal à son demi-périmètre multiplié par la tangente de la moitié de l'angle dans l'intérieur duquel se trouve le centre de ce cercle.*

Démonstration. — Soit ABC un triangle rectiligne quelconque.

Désignons par r_a le rayon du cercle ex-inscrit à ce triangle, dont le centre O se trouve dans l'intérieur de l'angle A, et respectivement par D, E, F les points de contact de ce cercle avec les trois droites BC, AC, AB.

Le triangle rectangle AOF formé en joignant le point O à chacun des points A et F, donne

$$\text{OF} \quad \text{ou} \quad r_a = \text{AF} \,.\, \text{tang}\,\frac{\text{A}}{2},$$

et comme on a

$$\text{AF} = \text{AE}, \quad \text{AF} = \text{AB} + \text{BD}, \quad \text{AE} = \text{AC} + \text{CD},$$

il vient, en désignant par p le demi-périmètre du triangle ABC,

$$\text{AF} + \text{AE} \quad \text{ou} \quad 2\,\text{AF} = 2p,$$

et, par suite,

$$r_a = p\ \text{tang}\,\frac{\text{A}}{2}.$$

En désignant de même par r_b, r_c les rayons des deux autres cercles ex-inscrits au triangle ABC, et dont les centres se trouvent respectivement dans l'intérieur des angles B, C, on démontrerait de même que l'on a

$$r_b = p\ \text{tang}\,\frac{\text{B}}{2}, \qquad r_c = p\ \text{tang}\,\frac{\text{C}}{2}.$$

Donc, etc.

Corollaire. — On a

$$r_a = \frac{p}{\cot\frac{\text{A}}{2}}, \quad r_b = \frac{p}{\cot\frac{\text{B}}{2}} \quad \text{et} \quad r_c = \frac{p}{\cot\frac{\text{C}}{2}}.$$

PROPRIÉTÉS RELATIVES AU QUADRILATÈRE RECTILIGNE.

144. THÉORÈME. — *Si l'on désigne par a, b, c, d les quatre côtés successifs d'un quadrilatère convexe et in-*

scriptible, par $2p$ son périmètre, et par (a, b) l'angle des deux côtés a, b, on a les relations

$$\sin^2\frac{(a,b)}{2} = \frac{(p-a)(p-b)}{ab+cd},$$

$$\cos^2\frac{(a,b)}{2} = \frac{(p-c)(p-d)}{ab+cd}.$$

Démonstration. — On a

$$a^2 + b^2 - 2ab\cos(a,b) = c^2 + d^2 + 2cd\cos(a,b),$$

ou bien

$$(a-b)^2 + 4ab\sin^2\frac{(a,b)}{2} = (c+d)^2 - 4cd\sin^2\frac{(a,b)}{2},$$

$$(a+b)^2 - 4ab\cos^2\frac{(a,b)}{2} = (c-d)^2 + 4cd\cos^2\frac{(a,b)}{2},$$

d'où l'on tire les relations

$$\sin^2\frac{(a,b)}{2} = \frac{(c+d)^2-(a-b)^2}{4(ab+cd)},$$

$$\cos^2\frac{(a,b)}{2} = \frac{(a+b)^2-(c-d)^2}{4(ab+cd)},$$

qui se transforment immédiatement en celles qu'il s'agissait de démontrer. Donc, etc.

Corollaire I. — On a

$$\text{tang}^2\frac{(a,b)}{2} = \frac{(p-a)(p-b)}{(p-c)(p-d)}.$$

Corollaire II. — La relation connue

$$\sin^2(a,b) = 4\sin^2\frac{(a,b)}{2}\cos^2\frac{(a,b)}{2}$$

donne

$$\sin^2(a,b) = \frac{4}{(ab+cd)^2}(p-a)(p-b)(p-c)(p-d).$$

145. Théorème. — *Si l'on désigne par δ, δ' les deux diagonales d'un quadrilatère convexe quelconque, par θ l'un quelconque des angles qu'elles forment entre elles, et par* S *la surface de ce quadrilatère, on a*

$$S = \frac{\delta\delta'}{2}\sin\theta.$$

Démonstration. — Soit O le point de rencontre des deux diagonales d'un quadrilatère convexe ABCD, on a

$$\text{aire AOB} = \frac{OA.OB}{2}\sin\theta,$$

$$\text{aire BOC} = \frac{OC.OB}{2}\sin\theta,$$

$$\text{aire COD} = \frac{OC.OD}{2}\sin\theta,$$

$$\text{aire AOD} = \frac{OA.OD}{2}\sin\theta,$$

d'où l'on tire

$$S = \frac{(OA+OC)(OB+OD)}{2}\sin\theta.$$

Donc, etc.

PROPRIÉTÉS RELATIVES A LA DIVISION DE LA CIRCONFÉRENCE DU CERCLE EN PARTIES ÉGALES.

146. *Notations.* — Dans ce paragraphe, m étant un nombre entier positif quelconque, et z l'un des termes de la suite

$$0,\quad 1,\quad 2,\quad 3,\quad 4,\ldots,\quad 2m-1,$$

nous désignerons, d'une manière générale, par A_z l'extrémité de l'arc positif $\frac{\text{H}}{m}z$, et par M_z, P_z, Q_z les distances respectives d'un point quelconque S du plan du cercle C, au point A_z, à la tangente en ce point au même cercle, et au rayon OA_z prolongé indéfiniment.

147. Théorème. — *Si l'on désigne par* Δ *la plus courte distance des deux points* O *et* S, *et par* ω *le plus petit arc positif dont l'extrémité est située sur la droite joignant ces deux points, ou sur cette droite prolongée seulement dans la direction de* O *vers* S, *on a les relations*

$$\left(\frac{M_0}{\Delta}\frac{M_2}{\Delta}\frac{M_4}{\Delta}\frac{M_6}{\Delta}\cdots\frac{M_{2m-2}}{\Delta}\right)^2 = 1 - 2\left(\frac{R}{\Delta}\right)^m \cos m\omega + \left(\frac{R}{\Delta}\right)^{2m}$$

et

$$\left(\frac{M_1}{\Delta}\frac{M_3}{\Delta}\frac{M_5}{\Delta}\frac{M_7}{\Delta}\cdots\frac{M_{2m-1}}{\Delta}\right)^2 = 1 + 2\left(\frac{R}{\Delta}\right)^m \cos m\omega + \left(\frac{R}{\Delta}\right)^{2m}.$$

Démonstration. — Le triangle rectiligne OA_zS donne (n° 138)

$$\left(\frac{M_z}{\Delta}\right)^2 = 1 - 2\left(\frac{R}{\Delta}\right)\cos\left(\frac{zH}{m} - \omega\right) + \left(\frac{R}{\Delta}\right)^2,$$

d'où

$$\left(\frac{M_0}{\Delta}\frac{M_2}{\Delta}\frac{M_4}{\Delta}\frac{M_6}{\Delta}\cdots\frac{M_{2m-2}}{\Delta}\right)^2$$

$$= \prod_{z=0}^{z=m-1}\left[1 - 2\left(\frac{R}{\Delta}\right)\cos\left(\frac{2zH}{m} - \omega\right) + \left(\frac{R}{\Delta}\right)^2\right]$$

et

$$\left(\frac{M_1}{\Delta}\frac{M_3}{\Delta}\frac{M_5}{\Delta}\frac{M_7}{\Delta}\cdots\frac{M_{2m-1}}{\Delta}\right)^2$$

$$= \prod_{z=0}^{z=m-1}\left[1 - 2\frac{R}{\Delta}\cos\left(\frac{(2z+1)H}{m} - \omega\right) + \left(\frac{R}{\Delta}\right)^2\right].$$

Or, d'après le n° 131, on a les relations

$$\prod_{z=0}^{z=m-1}\left[1-2\frac{R}{\Delta}\cos\left(\frac{2zH}{m}-\omega\right)+\left(\frac{R}{\Delta}\right)^2\right]$$
$$=1-2\left(\frac{R}{\Delta}\right)^m\cos m\omega+\left(\frac{R}{\Delta}\right)^{2m}$$

et

$$\prod_{z=0}^{z=m-1}\left[1-2\frac{R}{\Delta}\cos\left(\frac{(2z+1)H}{m}-\omega\right)+\left(\frac{R}{\Delta}\right)^2\right]$$
$$=1+2\left(\frac{R}{\Delta}\right)^m\cos m\omega+\left(\frac{R}{\Delta}\right)^{2m};$$

donc, etc.

Scolie. — Le théorème précédent a été découvert par Moivre (Abraham). Il se trouve indiqué dans l'ouvrage publié par ce géomètre, sous le titre : *Miscellanea analytica de seriebus et quadraturis*.

Corollaire I. — On a

$$\left(\frac{M_0}{\Delta}\frac{M_2}{\Delta}\frac{M_4}{\Delta}\frac{M_6}{\Delta}\cdots\frac{M_{2m-2}}{\Delta}\right)^2+\left(\frac{M_1}{\Delta}\frac{M_3}{\Delta}\frac{M_5}{\Delta}\frac{M_7}{\Delta}\cdots\frac{M_{2m-1}}{\Delta}\right)^2$$
$$=2\left[1+\left(\frac{R}{\Delta}\right)^{2m}\right].$$

Si $\Delta=R$, c'est-à-dire si le point S est sur la circonférence du cercle C, on voit de suite ce que devient cette dernière relation.

Corollaire II. — Lorsque les points A_0, S et O sont en ligne droite, de telle sorte que l'un ou l'autre des deux points A_0 et S soit situé entre les deux autres, on a $\omega=0$, et, par suite,

$$\frac{M_0}{\Delta}\frac{M_2}{\Delta}\frac{M_4}{\Delta}\frac{M_6}{\Delta}\cdots\frac{M_{2m-2}}{\Delta}=\pm\left[1-\left(\frac{R}{\Delta}\right)^m\right],$$
$$\frac{M_1}{\Delta}\frac{M_3}{\Delta}\frac{M_5}{\Delta}\frac{M_7}{\Delta}\cdots\frac{M_{2m-1}}{\Delta}=1+\left(\frac{R}{\Delta}\right)^m.$$

Relativement à la première de ces deux dernières relations, il va sans dire que son second membre doit être considéré comme étant $-\left[1-\left(\frac{R}{\Delta}\right)^m\right]$, ou $1-\left(\frac{R}{\Delta}\right)^m$, selon que le point S est situé ou non dans l'intérieur du cercle C.

Ces deux relations qui se sont présentées ici comme conséquences immédiates du théorème de Moivre, ont été énoncées pour la première fois par le géomètre anglais Cotes (Roger) dans son ouvrage intitulé : *Harmonia mensurarum, sive analysis et synthesis per rationum et angulorum mensuras promotæ.*

148. Théorème. — *Les mêmes choses étant posées que dans le théorème précédent, si l'on désigne par x l'une quelconque des deux racines (réelles ou imaginaires) de l'équation*

$$x+\frac{1}{x}=2\frac{R}{\Delta},$$

on a les relations

$$\frac{P_0}{\Delta}\frac{P_2}{\Delta}\frac{P_4}{\Delta}\frac{P_6}{\Delta}\cdots\frac{P_{2m-2}}{\Delta}=(2x)^{-m}(1-2x^m\cos m\omega+x^{2m})$$

et

$$\frac{P_1}{\Delta}\frac{P_3}{\Delta}\frac{P_5}{\Delta}\frac{P_7}{\Delta}\cdots\frac{P_{2m-1}}{\Delta}=(2x)^{-m}(1+2x^m\cos m\omega+x^{2m}).$$

Démonstration. — On a

$$R-P_2=\Delta\cos\left(\frac{2H}{m}-\omega\right),$$

d'où

$$\frac{P_2}{\Delta}=\frac{R}{\Delta}-\cos\left(\frac{2H}{m}-\omega\right),$$

ou bien

$$\frac{P_z}{\Delta} = (2x)^{-1}\left[1 - 2x\cos\left(\frac{zH}{m} - \omega\right) + x^2\right],$$

et, par suite,

$$\frac{P_0}{\Delta}\frac{P_2}{\Delta}\frac{P_4}{\Delta}\frac{P_6}{\Delta}\cdots\frac{P_{2m-2}}{\Delta}$$

$$= (2x)^{-m}\prod_{z=0}^{z=m-1}\left[1 - 2x\cos\left(\frac{2zH}{m} - \omega\right) + x^2\right],$$

$$\frac{P_1}{\Delta}\frac{P_3}{\Delta}\frac{P_5}{\Delta}\frac{P_7}{\Delta}\cdots\frac{P_{2m-1}}{\Delta}$$

$$= (2x)^{-m}\prod_{z=0}^{z=m-1}\left[1 - 2x\cos\left(\frac{(2z+1)H}{m} - \omega\right) + x^2\right].$$

Or le théorème du n° 131 donne

$$\prod_{z=0}^{z=m-1}\left[1 - 2x\cos\left(\frac{2zH}{m} - \omega\right) + x^2\right] = 1 - 2x^m\cos m\omega + x^{2m}$$

et

$$\prod_{z=0}^{z=m-1}\left[1 - 2x\cos\left(\frac{(2z+1)H}{m} - \omega\right) + x^2\right]$$

$$= 1 + 2x^m\cos m\omega + x^{2m};$$

donc, etc.

Scolie. — Comme on a

$$x + \frac{1}{x} = 2\frac{R}{\Delta},$$

une formule connue d'algèbre donne

$$\frac{1}{2^m}(x^m + x^{-m}) \quad \text{ou} \quad (2x)^{-m}(1 + x^{2m})$$

$$= \left(\frac{R}{\Delta}\right)^m - m \left[\begin{array}{l} \frac{1}{4}\left(\frac{R}{\Delta}\right)^{m-2} - \frac{1}{2.4^2}\left(\frac{m-3}{1}\right)\left(\frac{R}{\Delta}\right)^{m-4} \\ + \frac{1}{3.4^3}\left(\frac{m-4}{2}\right)\left(\frac{R}{\Delta}\right)^{m-6} - \ldots \end{array} \right].$$

Corollaire. — Lorsque le point S est situé sur la circonférence du cercle C, c'est-à-dire lorsque $\Delta = R$, on a $x = 1$, et, par suite,

$$\frac{P_0}{\Delta}\frac{P_2}{\Delta}\frac{P_4}{\Delta}\frac{P_6}{\Delta}\cdots\frac{P_{2m-2}}{\Delta} = \frac{1}{2^{m-2}}\sin^2\frac{m\omega}{2},$$

$$\frac{P_1}{\Delta}\frac{P_3}{\Delta}\frac{P_5}{\Delta}\frac{P_7}{\Delta}\cdots\frac{P_{2m-1}}{\Delta} = \frac{1}{2^{m-2}}\cos^2\frac{m\omega}{2},$$

$$\frac{P_0}{\Delta}\frac{P_2}{\Delta}\frac{P_4}{\Delta}\frac{P_6}{\Delta}\cdots\frac{P_{2m-2}}{\Delta} + \frac{P_1}{\Delta}\frac{P_3}{\Delta}\frac{P_5}{\Delta}\frac{P_7}{\Delta}\cdots\frac{P_{2m-1}}{\Delta} = \frac{1}{2^{m-2}},$$

$$\frac{P_1}{\Delta}\frac{P_3}{\Delta}\frac{P_5}{\Delta}\frac{P_7}{\Delta}\cdots\frac{P_{2m-1}}{\Delta} - \frac{P_0}{\Delta}\frac{P_2}{\Delta}\frac{P_4}{\Delta}\frac{P_6}{\Delta}\cdots\frac{P_{2m-2}}{\Delta} = \frac{1}{2^{m-2}}\cos m\omega,$$

$$\frac{P_0}{\Delta}\frac{P_1}{\Delta}\frac{P_2}{\Delta}\frac{P_3}{\Delta}\frac{P_4}{\Delta}\cdots\frac{P_{2m-2}}{\Delta}\frac{P_{2m-1}}{\Delta} = \frac{1}{4^{m-1}}\sin^2 m\omega.$$

La troisième de ces cinq dernières relations a été découverte par Wallace, géomètre écossais.

149. Théorème. — *Les mêmes choses étant encore posées que dans le théorème du* n° 147, *on a les relations*

$$\frac{Q_0}{\Delta}\frac{Q_1}{\Delta}\frac{Q_2}{\Delta}\frac{Q_3}{\Delta}\cdots\frac{Q_{m-1}}{\Delta} = \left(-\frac{1}{2}\right)^{m-1}\sin m\omega$$

et

$$\frac{Q_m}{\Delta}\frac{Q_{m+1}}{\Delta}\frac{Q_{m+2}}{\Delta}\frac{Q_{m+3}}{\Delta}\cdots\frac{Q_{2m-1}}{\Delta} = -\left(\frac{1}{2}\right)^{m-1}\sin m\omega.$$

Démonstration. — On a

$$Q_z = \Delta \sin\left(\omega - \frac{zH}{m}\right),$$

d'où

$$\frac{Q_z}{\Delta} = \sin\left(\omega - \frac{zH}{m}\right) = \sin\left[\frac{(2m - z)H}{m} + \omega\right],$$

et, par suite,

$$\frac{Q_0}{\Delta}\frac{Q_1}{\Delta}\frac{Q_2}{\Delta}\frac{Q_3}{\Delta}\cdots\frac{Q_{m-1}}{\Delta} = \prod_{z=0}^{z=m-1}\left[\sin\left(\omega - \frac{zH}{m}\right)\right]$$

$$= (-1)^{m-1}\sin\omega \prod_{z=0}^{z=m-2}\left[\sin\left\{\frac{(z+1)H}{m} - \omega\right\}\right],$$

$$\frac{Q_m}{\Delta}\frac{Q_{m+1}}{\Delta}\frac{Q_{m+2}}{\Delta}\frac{Q_{m+3}}{\Delta}\cdots\frac{Q_{2m-1}}{\Delta} = \prod_{z=0}^{z=m-1}\left[\sin\left\{\frac{(z+1)H}{m} + \omega\right\}\right]$$

$$= -\sin\omega \prod_{z=0}^{z=m-2}\left[\sin\left\{\frac{(z+1)H}{m} + \omega\right\}\right].$$

Or la relation (1) du n° 133 donne

$$\prod_{z=0}^{z=m-2}\left[\sin\left\{\frac{(z+1)H}{m} - \omega\right\}\right] = \frac{1}{2^{m-1}}\frac{\sin m\omega}{\sin\omega},$$

et

$$\prod_{z=0}^{z=m-2}\left[\sin\left\{\frac{(z+1)H}{m} + \omega\right\}\right] = \frac{1}{2^{m-1}}\frac{\sin m\omega}{\sin\omega};$$

donc, etc.

Corollaire I. — On a

$$\frac{Q_0}{\Delta}\frac{Q_1}{\Delta}\frac{Q_2}{\Delta}\frac{Q_3}{\Delta}\cdots\frac{Q_{m-1}}{\Delta} = (-1)^m \frac{Q_m}{\Delta}\frac{Q_{m+1}}{\Delta}\frac{Q_{m+2}}{\Delta}\frac{Q_{m+3}}{\Delta}\cdots\frac{Q_{2m-1}}{\Delta}$$

et

$$\frac{Q_0}{\Delta}\frac{Q_1}{\Delta}\frac{Q_2}{\Delta}\frac{Q_3}{\Delta}\cdots\frac{Q_{2m-1}}{\Delta} = -\left(-\frac{1}{4}\right)^{m-1}\sin^2 m\omega.$$

Corollaire II. — Si, m étant impair, on a

$$\omega = \frac{H}{2},$$

il vient

$$\frac{Q_0}{\Delta}\frac{Q_1}{\Delta}\frac{Q_2}{\Delta}\frac{Q_3}{\Delta}\cdots\frac{Q_{m-1}}{\Delta} = \left(-\frac{1}{4}\right)^{\frac{m-1}{2}},$$

$$\frac{Q_m}{\Delta}\frac{Q_{m+1}}{\Delta}\frac{Q_{m+2}}{\Delta}\frac{Q_{m+3}}{\Delta}\cdots\frac{Q_{2m-1}}{\Delta} = -\left(-\frac{1}{4}\right)^{\frac{m-1}{2}}$$

et

$$\frac{Q_0}{\Delta}\frac{Q_1}{\Delta}\frac{Q_2}{\Delta}\frac{Q_3}{\Delta}\cdots\frac{Q_{2m-1}}{\Delta} = -\left(-\frac{1}{4}\right)^{m-1} \text{(1)}.$$

PROPRIÉTÉS RELATIVES AUX TRIANGLES SPHÉRIQUES.

150. Théorème. — *Dans tout triangle sphérique convexe, le cosinus d'un côté diminué du produit des cosinus des deux autres, est égal au produit des sinus de ces deux mêmes côtés multiplié par le cosinus de l'angle qu'ils comprennent.*

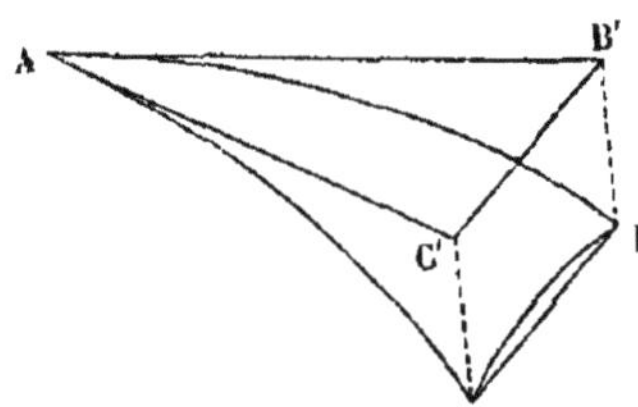

Démonstration. — Soit ABC un triangle sphérique convexe situé sur une sphère S de rayon ρ. Projetons les sommets B et C respectivement en B' et C' sur le plan tangent mené par le

(1) Presque tout ce qui est contenu dans ces deux derniers numéros (**148** et **149**) est extrait du journal mathématique de Cambridge (*The Cambridge mathematical Journal*), 1re série, tome III, pages 144-145; année 1843.

point A à la sphère S, et traçons les droites AB′, AC′, BC et B′C′.

Les deux figures rectilignes AB′C′ (nº 138) et BCC′B′ donnent respectivement

$$\overline{B'C'}^2 = \overline{AB'}^2 + \overline{AC'}^2 - 2\,AB'.AC'.\cos B'AC',$$

$$\overline{B'C'}^2 = \overline{BC}^2 - (BB' - CC')^2,$$

d'où (en observant que l'angle B′AC′ mesure l'angle A du triangle sphérique ABC)

$$\overline{BC}^2 - (BB' - CC')^2 = \overline{AB'}^2 + \overline{AC'}^2 - 2\,AB'.AC'.\cos A,$$

ou bien

$$\left(\frac{BC}{\rho}\right)^2 - \left(\frac{BB'}{\rho} - \frac{CC'}{\rho}\right) = \left(\frac{AB'}{\rho}\right)^2 + \left(\frac{AC'}{\rho}\right)^2 - 2\,\frac{AB'}{\rho}.\frac{AC'}{\rho}.\cos A,$$

et comme, quels que soient les arcs b et c, qu'ils soient plus grands ou non que 90 degrés, on a

$$\frac{BC}{\rho} = 2\sin\frac{a}{2},\quad \frac{AB'}{\rho} = \sin c,\quad \frac{AC'}{\rho} = \sin b,$$

$$\frac{BB'}{\rho} = 1 - \cos c,\quad \frac{CC'}{\rho} = 1 - \cos b,$$

il vient

$$4\sin^2\frac{a}{2} - (\cos c - \cos b)^2$$

$$= \sin^2 c + \sin^2 b - 2\sin c \sin b \cos A;$$

ou bien $\left(\text{en observant que } 2\sin^2\frac{a}{2} = 1 - \cos a\right)$

$$\cos a - \cos b \cos c = \sin b \sin c \cos A. \qquad (1)$$

On démontrerait de même que l'on a

$$\cos b - \cos a \cos c = \sin a \sin c \cos B, \qquad (2)$$

$$\cos c - \cos a \cos b = \sin a \sin b \cos C. \qquad (3)$$

Donc, etc.

Scolie. — La démonstration que nous venons de donner du théorème précédent est due à M. C. Foucaut [1]. Ce théorème est ce qu'on appelle souvent le *principe fondamental* de la trigonométrie sphérique; il paraît dû au célèbre Mohammed-ben-Geber.

Corollaire. — Lorsque le triangle sphérique ABC est rectangle, on a

$$\cos A = 0,$$

et, par suite,

$$\cos a = \cos b \cos c.$$

Cette dernière relation montre que les trois rapports trigonométriques

$$\cos a, \quad \cos b, \quad \cos c,$$

sont positifs, ou que deux d'entre eux, et seulement deux, sont négatifs, et que par conséquent tout triangle sphérique rectangle convexe a chacun de ses côtés, ou bien un seul, moindre que 90 degrés.

151. Théorème. — *Dans tout triangle sphérique convexe le cosinus d'un angle augmenté du produit des cosinus des deux autres, est égal au produit des sinus de ces deux mêmes angles, multiplié par le cosinus du côté qui leur est adjacent.*

Démonstration. — Soit ABC un triangle sphérique convexe quelconque.

Si l'on désigne par a', b', c' les trois côtés de son supplémentaire (lequel triangle sphérique est aussi convexe), et par A' l'angle de ce même triangle supplémentaire, non adjacent au côté a', le théorème précédent donne

$$\cos a' - \cos b' \cos c' = \sin b' \sin c' \cos A',$$

---

[1] *Nouvelles Annales de Mathématiques*, tome VIII, page 58; 1849.

et comme, par suite de la propriété caractéristique des triangles sphériques supplémentaires, on a (en admettant que les côtés a', b', c' aient respectivement pour pôles les points A, B, C)

$$\cos a' = -\cos A, \quad \cos b' = -\cos B, \quad \cos c' = -\cos C,$$
$$\cos A' = -\cos a, \quad \sin b' = \sin B, \quad \sin c' = \sin C,$$

il vient

$$\cos A + \cos B \cos C = \sin B \sin C \cos a.$$

On démontrerait de même que l'on a

$$\cos B + \cos A \cos C = \sin A \sin C \cos b,$$
$$\cos C + \cos A \cos B = \sin A \sin B \cos c.$$

Donc, etc.

Scolie. — Le théorème précédent est dû à Viète qui l'a donné en 1593 dans son *Variorum de rebus mathematicis responsorum* liber octavus.

Corollaire. — Lorsque le triangle sphérique ABC est rectangle, on a

$$\sin A = 1, \quad \cos A = 0,$$

et, par suite,

$$\cos a = \cot B \cot C \text{ (1)},$$
$$\cos B = \cos b \sin C \text{ (2)},$$
$$\cos C = \cos c \sin B.$$

152. Théorème. — *Dans tout triangle sphérique convexe, les sinus des côtés sont proportionnels aux sinus des angles non adjacents.*

Démonstration. — Si, après avoir ajouté et retranché,

---

(1) Cette relation est demeurée inconnue jusqu'au XVIe siècle; on la doit à Viète.

(2) Cette relation est due à Geber, astronome qui vivait probablement vers l'an 1050.

membre à membre, les relations (1) et (2) du n° 150, on multiplie membre à membre les deux égalités

$$(\cos a + \cos b)(1 - \cos c) = \sin c\,(\sin b \cos A + \sin a \cos B),$$

$$(\cos a - \cos b)(1 + \cos c) = \sin c\,(\sin b \cos A - \sin a \cos B),$$

ainsi obtenues, il vient

$$\cos^2 a - \cos^2 b = \sin^2 b \cos^2 A - \sin^2 a \cos^2 B,$$

ou bien

$$\sin^2 b - \sin^2 a = \sin^2 b \cos^2 A - \sin^2 a \cos^2 B,$$

d'où

$$\sin^2 a \sin^2 B = \sin^2 b \sin^2 A,$$

et, par suite (attendu que $\sin a$, $\sin b$, $\sin A$ et $\sin B$ sont des nombres positifs),

$$\frac{\sin a}{\sin A} = \frac{\sin b}{\sin B}.$$

On démontrerait de même que l'on a

$$\frac{\sin a}{\sin A} = \frac{\sin c}{\sin C}.$$

Donc, etc.

Scolie. — La relation, objet du théorème précédent, est ce qu'on appelle la *relation des quatre sinus.*

Corollaire. — Lorsque le triangle sphérique ABC est rectangle, on a

$$\sin A = 1,$$

et, par suite,

$$\sin b = \sin a \sin B,$$

$$\sin c = \sin a \sin C.$$

153. Théorème. — *Dans tout triangle sphérique convexe, le produit de la cotangente de l'un des côtés par le sinus d'un second, est égal au produit du cosinus de celui-ci par le cosinus de l'angle compris par ces deux*

côtés, augmenté du produit du sinus de ce même angle par la cotangente de l'angle non adjacent au premier côté.

Démonstration. — L'élimination de $\cos c$ entre les relations (1) et (3) du n° 150 donne

$$\cos a\,(1-\cos^2 b) \quad \text{ou} \quad \cos a \sin^2 b$$
$$= \sin b\,(\sin a \cos b \cos C + \sin c \cos A),$$

et en divisant les deux membres de cette dernière égalité par $\sin a \sin b$, il vient

$$\cot a \sin b = \cos b \cos C + \frac{\sin c}{\sin a}\cos A,$$

ou bien $\left(\text{à cause de } \dfrac{\sin c}{\sin a} = \dfrac{\sin C}{\sin A}\right)$

$$\cot a \sin b = \cos b \cos C + \sin C \cot A.$$

On démontrerait de même que l'on a

$$\cot a \sin c = \cos c \cos B + \sin B \cot A,$$
$$\cot b \sin a = \cos a \cos C + \sin C \cot B,$$
$$\cot b \sin c = \cos c \cos A + \sin A \cot B,$$
$$\cot c \sin a = \cos a \cos B + \sin B \cot C,$$
$$\cot c \sin b = \cos b \cos A + \sin A \cot C.$$

Donc, etc.

Scolie. — Les relations, objet du théorème précédent, peuvent se mettre sous une forme peut-être plus facile à retenir. Ainsi, par exemple, la première peut s'écrire ainsi

$$\frac{\left(\dfrac{\cot a}{\cot b}\right)}{\cos C} - \frac{\left(\dfrac{\cot A}{\cot C}\right)}{\cos b} = 1;$$

d'où il résulte que pour former les relations en question, il suffit de diviser le rapport des cotangentes de deux côtés quelconques a et b du triangle ABC par le cosinus de l'angle compris, ce qui donne

$$\frac{\left(\frac{\cot a}{\cot b}\right)}{\cos C},$$

puis d'exprimer que l'excès de cette quantité sur ce qu'elle devient lorsqu'on y change a en A, b en C et C en b, est égal à l'unité.

Corollaire. — Lorsque le triangle sphérique convexe ABC est rectangle, on a

$$\sin A = 1, \qquad \cos A = 0, \qquad \cot A = 0,$$

et, par suite,

$$\tang b = \tang a \cos C,$$
$$\tang c = \tang a \cos B,$$
$$\tang b = \sin c \tang B,$$
$$\tang c = \sin b \tang C.$$

Les deux dernières de ces quatre relations montrent que dans tout triangle sphérique convexe et rectangle, la tangente d'un angle oblique est de même signe que la tangente du côté non adjacent, et que, par conséquent, *ce côté et cet angle sont de même espèce*, c'est-à-dire *tous deux plus grands ou tous deux plus petits que* 90 *degrés*.

FORMATION MNÉMONIQUE DE PLUSIEURS RELATIONS DU PARAGRAPHE PRÉCÉDENT.

154. Soit un triangle sphérique convexe et rectangle ABC.

Si l'on considère les cinq quantités

$$\frac{H}{2} - b, \quad C, \quad a, \quad B, \quad \frac{H}{2} - c,$$

comme placées respectivement aux cinq sommets successifs M_1, M_2, M_3, M_4, M_5 d'un pentagone, et que l'on désigne par k l'un quelconque des nombres 1, 2, 3, 4, 5, les dix relations données dans les corollaires des nos 150, 151, 152 et 153, relativement au triangle ABC, sont toutes comprises dans cet énoncé général, savoir : *que le cosinus de la quantité placée au sommet* M_k *est égal au produit des cotangentes des deux quantités placées aux sommets consécutifs de* M_k, *ou au produit des sinus des deux autres.*

Cette observation a été faite, pour la première fois, par Néper [1].

RELATIONS DE DELAMBRE ET DE NÉPER.

155. Théorème. — *Dans tout triangle sphérique convexe* ABC, *on a les relations*

$$\frac{\sin\frac{a}{2}}{\sin\frac{A}{2}} = \frac{\sin\frac{b+c}{2}}{\cos\frac{B-C}{2}},$$

$$\frac{\sin\frac{a}{2}}{\cos\frac{A}{2}} = \frac{\sin\frac{b-c}{2}}{\sin\frac{B-C}{2}}.$$

Démonstration. — On a

$$\frac{\sin a}{\sin A} = \frac{\sin b}{\sin B} = \frac{\sin c}{\sin C},$$

d'où l'on tire

$$\frac{\sin^2 a}{\sin^2 A} \quad \text{ou} \quad \frac{(1+\cos a)(1-\cos a)}{(1+\cos A)(1-\cos A)} = \frac{\sin b \sin c}{\sin B \sin C},$$

(1) *Histoire des Mathématiques*, par Montucla (J.-F.). Édition publiée par J. de Lalande, t. II, pages 24-25.

et, par suite,

$$\frac{1-\cos a}{1-\cos A}=\frac{1-\cos a+\sin b\sin c(1+\cos A)}{1-\cos A+\sin B\sin C(1+\cos a)},$$

$$\frac{1-\cos a}{1+\cos A}=\frac{1-\cos a-\sin b\sin c(1-\cos A)}{1+\cos A-\sin B\sin C(1+\cos a)}.$$

Or, comme (nos 150 et 151)

$$\cos a-\sin b\sin c\cos A=\cos b\cos c,$$

$$\cos A-\sin B\sin C\cos a=-\cos B\cos C,$$

il vient

$$\frac{1-\cos a}{1-\cos A}=\frac{1-\cos(b+c)}{1+\cos(B-C)},$$

$$\frac{1-\cos a}{1+\cos A}=\frac{1-\cos(b-c)}{1-\cos(B-C)},$$

et, à cause des formules du n° 31, ces deux dernières relations fournissent immédiatement celles qu'il s'agissait de démontrer. Donc, etc.

Scolie. — La démonstration que nous venons de donner du théorème précédent est due à Crelle [1], célèbre géomètre allemand.

156. Théorème. — *Dans tout triangle sphérique convexe* ABC, *on a les relations*

$$\frac{\cos\frac{a}{2}}{\cos\frac{A}{2}}=\frac{\cos\frac{b-c}{2}}{\sin\frac{B+C}{2}},$$

$$\frac{\cos\frac{a}{2}}{\sin\frac{A}{2}}=\frac{\cos\frac{b+c}{2}}{\cos\frac{B+C}{2}}.$$

---

[1] *Journal de Mathématiques* (*Journal für die reine und angewandte Mathematik...*) de A.-L. Crelle, t. XII, page 348; 1834.

Démonstration. — Les relations

$$\frac{\sin a}{\sin A} = \frac{\sin b}{\sin B} = \frac{\sin c}{\sin C}$$

donnent

$$\frac{\sin a}{\sin A} = \frac{\sin b + \sin c}{\sin B + \sin C}$$

et

$$\frac{\sin a}{\sin A} = \frac{\sin b - \sin c}{\sin B - \sin C},$$

ou bien

$$\frac{\sin \frac{a}{2}}{\sin \frac{A}{2}} \frac{\cos \frac{a}{2}}{\cos \frac{A}{2}} = \frac{\sin \frac{b+c}{2}}{\cos \frac{B-C}{2}} \frac{\cos \frac{b-c}{2}}{\sin \frac{B+C}{2}}$$

et

$$\frac{\sin \frac{a}{2}}{\cos \frac{A}{2}} \frac{\cos \frac{a}{2}}{\sin \frac{A}{2}} = \frac{\sin \frac{b-c}{2}}{\sin \frac{B-C}{2}} \frac{\cos \frac{b+c}{2}}{\cos \frac{B+C}{2}}.$$

Donc (n° 155), etc.

Scolie I. — La première des deux relations qui viennent d'être démontrées peut se déduire de la première de celles données au n° 155, en considérant le triangle supplémentaire du triangle ABC.

Scolie II. — Les relations, objet des deux théorèmes précédents, sont dues à Delambre, qui les a fait connaître en 1807 (¹). L'illustre Gauss, à qui elles sont quelquefois attribuées, ne les a données que deux ans plus tard, dans son ouvrage intitulé : *Theoria motus corporum cœlestium in sectionibus conicis solem ambientium.*

157. Théorème. — *Dans tout triangle sphérique con-*

(¹) *Connaissance des Temps pour* 1809, page 445.

vexe ABC, *on a les relations*

$$\frac{\tang\frac{a}{2}}{\tang\frac{b+c}{2}}=\frac{\cos\frac{B+C}{2}}{\cos\frac{B-C}{2}},\quad \frac{\tang\frac{a}{2}}{\tang\frac{b-c}{2}}=\frac{\sin\frac{B+C}{2}}{\sin\frac{B-C}{2}},$$

$$\frac{\cot\frac{A}{2}}{\tang\frac{B+C}{2}}=\frac{\cos\frac{b+c}{2}}{\cos\frac{b-c}{2}},\quad \frac{\cot\frac{A}{2}}{\tang\frac{B-C}{2}}=\frac{\sin\frac{b+c}{2}}{\sin\frac{b-c}{2}}.$$

Ces relations, connues sous le nom d'*analogies de Néper*, se déduisent immédiatement de celles de Delambre, en les divisant deux à deux, membre à membre.

Corollaire. — On a la relation

$$\frac{\tang\frac{b+c}{2}}{\tang\frac{b-c}{2}}=\frac{\tang\frac{B+C}{2}}{\tang\frac{B-C}{2}}.$$

OBSERVATIONS RELATIVES A LA GÉOMÉTRIE SPHÉRIQUE.

158. A et B étant deux points situés sur la surface d'une sphère, et non aux extrémités d'un même diamètre, nous désignerons dorénavant par l'expression *arc de grand cercle* AB, ou par la notation $\mathfrak{A}$AB, le plus petit des deux arcs de grand cercle qui joignent ces deux points, et, pour abréger, nous remplacerons ordinairement les expressions telles que celles-ci

$$\sin \mathfrak{A}AB,\quad \sin\frac{\mathfrak{A}AB}{2},$$

respectivement par les suivantes :

$$\sin AB,\quad \sin\frac{AB}{2}.$$

159. Deux points quelconques du périmètre d'un polygone sphérique convexe ne peuvent être les extrémités d'un même diamètre de la sphère sur laquelle ce polygone est situé.

160. Lorsque, dans la suite de cet ouvrage, pour un point C situé sur le prolongement d'un arc de cercle A*m*B, il sera dit que ce point divise cet arc, dans le sens de A vers B (c'est-à-dire dans le sens suivi en parcourant l'arc A*m*B et partant de A) ou dans celui de B vers A (c'est-à-dire dans le sens suivi en parcourant l'arc A*m*B et partant de B) en deux segments soustractifs, cela signifiera que ces deux segments sont, dans le premier cas, les deux arcs A*m*B*n*C, B*n*C, et dans le second, les deux suivants A*m'*C, B*m*A*m'*C.

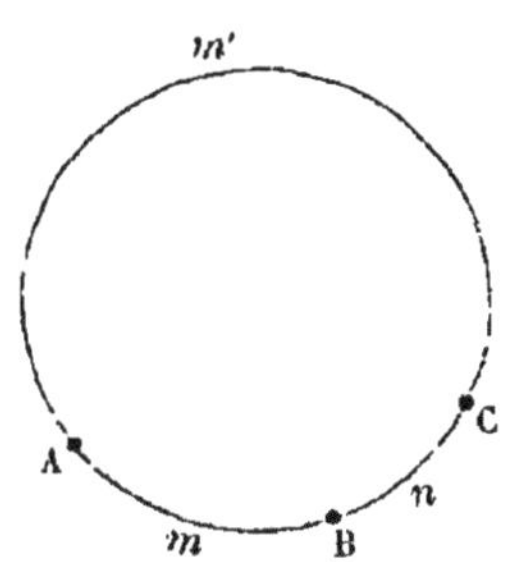

161. Deux circonférences de grands cercles Γ et Γ ayant été tracées sur la surface d'une sphère, désignons par I, I' leurs deux points de rencontre, et par A, B deux autres points appartenant à la première de ces deux circonférences et non situés aux extrémités de l'un de ses diamètres.

Lorsque l'un des deux points I et I' est situé sur l'arc de grand cercle AB, l'autre ne s'y trouve pas et ne peut diviser cet arc, soit dans le sens de A vers B, soit dans celui de B vers A, en deux segments soustractifs tous deux moindres que 180 degrés.

Lorsque ni l'un ni l'autre des deux points I et I' n'est situé sur l'arc de grand cercle AB, cet arc se trouve divisé par chacun de ces deux points, dans le sens de A vers B pour l'un d'eux, et dans celui de B vers A pour l'autre, en deux segments soustractifs tous deux moindres que 180 degrés.

AUTRES PROPRIÉTÉS RELATIVES A LA GÉOMÉTRIE SPHÉRIQUE.

162. Théorème. — *Dans tout triangle sphérique convexe* ABC *dont les trois sommets sont également distants du point milieu du côté* BC, *on a la relation*

$$\sin^2\frac{a}{2} = \sin^2\frac{b}{2} + \sin^2\frac{c}{2}.$$

Démonstration. — Les points E, F, G étant respectivement les milieux des côtés BC, AC, AB, menons les arcs de grands cercles AE, EF, EG.

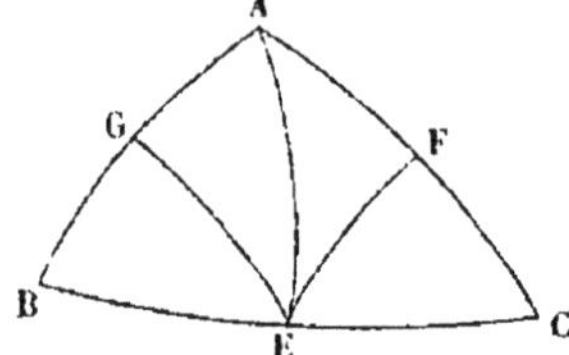

Les triangles sphériques rectangles BEG, CEF donnent

$$\sin BG = \sin BE \sin BEG,$$

$$\sin CF = \sin CE \sin CEF,$$

ou bien

$$\sin\frac{c}{2} = \sin\frac{a}{2}\sin\frac{AEB}{2},$$

$$\sin\frac{b}{2} = \sin\frac{a}{2}\sin\frac{AEC}{2},$$

d'où

$$\sin^2\frac{b}{2} + \sin^2\frac{c}{2} = \sin^2\frac{a}{2}\left(\sin^2\frac{AEB}{2} + \sin^2\frac{AEC}{2}\right),$$

et comme on a

$$\frac{AEB}{2} + \frac{AEC}{2} = 1^{dd}\ (^1),$$

(1) L'expression 1^{dd} signifie *un dièdre droit.*

il vient

$$\sin^2 \frac{AEB}{2} + \sin^2 \frac{AEC}{2} = 1.$$

Donc, etc.

Corollaire. — On a (n° 25)

$$1 + \cos^2 \frac{a}{2} = \cos^2 \frac{b}{2} + \cos^2 \frac{c}{2},$$

ou bien (n° 31)

$$1 + \cos a = \cos b + \cos c.$$

163. Théorème. — *Les mêmes choses étant posées que dans le numéro précédent, si l'on désigne par* D *le point en lequel la circonférence de grand cercle menée par le point* A *perpendiculairement au côté* BC *divise ce côté en deux segments* BD *et* CD *additifs ou soustractifs (dans le sens de* C *vers* B) *et alors tous deux moindres que* 180 *degrés, l'arc de grand cercle* AD *est tel, qu'on a la relation*

$$\text{tang}^2 AD = \frac{\sin BD \sin CD}{\cos^2 \frac{a}{2}}.$$

Démonstration. — Le triangle sphérique rectangle ADE donne

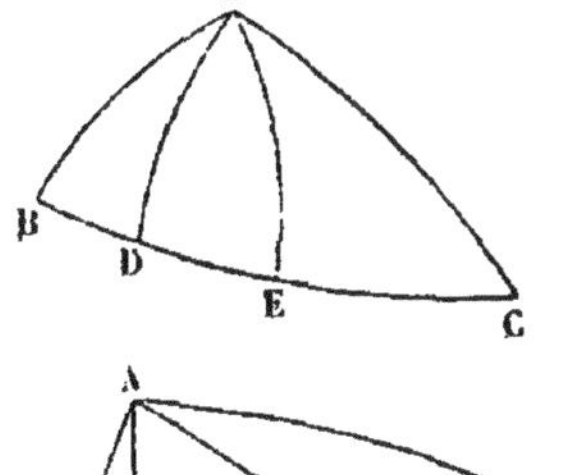

$$\cos^2 AD = \frac{\cos^2 AE}{\cos^2 DE} = \frac{\cos^2 \frac{a}{2}}{\cos^2 DE},$$

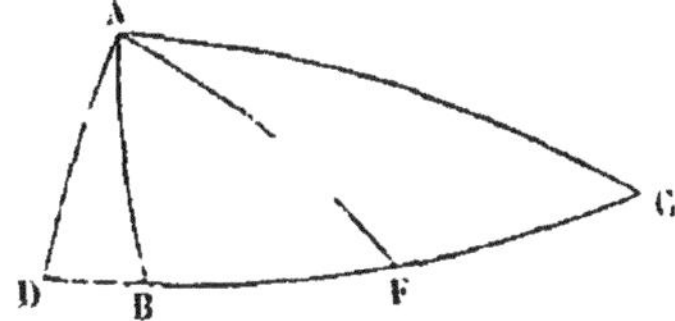

d'où

$$\sin^2 AD = \frac{\cos^2 DE - \cos^2 \frac{a}{2}}{\cos^2 DE},$$

ou bien (n° 37)

$$\sin^2 AD = \frac{\sin BD \sin CD}{\cos^2 DE},$$

et, par suite, il vient

$$\frac{\sin^2 AD}{\cos^2 AD} = \frac{\sin BD \sin CD}{\cos^2 \frac{a}{2}}.$$

Donc, etc.

164. Théorème. — *Les mêmes choses étant posées que dans les deux numéros précédents, on a*

$$\tang^2 \frac{AD}{2} = \tang \frac{BD}{2} \tang \frac{CD}{2}.$$

Démonstration. — La relation

$$\cos AD = \frac{\cos AE}{\cos DE},$$

déjà considérée ci-dessus, donne

$$\frac{1 - \cos AD}{1 + \cos AD} = \frac{\cos DE - \cos AE}{\cos DE + \cos AE},$$

ou bien

$$\tang^2 \frac{AD}{2} = \frac{\sin \frac{CD}{2} \sin \frac{BD}{2}}{\cos \frac{CD}{2} \cos \frac{BD}{2}};$$

donc, etc.

165. Théorème. — *Dans tout triangle sphérique convexe* ABC, *si l'on désigne par* D *le point milieu du côté* BC *ou* a, *on a la relation*

$$\cos AD = \frac{\cos \frac{b+c}{2} \cos \frac{b-c}{2}}{\cos \frac{a}{2}}.$$

Démonstration. — Les triangles sphériques convexes

ABD et ABC donnent

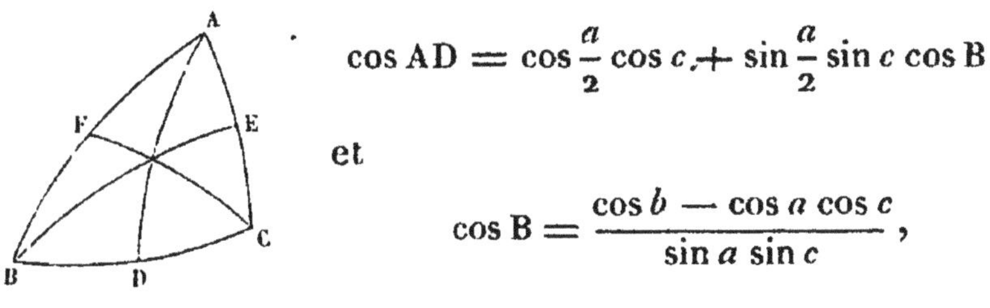

$$\cos AD = \cos\frac{a}{2}\cos c + \sin\frac{a}{2}\sin c\cos B,$$

et

$$\cos B = \frac{\cos b - \cos a\cos c}{\sin a\sin c},$$

d'où l'on tire

$$\cos AD = \frac{\cos b + \cos c}{2\cos\frac{a}{2}},$$

et, par suite, la relation qu'il s'agissait de démontrer. Donc, etc.

Scolie. — Si l'on désigne respectivement par E, F les points milieux des côtés AC, AB du triangle sphérique ABC, on a aussi évidemment les relations suivantes :

$$\cos BE = \frac{\cos\frac{a+c}{2}\cos\frac{a-c}{2}}{\cos\frac{b}{2}}, \quad \cos CF = \frac{\cos\frac{a+b}{2}\cos\frac{a-b}{2}}{\cos\frac{c}{2}}.$$

166. Théorème. — *Si, ayant tracé sur la surface d'une sphère deux circonférences de grands cercles* Γ *et* Γ′ *rencontrant un petit cercle* γ *de cette sphère, la première en* A *et* B, *la seconde en* A′ *et* B′, *on désigne par* S *l'un des deux points de rencontre de ces deux circonférences* Γ *et* Γ′, *on a, entre les six arcs de grands cercles* SA, SB, AB, SA′, SB′, A′B′, *la relation*

$$\frac{\cos\frac{SA}{2}\cos\frac{SB}{2}}{c\,s\frac{AB}{2}} = \frac{\cos\frac{SA'}{2}\cos\frac{SB'}{2}}{\cos\frac{A'B'}{2}}. \qquad (1)$$

Démonstration. — Désignons respectivement par D

et D′ les points milieux des arcs de grands cercles AB, A′B′, par O l'un des deux pôles du cercle Γ, et traçons les arcs de grands cercles OS, OB, OB′, OD et OD′. On a

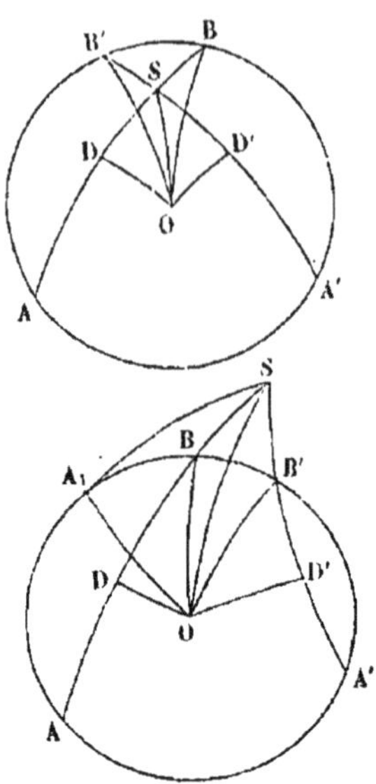

$$\cos\frac{SA}{2}\cos\frac{SB}{2}$$

$$= \cos\left(BD \mp \frac{SB}{2}\right)\cos\frac{SB}{2}$$

$$= \frac{1}{2}(\cos BD + \cos SD)$$

et

$$\cos BD = \frac{\cos OB}{\cos OD},$$

$$\cos SD = \frac{\cos OS}{\cos OD},$$

d'où

$$\frac{\cos\frac{SA}{2}\cos\frac{SB}{2}}{\cos\frac{AB}{2}} = \frac{1}{2}\frac{\cos OB + \cos OS}{\cos BD \cos OD} = \frac{1}{2}\left(1 + \frac{\cos OS}{\cos OB}\right).$$

On obtiendrait de même

$$\frac{\cos\frac{SA'}{2}\cos\frac{SB'}{2}}{\cos\frac{A'B'}{2}} = \frac{1}{2}\left(1 + \frac{\cos OS}{\cos OB'}\right),$$

et comme les deux arcs de grands cercles OB et OB′ sont égaux, il en résulte la relation (1). Donc, etc.

Scolie. — Si la circonférence Γ était tangente à la circonférence du cercle γ au point A_1, on aurait, en menant l'arc de grand cercle OA_1,

$$\cos SA_1 = \frac{\cos OS}{\cos OA_1} = \frac{\cos OS}{\cos OB},$$

et, par suite,

$$\cos^2 \frac{SA_1}{2} = \frac{\cos \frac{SA'}{2} \cos \frac{SB'}{2}}{\cos \frac{A'B'}{2}}.$$

Cette dernière relation peut se conclure immédiatement de la relation (1) en y supposant que les deux points A et B viennent à se confondre en un seul A_1.

167. Théorème. — *Les mêmes choses étant posées que dans le numéro précédent, on a*

$$\tang \frac{SA}{2} \tang \frac{SB}{2} = \tang \frac{SA'}{2} \tang \frac{SB'}{2}. \qquad (1)$$

Démonstration. — Les relations

$$\cos BD = \frac{\cos OB}{\cos OD}, \quad \cos SD = \frac{\cos OS}{\cos OD},$$

déjà considérées ci-dessus, donnent

$$\frac{\cos BD}{\cos SD} = \frac{\cos OB}{\cos OS},$$

et comme on obtiendrait de même

$$\frac{\cos B'D'}{\cos SD'} = \frac{\cos OB'}{\cos OS},$$

ou

$$\frac{\cos B'D'}{\cos SD'} = \frac{\cos OB}{\cos OS},$$

il vient

$$\frac{\cos BD}{\cos SD} = \frac{\cos B'D'}{\cos SD'},$$

d'où l'on tire

$$\frac{\cos BD - \cos SD}{\cos BD + \cos SD} = \frac{\cos B'D' - \cos SD'}{\cos B'D' + \cos SD'},$$

ou bien

$$\tang\frac{SA}{2}\tang\frac{SB}{2}=\tang\frac{SA'}{2}\tang\frac{SB'}{2}.$$

Donc, etc.

Scolie. — Si la circonférence Γ était tangente à la circonférence du cercle γ au point A_1, on aurait, en menant l'arc de grand cercle OA_1,

$$\cos SA_1=\frac{\cos OS}{\cos OA_1},$$

ou bien

$$\cos SA_1=\frac{\cos OS}{\cos OB'},$$

et, par suite,

$$\frac{1}{\cos SA_1}=\frac{\cos B'D'}{\cos SD'},$$

d'où

$$\frac{1-\cos SA_1}{1+\cos SA_1}=\frac{\cos B'D'-\cos SD'}{\cos B'D'+\cos SD'},$$

ou bien

$$\tang^2\frac{SA_1}{2}=\tang\frac{SA'}{2}\tang\frac{SB'}{2}.$$

Cette dernière relation peut se conclure immédiatement de la relation (1) en y supposant que les deux points A et B viennent se confondre en un seul A_1.

Corollaire. — Si l'on multiplie respectivement le premier et le second membre de la relation (1) par les deux rapports égaux

$$\frac{4\cos\frac{SA}{2}\cos\frac{SB}{2}}{\cos\frac{SA}{2}\cos\frac{SB}{2}},\quad\frac{4\cos\frac{SA'}{2}\cos\frac{SB'}{2}}{\cos\frac{SA'}{2}\cos\frac{SB'}{2}},$$

on obtient cette autre relation

$$\frac{\sin SA\sin SB}{\cos^2\frac{SA}{2}\cos^2\frac{SB}{2}}=\frac{\sin SA'\sin SB'}{\cos^2\frac{SA'}{2}\cos^2\frac{SB'}{2}}.$$

168. Théorème. — *Les mêmes choses étant encore posées que dans le* n° 166, *on a la relation*

$$\frac{\sin \mathrm{SA} \sin \mathrm{SB}}{\cos^2 \frac{\mathrm{AB}}{2}} = \frac{\sin \mathrm{SA}' \sin \mathrm{SB}'}{\cos^2 \frac{\mathrm{A'B'}}{2}}.$$

Démonstration. — D'après ce qui a été établi dans les deux numéros précédents, on a

$$\frac{\cos^2 \frac{\mathrm{SA}}{2} \cos^2 \frac{\mathrm{SB}}{2}}{\cos^2 \frac{\mathrm{AB}}{2}} = \frac{\cos^2 \frac{\mathrm{SA}'}{2} \cos^2 \frac{\mathrm{SB}'}{2}}{\cos^2 \frac{\mathrm{A'B'}}{2}}$$

et

$$\frac{\sin \mathrm{SA} \sin \mathrm{SB}}{\cos^2 \frac{\mathrm{SA}}{2} \cos^2 \frac{\mathrm{SB}}{2}} = \frac{\sin \mathrm{SA}' \sin \mathrm{SB}'}{\cos^2 \frac{\mathrm{SA}'}{2} \cos^2 \frac{\mathrm{SB}'}{2}},$$

d'où l'on tire immédiatement la relation qu'il s'agissait de démontrer. Donc, etc.

169. Théorème. — *Lorsque trois points* D, E, F *appartenant à une même circonférence de grand cercle* Γ, *sont situés respectivement sur les trois côtés (ou sur leurs prolongements)* BC, AC, AB *d'un triangle sphérique convexe* ABC, *on a entre les six arcs de grands cercles* AE, CD, BF, AF, BD, CE, *la relation*

$$\sin \mathrm{AE} \sin \mathrm{CD} \sin \mathrm{BF} = \sin \mathrm{AF} \sin \mathrm{BD} \sin \mathrm{CE}.$$

Démonstration. — Menons les trois arcs de grands

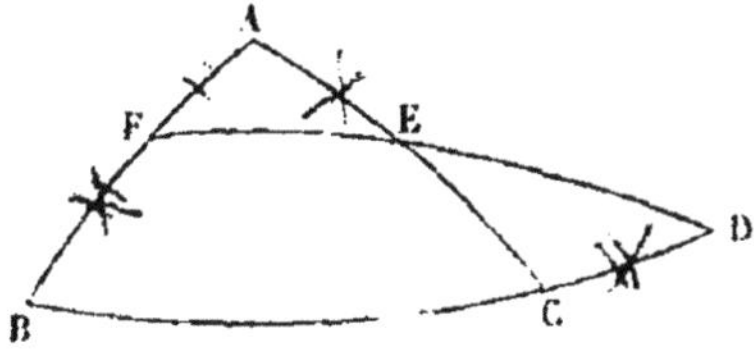

cercles DE, DF, EF. Les triangles sphériques convexes

AEF, BDF et CDE donnent

$$\frac{\sin AE}{\sin AFE} = \frac{\sin AF}{\sin AEF},$$

$$\frac{\sin BF}{\sin BDF} = \frac{\sin BD}{\sin BFD},$$

$$\frac{\sin CD}{\sin CED} = \frac{\sin CE}{\sin CDE},$$

et, par suite, en observant que

$$\sin AFE = \sin BFD, \quad \sin BDF = \sin CDE, \quad \sin CED = \sin AEF,$$

il vient la relation qu'il s'agissait de démontrer. Donc, etc.

Scolie. — Les mêmes choses étant posées que dans le théorème précédent, des trois points D, E, F, il y en a toujours au moins un qui est situé sur le prolongement de l'un des côtés BC, AC, AB, de manière à diviser ce côté en deux segments soustractifs tous deux moindres que 180 degrés, et il n'y en a jamais deux seulement jouissant de cette propriété.

170. THÉORÈME. — *Lorsque trois points* D, E, F *appartenant respectivement aux trois côtés (ou à leurs prolongements)* BC, AC, AB *d'un triangle sphérique convexe* ABC, *sont tels, qu'il y en a au moins un situé sur le prolongement de l'un des côtés de manière à diviser ce côté en deux segments soustractifs, tous deux moindres que* 180 *degrés, et non pas deux seulement jouissant de cette propriété, et qu'entre les six arcs de grands cercles* AE, CD, BF, AF, BD, CE, *on a la relation*

$$\sin AE \sin CD \sin BF = \sin AF \sin BD \sin CE, \qquad (1)$$

ces trois points D, E, F *se trouvent sur une même circonférence de grand cercle.*

Démonstration. — Supposons, pour fixer les idées (ce

qui est évidemment permis en vertu de l'énoncé du théorème), que le point D soit situé sur le prolongement du côté BC, de manière à diviser ce côté, dans le sens de B vers C, en deux segments soustractifs tous deux moindres que 180 degrés, et désignons par Γ la circonférence de grand cercle qui passe par les deux points E, F.

Par suite de l'hypothèse du théorème et d'après ce qui a été dit aux nos 161 et 169 (Scolie), cette circonférence Γ coupe nécessairement le prolongement du côté BC en deux points dont l'un, que nous désignerons par G, divise ce côté, dans le sens de B vers C, en deux segments soustractifs tous deux moindres que 180 degrés.

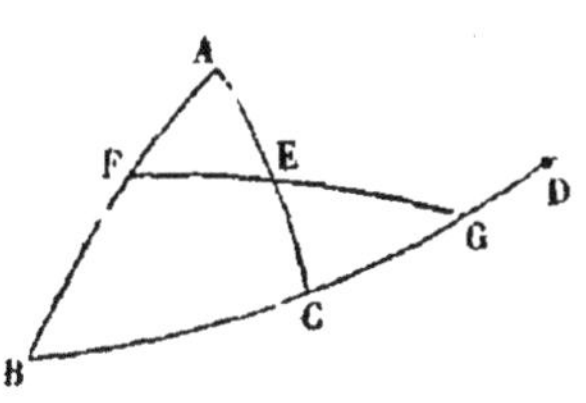

Cela posé, le théorème du n° 169 donne

$$\sin AE \sin CG \sin BF = \sin AF \sin BG \sin CE,$$

et, par suite, à cause de la relation (1), il vient

$$\frac{\sin CD}{\sin CG} = \frac{\sin BD}{\sin BG},$$

d'où l'on tire

$$\frac{\sin BD + \sin CD}{\sin BD - \sin CD} = \frac{\sin BG + \sin CG}{\sin BG - \sin CG},$$

ou bien

$$\text{tang}\left(\frac{BC}{2} + CD\right) = \text{tang}\left(\frac{BC}{2} + CG\right).$$

Or, comme les arcs de grands cercles CD et CG sont tous deux moindres que 180 degrés, cette dernière relation montre que ces deux arcs sont nécessairement égaux, et que par conséquent la circonférence Γ passe par le point D. Donc, etc.

171. Théorème. — *Trois circonférences de grands cercles* Γ_1, Γ_2, Γ_3 *étant tracées par un même point* S *et respectivement par les trois sommets* A, B, C *d'un triangle sphérique convexe* ABC, *si l'on désigne par* D, E, F *trois points respectivement situés, à la fois, sur ces trois circonférences et sur les côtés (ou leurs prolongements)* BC, AC, AB *de ce triangle, on a, entre les six arcs de grands cercles* AE, CD, BF, AF, BD, CE, *la relation*

$$\sin AE \sin CG \sin BF = \sin AF \sin BD \sin CE.$$

Démonstration. — Les triangles sphériques convexes ABD, ACD donnent (n° 169)

$$\sin AS \sin CD \sin BF = \sin AF \sin BC \sin DS,$$

$$\sin AE \sin BC \sin DS = \sin AS \sin BD \sin CE,$$

et en multipliant ces deux dernières égalités membre à membre, on obtient immédiatement la relation qu'il s'agissait de démontrer.

Scolie. — Les mêmes choses étant posées que dans le théorème précédent, des trois points D, E, F aucun n'est situé sur le prolongement de l'un des côtés BC, AC, AB, de manière à diviser ce côté en deux segments soustractifs tous deux moindres que 180 degrés, ou bien il y en a deux, et seulement deux, qui jouissent de cette propriété.

172. Théorème. — *Lorsque trois points* D, E, F *appartenant respectivement aux trois côtés (ou à leurs prolongements)* BC, AC, AB *d'un triangle sphérique convexe* ABC, *sont tels, qu'il n'y en a aucun situé sur le prolongement de l'un des côtés de manière à diviser ce côté en deux segments soustractifs tous deux moindres que* 180 *degrés, ou bien qu'il y en a deux, et seulement deux, jouissant de cette propriété, et qu'entre les six arcs de grands cercles* AE, CD, BF, AF, BD, CE, *on a la rela-*

tion

$$\sin AE \sin CD \sin BF = \sin AF \sin BD \sin CE, \qquad (1)$$

les trois circonférences de grands cercles passant respectivement par les trois couples de points A *et* D, B *et* E, C *et* F *se croisent aux mêmes points.*

Démonstration. — Supposons, pour fixer les idées (ce qui est évidemment permis en vertu de l'énoncé du théorème), que le point D soit situé sur le côté BC, ou bien sur son prolongement sans toutefois diviser ce côté en deux segments soustractifs, tous deux moindres que 180 degrés, et désignons par Γ la circonférence de grand cercle qui passe par le sommet A et par l'un des deux points d'intersection des deux autres circonférences de grands cercles tracées respectivement par les deux couples de points B et E, C et F.

Par suite de l'hypothèse du théorème, et d'après ce qui a été dit aux nos 161 et 171 (Scolie), cette circonférence Γ passe nécessairement par un point du côté BC, ainsi que par un point de son prolongement. Désignons par G le premier ou le second de ces deux points, selon que le point D est situé (*fig.* 1), ou non (*fig.* 2), sur ce côté BC.

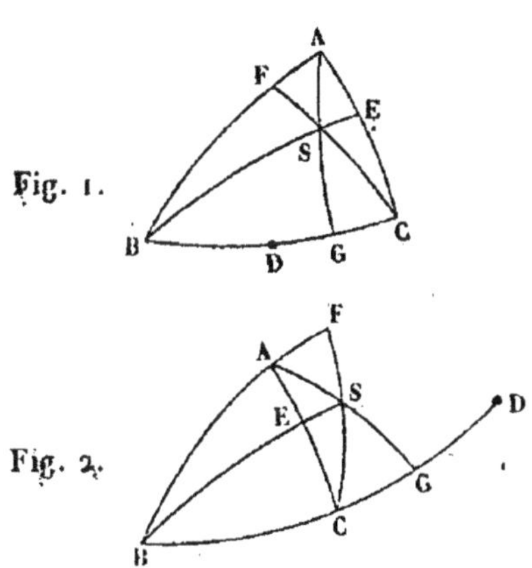

Fig. 1.
Fig. 2.

Cela posé, le théorème du n° 171 donne

$$\sin AE \sin CG \sin BF = \sin AF \sin BG \sin CE,$$

et, par suite, à cause de la relation (1), il vient

$$\frac{\sin CD}{\sin CG} = \frac{\sin BD}{\sin BG},$$

d'où l'on tire (comme au n° 170)

$$\operatorname{tang}\left(\frac{BC}{2} - CD\right) = \operatorname{tang}\left(\frac{BC}{2} - CG\right),$$

ou bien

$$\operatorname{tang}\left(\frac{BC}{2} + CD\right) = \operatorname{tang}\left(\frac{BC}{2} + CG\right),$$

selon que le point D est situé sur le côté BC ou sur son prolongement.

Or, comme les deux arcs CD et CG sont tous deux moindres que 180 degrés, l'une ou l'autre des deux dernières relations que nous venons d'obtenir, montre que ces deux arcs sont égaux, et que par conséquent la circonférence Γ passe par le point D. Donc, etc.

Corollaire I. — Les trois circonférences de grands cercles Γ_1, Γ_2, Γ_3 qui passent respectivement par les trois sommets A, B, C d'un triangle sphérique convexe ABC, et par les milieux D, E, F des côtés BC, AC, AB de ce triangle, se croisent aux mêmes points.

Car on a évidemment

$$\sin AE \sin CD \sin BF = \sin AF \sin BD \sin CE.$$

Corollaire II. — Les trois circonférences de grands cercles Γ_1, Γ_2, Γ_3 qui divisent respectivement les trois angles A, B, C d'un triangle sphérique convexe ABC, en deux parties égales, se croisent aux mêmes points.

Car, en désignant par D, E, F les trois points qui sont respectivement situés sur les trois côtés BC, AC, AB du triangle sphérique ABC, et en même temps sur les trois circonférences Γ_1, Γ_2, Γ_3, on a

$$\frac{\sin AE}{\sin C} = \frac{\sin CE}{\sin A}, \quad \frac{\sin CD}{\sin B} = \frac{\sin BD}{\sin C}, \quad \frac{\sin BF}{\sin A} = \frac{\sin AF}{\sin A},$$

et, par suite,

$$\sin AE \sin CD \sin BF = \sin AF \sin BD \sin CE.$$

Corollaire III. — Les trois circonférences de grands cercles Γ_1, Γ_2, Γ_3 qui passent respectivement par les trois sommets A, B, C d'un triangle sphérique convexe ABC, et qui sont respectivement perpendiculaires sur les côtés BC, AC, AB de ce triangle, se croisent aux mêmes points.

Car des trois circonférences Γ_1, Γ_2, Γ_3 il est aisé de voir qu'il y en a toujours au moins une, par exemple la première, qui coupe en un point D le côté sur lequel elle est perpendiculaire, et jamais deux seulement jouissant de cette propriété, et en désignant par E, F les points où les circonférences Γ_2, Γ_3 divisent respectivement les côtés AC, AB, tous les deux en deux segments additifs, ou tous les deux, le premier dans le sens de A vers C, le second dans le sens de A vers B, en deux segments soustractifs moindres que 180 degrés, on a

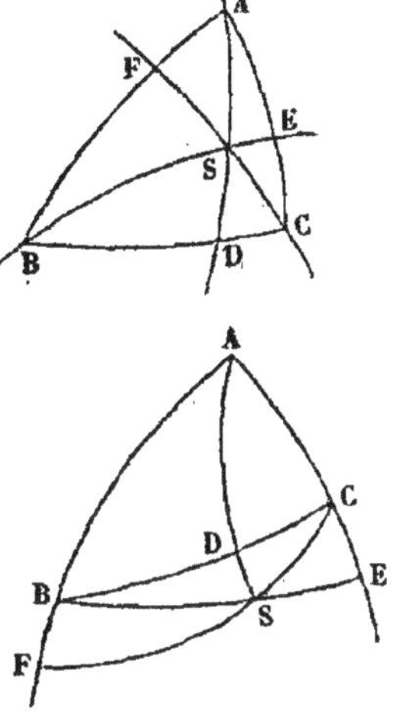

$$\sin AE = \frac{\text{tang } BE}{\text{tang } A}, \qquad \sin AF = \frac{\text{tang } CF}{\text{tang } A},$$

$$\sin CD = \frac{\text{tang } AD}{\text{tang } C}, \qquad \sin BD = \frac{\text{tang } AD}{\text{tang } B}$$

et

$$\sin BF = \frac{\text{tang } CF}{\text{tang } B}, \qquad \sin CE = \frac{\text{tang } BE}{\text{tang } C},$$

ou bien

$$\sin BF = -\frac{\text{tang } CF}{\text{tang } B}, \quad \sin CE = -\frac{\text{tang } BE}{\text{tang } C},$$

selon que les deux points E, F se trouvent sur les côtés AC, AB, ou sur leurs prolongements, et, par suite, il vient

$$\sin AE \sin CD \sin BF = \sin AF \sin BD \sin CE.$$

173. Théorème. — *Six points a, b, c, d, e, f étant situés sur un petit cercle d'une sphère, si l'on désigne par Γ_1, Γ_2, Γ_3, Γ_4, Γ_5, Γ_6 les six circonférences de grands cercles passant respectivement par les six couples de points*

$$(a, b), \quad (b, c), \quad (c, d), \quad (d, e), \quad (e, f), \quad (f, a),$$

et par P, P′, P″ trois points situés, le premier sur Γ_1 et Γ_4, le second sur Γ_2 et Γ_5, le troisième sur Γ_3 et Γ_6, ces trois derniers points appartiennent à une même circonférence de grand cercle.

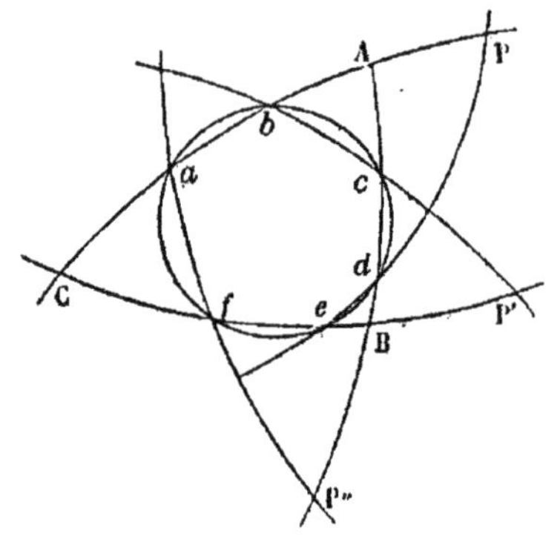

Démonstration. — Désignons par A, B, C trois points situés, le premier sur Γ_1 et Γ_3, le second sur Γ_3 et Γ_5, et le troisième sur Γ_5 et Γ_1.

Le théorème du n° 169 appliqué au triangle sphérique convexe ABC, donne

$$\sin Aa \sin Cf \sin BP'' = \sin AP'' \sin Bf \sin Ca,$$

$$\sin Ab \sin CP' \sin Bc = \sin Ac \sin BP' \sin Cb,$$

$$\sin AP \sin Ce \sin Bd = \sin Ad \sin Be \sin CP,$$

et, par suite,

$$\left.\begin{aligned} &\sin Aa \sin Ab \sin Bc \sin Bd \sin Ce \sin Cf \sin AP \sin CP' \sin BP'' \\ =&\sin Ac \sin Ad \sin Be \sin Bf \sin Ca \sin Cb \sin AP'' \sin BP' \sin CP. \end{aligned}\right\} \quad (1)$$

De plus, d'après le théorème du n° 168, on a

$$\frac{\sin Aa \sin Ab}{\cos^2 \frac{ab}{2}} = \frac{\sin Ac \sin Ad}{\cos^2 \frac{cd}{2}}$$

et

$$\frac{\sin \mathrm{B}c \sin \mathrm{B}d}{\cos^2 \frac{cd}{2}} = \frac{\sin \mathrm{B}e \sin \mathrm{B}f}{\cos^2 \frac{ef}{2}},$$

$$\frac{\sin \mathrm{C}e \sin \mathrm{C}f}{\cos^2 \frac{ef}{2}} = \frac{\sin \mathrm{C}a \sin \mathrm{C}b}{\cos^2 \frac{ab}{2}},$$

d'où l'on tire

$$\begin{aligned} &\sin \mathrm{A}a \sin \mathrm{A}b \sin \mathrm{B}c \sin \mathrm{B}d \sin \mathrm{C}e \sin \mathrm{C}f \\ &= \sin \mathrm{A}c \sin \mathrm{A}d \sin \mathrm{B}e \sin \mathrm{B}f \sin \mathrm{C}a \sin \mathrm{C}b, \end{aligned}$$

et, par conséquent, à cause de la relation (1), il vient

$$\sin \mathrm{AP} \sin \mathrm{CP}' \sin \mathrm{BP}'' = \sin \mathrm{AP}'' \sin \mathrm{BP}' \sin \mathrm{CP}.$$

Or, il est aisé de voir que les trois points P, P′, P″ situés respectivement sur les trois côtés (ou sur leurs prolongements) AC, BC, AB du triangle sphérique convexe ABC, sont en nombre impair sur les prolongements de ces côtés ([1]); donc (nº 170), etc.

174. Théorème. — *Quatre points* A, B, C, D *d'une surface sphérique étant situés sur un même petit cercle, et de telle sorte qu'en parcourant la circonférence de ce cercle dans un certain sens, à partir de* A, *on atteigne*

([1]) Pour s'en convaincre, il suffit de remarquer que des six points a, b, c, d, e, f, il y en a toujours un nombre pair (zéro comptant pour nombre pair) situés sur les côtés eux-mêmes du triangle sphérique convexe ABC, et que pour chacun des trois groupes de points

$$(e,\ \mathrm{P},\ d), \qquad (\mathrm{P}',\ b,\ c), \qquad (a,\ f,\ \mathrm{P}''),$$

les trois points qui le constituent se trouvent sur une même circonférence de grand cercle, et respectivement sur les trois côtés BC, AC, AB du même triangle sphérique convexe ABC.

d'abord B, *puis* C, *et enfin* D, *on a les relations*

$$\sin\frac{AC}{2}\sin\frac{BD}{2}=\sin\frac{AB}{2}\sin\frac{CD}{2}+\sin\frac{AD}{2}\sin\frac{BC}{2}$$

et

$$\frac{\sin\frac{AC}{2}}{\sin\frac{BD}{2}}=\frac{\sin\frac{AB}{2}\sin\frac{AD}{2}+\sin\frac{BC}{2}\sin\frac{CD}{2}}{\sin\frac{AB}{2}\sin\frac{BC}{2}+\sin\frac{AD}{2}\sin\frac{CD}{2}}.$$

Démonstration. — Si l'on désigne par ρ le rayon de la sphère considérée, on a

$$\sin\frac{AC}{2}=\frac{\not{C}AC}{2\rho},\qquad \sin\frac{BD}{2}=\frac{\not{C}BD}{2\rho},$$
$$\sin\frac{AB}{2}=\frac{\not{C}AB}{2\rho},\qquad \sin\frac{BC}{2}=\frac{\not{C}BC}{2\rho},$$
$$\sin\frac{CD}{2}=\frac{\not{C}CD}{2\rho},\qquad \sin\frac{AD}{2}=\frac{\not{C}AD}{2\rho},$$

et comme des propositions connues de géométrie élémentaire donnent

$$\not{C}AC.\not{C}BD=\not{C}AB.\not{C}CD+\not{C}AD.\not{C}BC,$$
$$\frac{\not{C}AC}{\not{C}BD}=\frac{\not{C}AB.\not{C}AD+\not{C}BC.\not{C}CD}{\not{C}AB.\not{C}BC+\not{C}AD.\not{C}CD},$$

il en résulte immédiatement les deux relations qu'il s'agissait de démontrer.

Donc, etc.

175. Théorème. — *La circonférence de grand cercle bissectrice de l'un quelconque des angles d'un triangle sphérique convexe ou du supplément de cet angle, divise le côté opposé à ce même angle, dans le premier cas en deux segments additifs, et dans le second en deux segments soustractifs tous deux moindres que* 180 *degrés,*

dont les sinus sont respectivement proportionnels aux sinus des deux autres côtés aboutissant aux extrémités non communes de ces deux segments.

Démonstration. — Soit ABC un triangle sphérique convexe quelconque.

Γ_1 et Γ_2 étant les deux circonférences de grands cercles qui sont bissectrices, la première de l'angle A de ce triangle, la seconde du supplément de cet angle, il est évident que Γ_1 coupe le côté BC, et qu'il n'en est pas de même de Γ_2.

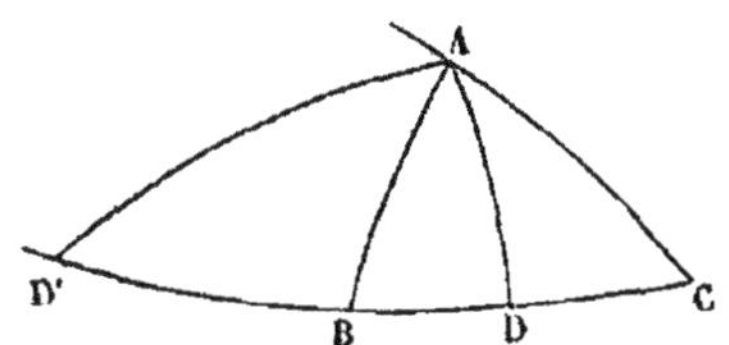

Si l'on désigne par D le point de Γ_1 qui se trouve sur le côté BC, et par D' l'un quelconque des deux points de Γ_2 qui appartiennent au prolongement de ce côté, les triangles sphériques convexes ABD, ACD, ABD', ACD' donnent

$$\frac{\sin BD}{\sin c} = \frac{\sin \frac{A}{2}}{\sin ADB}, \quad \frac{\sin CD}{\sin b} = \frac{\sin \frac{A}{2}}{\sin ADC},$$

$$\frac{\sin BD'}{\sin c} = \frac{\cos \frac{A}{2}}{\sin AD'B}, \quad \frac{\sin CD'}{\sin b} = \frac{\cos \frac{A}{2}}{\sin AD'C},$$

et, par suite,

$$\frac{\sin BD}{\sin c} = \frac{\sin CD}{\sin b}, \tag{1}$$

$$\frac{\sin BD'}{\sin c} = \frac{\sin CD'}{\sin b}. \tag{2}$$

Donc, etc.

Corollaire I. — On a

$$\frac{\sin CD + \sin BD}{\sin CD - \sin BD} = \frac{\sin b + \sin c}{\sin b - \sin c},$$

ou bien

$$\frac{\tang \frac{a}{2}}{\tang \frac{CD - BD}{2}} = \frac{\tang \frac{b+c}{2}}{\tang \frac{b-c}{2}}. \qquad (3)$$

De même, on a

$$\frac{\sin CD' + \sin BD'}{\sin CD' - \sin BD'} = \frac{\sin b + \sin c}{\sin b - \sin c},$$

ou bien

$$\frac{\tang \frac{CD' + BD'}{2}}{\tang \frac{a}{2}} = \frac{\tang \frac{b+c}{2}}{\tang \frac{b-c}{2}}, \qquad (4)$$

en supposant que le point D′ soit le point de Γ_2 qui divise le côté BC, dans le sens de C vers B, en deux segments soustractifs tous deux moindres que 180 degrés.

Les relations (3) et (4) fournissent les suivantes :

$$\frac{\tang \frac{a}{2}}{\tang \frac{CD - BD}{2}} = \frac{\tang \frac{CD' + BD'}{2}}{\tang \frac{a}{2}} = \frac{\tang \frac{B+C}{2}}{\tang \frac{B-C}{2}}.$$

Corollaire II. — Les relations (1) et (2) donnent

$$\frac{\sin BD}{\sin BD'} = \frac{\sin CD}{\sin CD'}.$$

Scolie. — Quatre points A_1, A_2, A_3, A_4 d'une surface sphérique étant situés sur une même circonférence de grand cercle, et de telle sorte qu'en parcourant cette circonférence dans un certain sens, à partir de A_1, on atteigne d'abord A_2, puis A_3 et enfin A_4, ces quatre points sont dits *former un système harmonique* toutes les fois qu'on a la relation

$$\frac{\sin A_1 A_4}{\sin A_1 A_2} = \frac{\sin A_3 A_4}{\sin A_3 A_2}.$$

Souvent, au lieu de dire que les quatre points A_1, A_2, A_3, A_4 forment un système harmonique, on dit que l'arc de grand cercle $A_1 A_3$, ou $A_2 A_4$, est *divisé harmoniquement* aux points A_2 et A_4, ou A_1 et A_3.

De la définition que nous venons de donner et du Corollaire II, il résulte que les quatre points C, D, B, D' considérés ci-dessus forment un système harmonique, ou, ce qui revient au même, que le côté BC du triangle sphérique convexe ABC est divisé harmoniquement aux points D et D'.

PROPRIÉTÉS RELATIVES A L'AIRE D'UN TRIANGLE SPHÉRIQUE.

176. Théorème. — *Un triangle sphérique convexe* ABC *étant considéré, si l'on désigne par* Δ *l'angle dièdre*

$$A + B + C - 2^{dd},$$

on a les relations

$$\sin\frac{\Delta}{2} = \sin\frac{\sin\frac{b}{2}\sin\frac{c}{2}\sin A}{\cos\frac{a}{2}} \qquad (1)$$

et

$$\cos\frac{\Delta}{2} = \frac{\cos\frac{b}{2}\cos\frac{c}{2} + \sin\frac{b}{2}\sin\frac{c}{2}\cos A}{\cos\frac{a}{2}}. \qquad (2)$$

Démonstration. — On a

$$\frac{\Delta}{2} = \frac{B+C}{2} - \left(1^{dd} - \frac{A}{2}\right),$$

d'où

$$\sin\frac{\Delta}{2} = \sin\frac{B+C}{2}\sin\frac{A}{2} - \cos\frac{B+C}{2}\cos\frac{A}{2},$$

$$\cos\frac{\Delta}{2} = \cos\frac{B+C}{2}\sin\frac{A}{2} + \sin\frac{B+C}{2}\cos\frac{A}{2},$$

et comme les formules de *Delambre* du n° 156 donnent

$$\sin\frac{B+C}{2}=\frac{\cos\frac{b-c}{2}}{\cos\frac{a}{2}}\cos\frac{A}{2},$$

$$\cos\frac{B+C}{2}=\frac{\cos\frac{b+c}{2}}{\cos\frac{a}{2}}\sin\frac{A}{2},$$

il vient

$$\sin\frac{\Delta}{2}=\frac{\cos\frac{b-c}{2}-\cos\frac{b+c}{2}}{2\cos\frac{a}{2}}\sin A$$

et

$$\cos\frac{\Delta}{2}=\frac{\cos\frac{b+c}{2}}{\cos\frac{a}{2}}\sin^2\frac{A}{2}+\frac{\cos\frac{b-c}{2}}{\cos\frac{a}{2}}\cos^2\frac{A}{2},$$

ou bien

$$\cos\frac{\Delta}{2}=\frac{\cos\frac{b-c}{2}+\cos\frac{b+c}{2}+\left(\cos\frac{b-c}{2}-\cos\frac{b+c}{2}\right)\cos A}{\cos\frac{a}{2}}.$$

Or on a

$$\cos\frac{b-c}{2}-\cos\frac{b+c}{2}=2\sin\frac{b}{2}\sin\frac{c}{2},$$

$$\cos\frac{b-c}{2}+\cos\frac{b+c}{2}=2\cos\frac{b}{2}\cos\frac{c}{2},$$

donc, etc.

Scolie. — Indépendamment des relations (1) et (2) on

a aussi, évidemment, les suivantes :

$$\sin\frac{\Delta}{2} = \frac{\sin\frac{a}{2}\sin\frac{c}{2}\sin B}{\cos\frac{b}{2}} = \frac{\sin\frac{a}{2}\sin\frac{b}{2}\sin C}{\cos\frac{c}{2}},$$

$$\cos\frac{\Delta}{2} = \frac{\cos\frac{a}{2}\cos\frac{c}{2} + \sin\frac{a}{2}\sin\frac{c}{2}\cos B}{\cos\frac{b}{2}}$$

$$= \frac{\cos\frac{a}{2}\cos\frac{b}{2} + \sin\frac{a}{2}\sin\frac{b}{2}\cos C}{\cos\frac{c}{2}}.$$

Corollaire I. — Si l'on désigne respectivement par D, E, F les points milieux des côtés BC, AC, AB du triangle sphérique ABC, on a

$$\cos EF = \cos\frac{b}{2}\cos\frac{c}{2} + \sin\frac{b}{2}\sin\frac{c}{2}\cos A,$$

$$\cos DF = \cos\frac{a}{2}\cos\frac{c}{2} + \sin\frac{a}{2}\sin\frac{c}{2}\cos B,$$

$$\cos DE = \cos\frac{a}{2}\cos\frac{b}{2} + \sin\frac{a}{2}\sin\frac{b}{2}\cos C,$$

et, par suite,

$$\cos\frac{\Delta}{2} = \frac{\cos EF}{\cos\frac{a}{2}} = \frac{\cos DF}{\cos\frac{b}{2}} = \frac{\cos DE}{\cos\frac{c}{2}}.$$

Ces dernières relations permettent de conclure immédiatement cette propriété, savoir :

Que si plusieurs triangles sphériques convexes ayant des aires égales et un côté commun appartiennent à une même sphère, les arcs de grands cercles qui joignent les points milieux des côtés non communs pour chacun de ces triangles, sont égaux entre eux.

Corollaire II. — On a

$$\operatorname{tang}\frac{\Delta}{2}=\frac{\operatorname{tang}\frac{b}{2}\operatorname{tang}\frac{c}{2}\sin A}{1+\operatorname{tang}\frac{b}{2}\operatorname{tang}\frac{c}{2}\cos A}$$

$$=\frac{\operatorname{tang}\frac{a}{2}\operatorname{tang}\frac{c}{2}\sin B}{1+\operatorname{tang}\frac{a}{2}\operatorname{tang}\frac{c}{2}\cos B}=\frac{\operatorname{tang}\frac{a}{2}\operatorname{tang}\frac{b}{2}\sin C}{1+\operatorname{tang}\frac{a}{2}\operatorname{tang}\frac{b}{2}\cos C}.$$

177. THÉORÈME. — *Les mêmes choses étant posées que dans le théorème précédent, on a*

$$\cos\frac{\Delta}{2}=\frac{\cos a+\cos b+\cos c+1}{4\cos\frac{a}{2}\cos\frac{b}{2}\cos\frac{c}{2}}.$$

Démonstration. — On a (n° 150)

$$\cos A=\frac{\cos a-\cos b\cos c}{\sin b\sin c},$$

et portant cette valeur de cos A dans l'expression de $\cos\frac{\Delta}{2}$ donnée dans le numéro précédent, il vient

$$\cos\frac{\Delta}{2}=\frac{4\cos^2\frac{b}{2}\cos^2\frac{c}{2}+\cos a-\cos b\cos c}{4\cos\frac{a}{2}\cos\frac{b}{2}\cos\frac{c}{2}}.$$

Or

$$4\cos^2\frac{b}{2}\cos^2\frac{c}{2}=(1+\cos b)(1+\cos c)$$

$$=1+\cos b+\cos c+\cos b\cos c,$$

donc, etc.

Scolie. — La relation objet du théorème précédent a été donnée par Euler [1].

Corollaire. — Les relations connues

$$2\cos^2\frac{a}{2}=1+\cos a,\quad 2\cos^2\frac{b}{2}=1+\cos b,\quad 2\cos^2\frac{c}{2}=1+\cos c,$$

donnent

$$2\left(\cos^2\frac{a}{2}+\cos^2\frac{b}{2}+\cos^2\frac{c}{2}-1\right)=\cos a+\cos b+\cos c+1,$$

et, par suite, il vient

$$\cos\frac{\Delta}{2}=\frac{\cos^2\frac{a}{2}+\cos^2\frac{b}{2}+\cos^2\frac{c}{2}-1}{2\cos\frac{a}{2}\cos\frac{b}{2}\cos\frac{c}{2}}.$$

178. Théorème. — *Les mêmes choses étant encore posées que précédemment, si l'on pose*

$$a+b+c=2p,$$

on a la relation

$$\operatorname{tang}^2\frac{\Delta}{4}=\operatorname{tang}\frac{p}{2}\operatorname{tang}\frac{p-a}{2}\operatorname{tang}\frac{p-b}{2}\operatorname{tang}\frac{p-c}{2}.$$

Démonstration. — Les formules de Delambre du n° 156 peuvent s'écrire sous la forme

$$\frac{\cos\frac{b+c}{2}}{\sin\frac{A-\Delta}{2}}=\frac{\cos\frac{a}{2}}{\sin\frac{A}{2}},\qquad \frac{\cos\frac{b-c}{2}}{\cos\frac{A-\Delta}{2}}=\frac{\cos\frac{a}{2}}{\cos\frac{A}{2}},$$

---

[1] *Nova Acta Acad. sc. imp. Petrop.*, t. X, p. 47-57.

d'où l'on tire

$$\frac{\sin\frac{A}{2} - \sin\frac{A-\Delta}{2}}{\sin\frac{A}{2} + \sin\frac{A-\Delta}{2}} = \frac{\cos\frac{a}{2} - \cos\frac{b+c}{2}}{\cos\frac{a}{2} + \cos\frac{b+c}{2}},$$

$$\frac{\cos\frac{A-\Delta}{2} - \cos\frac{A}{2}}{\cos\frac{A-\Delta}{2} + \cos\frac{A}{2}} = \frac{\cos\frac{b-c}{2} - \cos\frac{a}{2}}{\cos\frac{b-c}{2} + \cos\frac{a}{2}};$$

ou bien

$$\frac{\tang\frac{\Delta}{4}}{\tang\frac{2A-\Delta}{4}} = \tang\frac{p}{2}\tang\frac{p-a}{2},$$

$$\tang\frac{\Delta}{4}\tang\frac{2A-\Delta}{4} = \tang\frac{p-b}{2}\tang\frac{p-c}{2},$$

et multipliant ces deux dernières égalités membre à membre, il vient la relation qu'il s'agissait de démontrer. Donc, etc.

Scolie. — La relation objet du théorème précédent est due à Lhuilier, de Genève, et la démonstration que nous venons d'en donner a été indiquée par M. E. Prouhet (¹).

179. *Lemme.* — Les deux points E, F, étant respectivement les milieux des deux côtés AC, AB d'un triangle sphérique convexe ABC, si l'on désigne par G le point où la circonférence de grand cercle passant par ces deux points rencontre le côté BC prolongé, de manière à le diviser, dans le sens de B vers C, en deux segments

---

(¹) *Nouv. Annales de Math.*, t. XV, p. 91; 1856.

soustractifs tous deux moindres que 180 degrés, on a

$$\cos \mathrm{BGF} = \operatorname{tang} \frac{a}{2} \cot \mathrm{EF}. \tag{1}$$

Démonstration. — D'après le théorème du n° 169, on a

$$\sin \mathrm{AE} \sin \mathrm{CG} \sin \mathrm{BF} = \sin \mathrm{AF} \sin \mathrm{BG} \sin \mathrm{CE},$$

et comme les arcs de grands cercles AE, BF sont respectivement égaux aux deux autres CE, AF, il vient

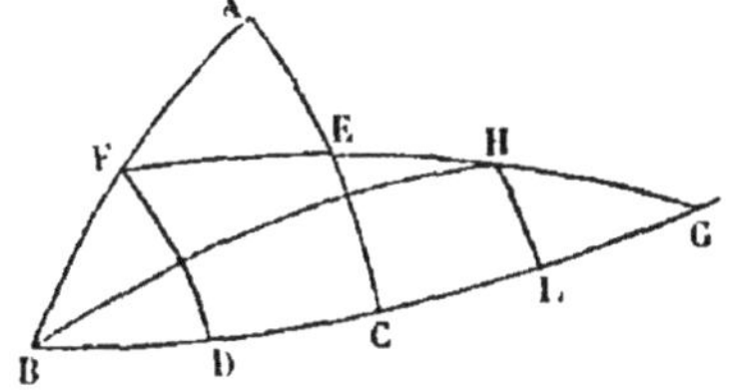

$$\sin \mathrm{CG} = \sin \mathrm{BG},$$

d'où

$$\mathfrak{A}\,\mathrm{CG} + \mathfrak{A}\,\mathrm{BG} = 180^\circ,$$

ou bien

$$\mathfrak{A}\,\mathrm{BG} = \mathfrak{A}\,90^\circ + \frac{a}{2}.$$

Maintenant les triangles sphériques AEF, BFG donnent

$$\frac{\sin \mathrm{EF}}{\sin \mathrm{A}} = \frac{\sin \mathrm{AE}}{\sin \mathrm{AFE}}, \quad \frac{\sin \mathrm{BG}}{\sin \mathrm{BFG}} = \frac{\sin \mathrm{BF}}{\sin \mathrm{BGF}},$$

d'où

$$\sin \mathrm{BGF} = \frac{\sin \mathrm{AE} \sin \mathrm{BF} \sin \mathrm{A}}{\sin \mathrm{BG} \sin \mathrm{EF}},$$

ou bien

$$\sin \mathrm{BGF} = \frac{\sin \frac{b}{2} \sin \frac{c}{2} \sin \mathrm{A}}{\cos \frac{a}{2} \sin \mathrm{EF}}, \tag{2}$$

et comme dans le même triangle BFG on a

$$\cot \mathrm{BGF} = \frac{\cot \mathrm{BF} \sin \mathrm{BG} - \cos \mathrm{BG} \cos \mathrm{B}}{\sin \mathrm{B}},$$

ou bien

$$\cot \mathrm{BGF} = \frac{\cos\frac{a}{2}\cos\frac{c}{2} + \sin\frac{a}{2}\sin\frac{c}{2}\cos \mathrm{B}}{\sin\frac{c}{2}\sin \mathrm{B}},$$

ou bien encore, en désignant par D le point milieu du côté BC,

$$\cot \mathrm{BGF} = \frac{\cos \mathrm{DF}}{\sin\frac{c}{2}\sin \mathrm{B}}, \qquad (3)$$

il vient, en multipliant les relations (2) et (3) membre à membre,

$$\cos \mathrm{BGF} = \frac{\sin\frac{b}{2}}{\cos\frac{a}{2}}\,\frac{\sin \mathrm{A}}{\sin \mathrm{B}}\,\frac{\cos \mathrm{DF}}{\sin \mathrm{EF}},$$

ou bien, à cause de

$$\frac{\sin \mathrm{A}}{\sin \mathrm{B}} = \frac{\sin a}{\sin b} = \frac{\sin\frac{a}{2}\cos\frac{a}{2}}{\sin\frac{b}{2}\cos\frac{b}{2}},$$

$$\cos \mathrm{BGF} = \frac{\sin\frac{a}{2}}{\sin \mathrm{EF}}\,\frac{\cos \mathrm{DF}}{\cos\frac{b}{2}}.$$

Or, on a (n° 176, Coroll. I),

$$\frac{\cos \mathrm{DF}}{\cos\frac{b}{2}} = \frac{\cos \mathrm{EF}}{\cos\frac{a}{2}},$$

donc, etc.

Scolie. — La relation

$$\mathfrak{A}\,\mathrm{BG} = \mathfrak{A}\,90^\circ + \frac{a}{2}$$

établie dans la démonstration précédente, permet de conclure immédiatement cette propriété, savoir :

Que si plusieurs triangles sphériques convexes tracés sur une même sphère ont un côté commun, les circonférences de grands cercles passant par les points milieux des deux autres côtés pour chacun de ces triangles, se croisent aux deux mêmes points situés sur le prolongement du côté commun.

180. Théorème. — *Les mêmes choses étant posées que dans les* nos 176 *et* 179, *si l'on désigne par* H *et* I *deux points situés respectivement sur les deux arcs de grands cercles* FG, BG, *de telle sorte qu'on ait*

$$\mathfrak{A}\,\mathrm{GH} = \mathfrak{A}\,\mathrm{EF}, \quad \mathfrak{A}\,\mathrm{GI} = \mathfrak{A}\,\mathrm{BD},$$

on a la relation

$$\cos\frac{\Delta}{2} = \cos \mathrm{IH}.$$

Démonstration. — Le triangle sphérique BGH donne

$$\cos \mathrm{BH} = \cos \mathrm{GH} \cos \mathrm{BG} + \sin \mathrm{GH} \sin \mathrm{BG} \cos \mathrm{BGF},$$

ou bien

$$\cos \mathrm{BH} = -\cos \mathrm{EF} \sin\frac{a}{2} + \sin \mathrm{EF} \cos\frac{a}{2} \cos \mathrm{BGF},$$

ou bien encore

$$\cos \mathrm{BH} = \sin \mathrm{EF} \cos\frac{a}{2}\left(\cos \mathrm{BGF} - \tang\frac{a}{2} \cot \mathrm{EF}\right),$$

et, par suite du numéro précédent, il vient

$$\mathfrak{A}\,\mathrm{BH} = 90^\circ.$$

De plus, comme, en vertu de ce qui a été démontré dans ce même numéro, on a aussi

$$\mathfrak{A}\,\mathrm{BI} = 90^\circ,$$

il en résulte que le point B est le pôle de l'arc de grand cercle IH, et que par conséquent le triangle sphérique GIH est rectangle en I.

Ce triangle donne donc

$$\cos IH = \frac{\cos GH}{\cos GI},$$

ou bien

$$\cos IH = \frac{\cos EF}{\cos \frac{a}{2}},$$

et comme on a (n° 176, Coroll. I)

$$\cos \frac{\Delta}{2} = \frac{\cos EF}{\cos \frac{a}{2}},$$

il en résulte la relation qu'il s'agissait de démontrer.

Scolie. — Le théorème précédent a été énoncé pour la première fois par Gudermann, de Clèves ([1]).

THÉORÈME DE LEXELL.

181. *Lemme.* — Lorsque plusieurs triangles sphériques convexes ayant des aires égales et un côté commun sont situés sur un même hémisphère dont la circonférence de la base est ce côté prolongé, les milieux des côtés non communs appartiennent tous à une même circonférence de grand cercle.

Démonstration. — Soient ABC, A'BC deux triangles sphériques convexes qui, ayant des aires égales et le côté BC commun, sont situés sur un même hémisphère dont la circonférence de la base est ce côté prolongé.

([1]) *Journ. de Crelle*, t. VI, p. 212; 1830.

Si l'on désigne par E, F, E', F' les milieux respectifs des côtés AC, AB, A'C, A'B, on sait que les circonfé-

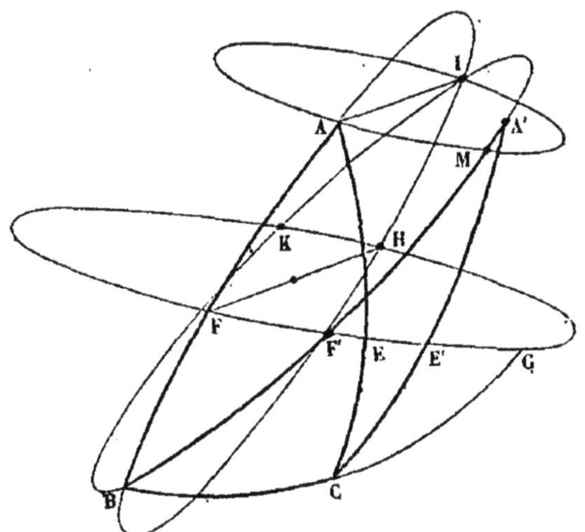

rences de grands cercles Γ, Γ' passant, la première par les deux premiers de ces quatre points, la seconde par les deux autres, rencontrent le prolongement du côté BC en un même point G divisant ce côté, dans le sens de B vers C, en deux segments soustractifs tous deux moindres que 180 degrés (n° 169, Scolie), et que les deux arcs de grands cercles EF, E'F', sont égaux (n° 176, Coroll. I).

De plus, comme d'après le lemme du n° 179 on a

$$\cos BGF = \tang \frac{a}{2} \cot EF,$$

$$\cos BGF' = \tang \frac{a}{2} \cot E'F',$$

il en résulte que les deux angles BGF, BGF' sont égaux, et que par conséquent les deux circonférences Γ, Γ' coïncident. Donc, etc.

182. Théorème. — *Lorsque plusieurs triangles sphériques convexes ayant des aires égales et un côté commun, sont situés sur un même hémisphère dont la cir-*

conférence de la base est ce côté prolongé, les sommets non communs sont tous situés sur la circonférence d'un petit cercle parallèle au grand cercle sur lequel se trouvent les milieux des côtés aboutissant à ces sommets.

Démonstration. — Les mêmes choses étant posées que dans le numéro précédent, si par le point A, que nous pouvons considérer comme n'étant pas plus éloigné du plan du grand cercle Γ que le point A′, on trace le petit cercle γ dont le plan est parallèle à ce grand cercle, le point A′ se trouvera nécessairement sur la calotte sphérique détachée de l'hémisphère par le plan de ce petit cercle.

Désignons par H et I les points où le prolongement du côté AB coupe respectivement les cercles Γ et γ, par K le point où le prolongement du côté BA′ coupe le premier de ces deux cercles, et par M le premier point que l'on atteint du cercle γ lorsque, partant de B et allant dans le sens de B vers A′, on suit le côté BA′.

Comme les plans des cercles Γ et γ sont parallèles, les deux droites joignant les points A et F respectivement aux points I et H sont parallèles, et par conséquent on a

$$\mathfrak{A}\,\mathrm{AF} = \mathfrak{A}\,\mathrm{IH},$$

d'où

$$\mathfrak{A}\,\mathrm{BF} + \mathfrak{A}\,\mathrm{FI} = \mathfrak{A}\,\mathrm{IH} + \mathfrak{A}\,\mathrm{FI} = 180^\circ.$$

Les deux points B et I étant aux extrémités d'un même diamètre de la sphère, le côté BA′ prolongé passera nécessairement par le point I, et on aura

$$\mathfrak{A}\,\mathrm{BF'} + \mathfrak{A}\,\mathrm{F'I} = 180^\circ,$$

ou, ce qui est la même chose,

$$\mathfrak{A}\,\mathrm{BF'} + \mathfrak{A}\,\mathrm{F'I} = \mathfrak{A}\,\mathrm{F'I} + \mathfrak{A}\,\mathrm{IK},$$

d'où

$$\mathfrak{A}\,\mathrm{BF'} = \mathfrak{A}\,\mathrm{IK};$$

ou bien, à cause du parallélisme des deux droites joignant les deux points M et F′ respectivement aux points I et K,

$$\mathfrak{A}\,BF' = \mathfrak{A}\,MF'.$$

Mais on a

$$\mathfrak{A}\,BF' = \mathfrak{A}\,A'F';$$

donc les deux points A′ et M coïncident ; donc, etc.

Scolie. — Le beau théorème que nous venons de démontrer est dû à Lexell (¹).

EXPRESSIONS DES DISTANCES POLAIRES DES CERCLES CIRCONSCRIT, INSCRIT ET EX-INSCRITS A UN TRIANGLE SPHÉRIQUE QUELCONQUE.

183. Théorème. — *Si l'on désigne par r la plus petite des deux distances polaires du cercle circonscrit à un triangle sphérique convexe* ABC, *on a la relation*

$$\cot r = \frac{\cos\frac{b}{2}\cos\frac{c}{2}\sin A}{\sin\frac{a}{2}}. \tag{1}$$

Démonstration. — Le point O étant le pôle de ce cercle qui correspond à la distance polaire r, traçons l'arc de grand cercle OC, et désignons par D le point milieu du côté BC. On a

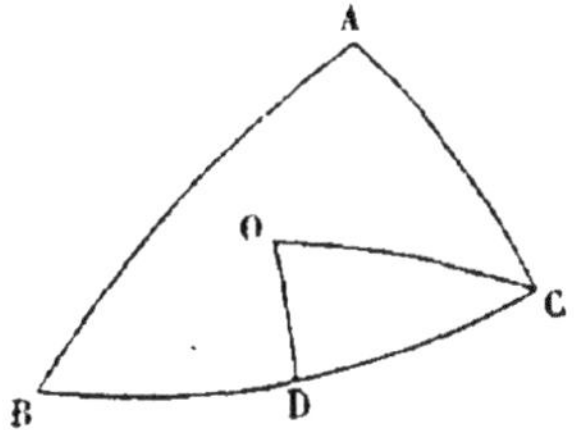

$$\text{ang BCO} = \frac{A + B + C}{2} - A,$$

ou bien, en donnant à Δ la même signification qu'au nº 176,

$$\text{ang BCO} = 1^{\text{dd}} - \left(A - \frac{\Delta}{2}\right),$$

(¹) *Nova Acta Acad. sc. imp. Petrop.*, t. V, part. I; t. X, p. 57-62.

et, par suite, il vient

$$\cos BCO = \sin\left(A - \frac{\Delta}{2}\right) = \sin A \cos\frac{\Delta}{2} - \cos A \sin\frac{\Delta}{2},$$

ou bien (n° 176)

$$\cos BCO = \frac{\cos\frac{b}{2}\cos\frac{c}{2}\sin A}{\cos\frac{a}{2}}.$$

Maintenant, comme le point D est le milieu du côté BC, le triangle sphérique COD est rectangle, et, par conséquent, on a

$$\cot OC = \frac{\cos BCO}{\operatorname{tang} CD},$$

ou bien

$$\cot OC = \frac{\cos\frac{b}{2}\cos\frac{c}{2}\sin A}{\sin\frac{a}{2}}.$$

Or l'arc de grand cercle OC n'est autre que r; donc, etc.

Scolie. — Indépendamment de la relation (1), on a aussi évidemment les suivantes :

$$\cot r = \frac{\cos\frac{a}{2}\cos\frac{c}{2}\sin B}{\sin\frac{b}{2}} = \frac{\cos\frac{a}{2}\cos\frac{b}{2}\sin C}{\sin\frac{c}{2}}.$$

Corollaire. — Comme on a (n° 176)

$$\sin\frac{\Delta}{2} = \frac{\sin\frac{b}{2}\sin\frac{c}{2}\sin A}{\cos\frac{a}{2}},$$

il vient

$$\cot r = \frac{\sin \frac{\Delta}{2}}{\operatorname{tang} \frac{a}{2} \operatorname{tang} \frac{b}{2} \operatorname{tang} \frac{c}{2}}.$$

184. Théorème. — *La tangente de la plus petite des deux distances polaires du cercle inscrit à un triangle sphérique convexe est égale au sinus de l'excès de son demi-périmètre sur l'un quelconque des trois côtés, multiplié par la tangente de la moitié de l'angle opposé à ce côté.*

Démonstration. — Soit ABC un triangle sphérique convexe quelconque. Relativement au cercle inscrit à ce triangle, désignons par r' la plus petite de ses deux distances polaires, par O son pôle correspondant à cette distance, et respectivement par D, E, F ses points de contact avec les trois côtés a, b, c.

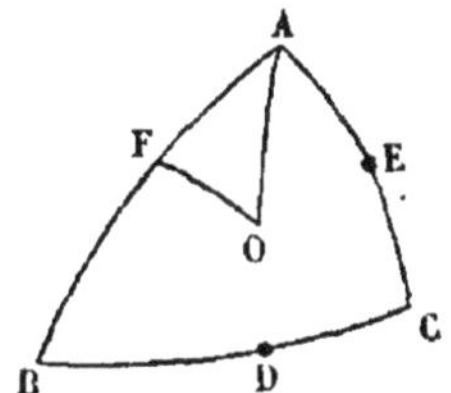

Le triangle sphérique rectangle AOF donne

$$\operatorname{tang} \mathrm{OF} \quad \text{ou} \quad \operatorname{tang} r' = \sin \mathrm{AF} \operatorname{tang} \frac{\mathrm{A}}{2},$$

et comme on a

$$\mathfrak{A}\,\mathrm{AF} = \mathfrak{A}\,\mathrm{AE}, \quad \mathfrak{A}\,\mathrm{BD} = \mathfrak{A}\,\mathrm{BF}, \quad \mathfrak{A}\,\mathrm{CD} = \mathfrak{A}\,\mathrm{CE},$$

il vient, en désignant par p le demi-périmètre du triangle sphérique ABC,

$$\mathfrak{A}\,\mathrm{AF} + \mathfrak{A}\,\mathrm{BD} + \mathfrak{A}\,\mathrm{CD} = p;$$

d'où

$$\mathfrak{A}\,\mathrm{AF} = p - a,$$

et, par suite,

$$\tang r' = \sin(p-a)\tang\frac{A}{2}.$$

On démontrerait de même que l'on a

$$\tang r' = \sin(p-b)\tang\frac{B}{2} = \sin(p-c)\tang\frac{C}{2}.$$

Corollaire. — On a

$$\tang r' = \frac{\sin(p-a)}{\cot\frac{A}{2}} = \frac{\sin(p-b)}{\cot\frac{B}{2}} = \frac{\sin(p-c)}{\cot\frac{C}{2}}.$$

185. Théorème. — *La tangente de la plus petite des deux distances polaires de l'un quelconque des cercles ex-inscrits à un triangle sphérique convexe est égale au sinus de son demi-périmètre multiplié par la tangente de la moitié de l'angle dans l'intérieur duquel se trouve le pôle de ce cercle.*

Démonstration. — Soit ABC un triangle sphérique convexe quelconque. Désignons par r_a la plus petite des deux distances polaires du cercle ex-inscrit à ce triangle, dont le pôle O correspondant à cette distance polaire se trouve dans l'intérieur de l'angle A, et respectivement par D, E, F les points de contact de ce cercle avec les trois côtés (ou avec leurs prolongements) a, b, c.

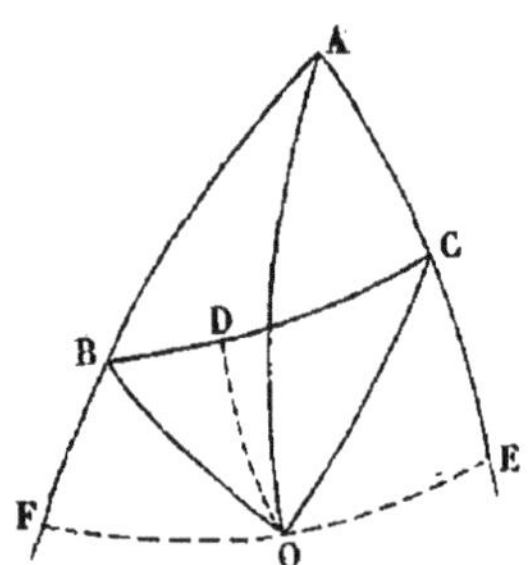

Le triangle sphérique rectangle AOF donne

$$\tang \mathrm{OF} \quad \text{ou} \quad \tang r_a = \sin \mathrm{AF} \tang\frac{A}{2},$$

et comme on a

$$\mathfrak{A}\,\mathrm{AF} = \mathfrak{A}\,\mathrm{AE},$$

$$\mathfrak{A}\,\mathrm{AF} = \mathfrak{A}\,\mathrm{AB} + \mathfrak{A}\,\mathrm{BD},$$

$$\mathfrak{A}\,\mathrm{AE} = \mathfrak{A}\,\mathrm{AC} + \mathfrak{A}\,\mathrm{CD},$$

il vient, en désignant par p le demi-périmètre du triangle sphérique ABC,

$$\mathfrak{A}\,\mathrm{AF} + \mathfrak{A}\,\mathrm{AE} \quad \text{ou} \quad 2\,\mathfrak{A}\,\mathrm{AF} = 2p,$$

et, par suite,

$$\operatorname{tang} r_a = \sin p \operatorname{tang} \frac{A}{2}.$$

En désignant par r_b, r_c les plus petites distances polaires des deux autres cercles ex-inscrits au triangle sphérique ABC, et dont les pôles correspondant à ces distances polaires se trouvent respectivement dans l'intérieur des angles B, C, on démontrerait de même que l'on a

$$\operatorname{tang} r_b = \sin p \operatorname{tang} \frac{B}{2}, \quad \operatorname{tang} r_c = \sin p \operatorname{tang} \frac{C}{2}.$$

Donc, etc.

Corollaire. — On a

$$\operatorname{tang} r_a = \frac{\sin p}{\cot \frac{A}{2}}, \quad \operatorname{tang} r_b = \frac{\sin p}{\cot \frac{B}{2}} \quad \text{et} \quad \operatorname{tang} r_c = \frac{\sin p}{\cot \frac{C}{2}}.$$

Scolie. — La considération des triangles sphériques BOF, COE donne immédiatement les relations suivantes :

$$\operatorname{tang} r_a = \sin(p - c) \cot \frac{B}{2} = \sin(p - b) \cot \frac{C}{2},$$

et on obtient de même les quatre autres :

$$\tang r_b = \sin(p-c)\cot\frac{A}{2} = \sin(p-a)\cot\frac{C}{2},$$

$$\tang r_c = \sin(p-b)\cot\frac{A}{2} = \sin(p-a)\cot\frac{B}{2}.$$

186. Théorème. — *Les mêmes choses étant posées qu'au n° 184, on a la relation*

$$\tang^2 r' = \frac{\sin(p-a)\sin(p-b)\sin(p-c)}{\sin p}.$$

Démonstration. — On a

$$\tang r' \cot\frac{A}{2} = \sin(p-a),$$

$$\tang r' \cot\frac{B}{2} = \sin(p-b),$$

et en faisant signifier à r_a la même chose qu'au n° 185, il vient

$$\tang r_a \tang\frac{B}{2} = \sin(p-c),$$

$$\cot r_a \tang\frac{A}{2} = \frac{1}{\sin p},$$

d'où l'on tire immédiatement la relation objet du théorème.

Scolie. — Cette relation se trouve démontrée dans un Mémoire de Lexell [1].

187. Théorème. — *Les mêmes choses étant posées qu'au n° 185, on a la relation*

$$\tang^2 r_a = \frac{\sin p \sin(p-b)\sin(p-c)}{\sin(p-a)}.$$

---

[1] *Acta Acad. sc. imp. Petrop.*, pro anno 1782, pars prior, p. 75.

Démonstration. — On a

$$\tang r_a \cot \frac{A}{2} = \sin p,$$

$$\tang r_c \tang \frac{A}{2} = \sin(p - b),$$

$$\tang r_a \tang \frac{B}{2} = \sin(p - c)$$

et

$$\cot r_c \cot \frac{B}{2} = \frac{1}{\sin(p - a)},$$

d'où l'on tire immédiatement la relation objet du théorème. Donc, etc.

Scolie. — On établirait de même les relations suivantes :

$$\tang^2 r_b = \frac{\sin p \sin(p - a) \sin(p - c)}{\sin(p - b)}$$

et

$$\tang^2 r_c = \frac{\sin p \sin(p - a) \sin(p - b)}{\sin(p - c)}.$$

APPENDICE

A LA

THÉORIE DES FONCTIONS CIRCULAIRES.

PROPRIÉTÉS GÉOMÉTRIQUES.

Les propriétés géométriques que nous allons exposer ici ne se rattachent à la théorie des fonctions circulaires que par certaines démonstrations dont elles sont susceptibles.

188. Théorème. — *Relativement à un triangle rectiligne quelconque* ABC, *les mêmes choses étant posées qu'aux* nos 142 *et* 143, *on a les relations*

$$r'^2 = \frac{(p-a)(p-b)(p-c)}{p}, \quad r_a^2 = \frac{p(p-b)(p-c)}{p-a},$$

$$r_b^2 = \frac{p(p-a)(p-c)}{p-b}, \quad r_c^2 = \frac{p(p-a)(p-b)}{p-c}.$$

Démonstration. — Les deux premières de ces relations sont fournies immédiatement et respectivement par les deux suites d'égalités déjà établies

$$1 = \frac{r_a}{p \operatorname{tang} \frac{A}{2}}, \qquad r' = (p-a) \operatorname{tang} \frac{A}{2},$$

$$r' = (p-b) \operatorname{tang} \frac{B}{2}, \quad 1 = \frac{p-c}{r_a \operatorname{tang} \frac{B}{2}},$$

et

$$r_a = p \tang \frac{A}{2}, \qquad 1 = \frac{p-b}{r_c \tang \frac{A}{2}},$$

$$r_a = \frac{p-c}{\tang \frac{B}{2}}, \qquad 1 = \frac{r_c \tang \frac{B}{2}}{p-a},$$

et les deux dernières se démontrent absolument comme la seconde. Donc, etc.

189. Théorème. — *Si l'on désigne par p le demi-périmètre d'un triangle rectiligne quelconque* ABC, *et par* S *sa surface, on a la relation*

$$S^2 = p(p-a)(p-b)(p-c).$$

Démonstration. — r' étant le rayon du cercle inscrit au triangle ABC, une propriété de géométrie élémentaire donne

$$S^2 = p^2 r'^2,$$

et, par suite du numéro précédent, il vient la relation qu'il s'agissait de démontrer. Donc, etc.

190. Théorème. — *Si l'on désigne par a, b, c, d les quatre côtés successifs d'un quadrilatère convexe et inscriptible, et par δ, δ' ses deux diagonales, la première passant par l'extrémité commune des deux côtés a et b, on a les relations*

$$\delta^2 = \frac{(ab+cd)(ac+bd)}{ad+bc}, \qquad \delta'^2 = \frac{(ac+bd)(ad+bc)}{ab+cd}.$$

Démonstration. — En représentant respectivement par (a, b), (a, d) les angles que forme le côté a avec chacun des deux côtés b, d, on a

$$\delta^2 = a^2 + d^2 - 2ad\cos(a, d) = b^2 + c^2 + 2bc\cos(a, d),$$
$$\delta'^2 = a^2 + b^2 - 2ab\cos(a, b) = c^2 + d^2 + 2cd\cos(a, b),$$

d'où l'on tire

$$\cos(a, d) = \frac{a^2 - b^2 - c^2 + d^2}{2(ad + bc)},$$
$$\cos(a, b) = \frac{a^2 + b^2 - c^2 - d^2}{2(ab + cd)},$$

et, par suite, il vient les relations

$$\delta^2 = a^2 + d^2 - ad\,\frac{a^2 - b^2 - c^2 + d^2}{ad + bc},$$
$$\delta'^2 = a^2 + b^2 - ab\,\frac{a^2 + b^2 - c^2 - d^2}{ab + cd},$$

qui se transforment immédiatement en celles qu'il s'agissait de démontrer. Donc, etc.

191. Théorème. — *Les mêmes choses étant posées que dans le numéro précédent, si l'on désigne par p le demi-périmètre du quadrilatère, et par r le rayon du cercle qui lui est circonscrit, on a la relation*

$$r^2 = \frac{1}{16}\,\frac{(ab + cd)(ac + bd)(ad + bc)}{(p - a)(p - b)(p - c)(p - d)}.$$

Démonstration. — On a (n° **137**)

$$r^2 = \frac{1}{4}\,\frac{\delta'^2}{\sin^2(a, b)},$$

et, par suite de ce qui a été établi dans le numéro précédent et au n° **144** (Coroll. II), il vient la relation, objet du théorème énoncé. Donc, etc.

192. Théorème. — *Si l'on désigne par a, b, c, d les quatre côtés successifs* AB, BC, CD, DA *d'un quadrila-*

tère convexe quelconque ABCD, *par* δ, δ' *ses deux diagonales* AC, BD, *et par* S *sa surface, on a la relation*

$$S^2 = \frac{1}{16}(2\delta\delta' + a^2 - b^2 + c^2 - d^2)(2\delta\delta' - a^2 + b^2 - c^2 + d^2). \quad (1)$$

Démonstration. — Soit O le point de rencontre des deux diagonales AC, BD, et désignons les quantités

$$\text{OA}, \quad \text{OB}, \quad \text{OC}, \quad \text{OD}, \quad \text{angle AOB},$$

respectivement par les lettres

$$\alpha, \quad \alpha', \quad \beta, \quad \beta', \quad \theta.$$

On a

$$a^2 = \alpha^2 + \alpha'^2 - 2\alpha\alpha'\cos\theta,$$
$$b^2 = \beta^2 + \alpha'^2 + 2\beta\alpha'\cos\theta,$$
$$c^2 = \beta^2 + \beta'^2 - 2\beta\beta'\cos\theta,$$
$$d^2 = \alpha^2 + \beta'^2 + 2\alpha\beta'\cos\theta,$$

d'où

$$a^2 - b^2 + c^2 - d^2 = -2(\alpha\alpha' + \beta\alpha' + \beta\beta' + \alpha\beta')\cos\theta,$$

et comme

$$\alpha\alpha' + \beta\alpha' + \beta\beta' + \alpha\beta' = (\alpha + \beta)(\alpha' + \beta'),$$

il vient

$$a^2 - b^2 + c^2 - d^2 = -2\delta\delta'\cos\theta.$$

De cette dernière relation on tire

$$\sin^2\theta = \frac{(2\delta\delta')^2 - (a^2 - b^2 + c^2 - d^2)^2}{4\delta^2\delta'^2},$$

ou bien

$$\sin^2\theta = \frac{1}{4}\frac{(2\delta\delta' + a^2 - b^2 + c^2 - d^2)(2\delta\delta' - a^2 + b^2 - c^2 + d^2)}{\delta^2\delta'^2},$$

et, par suite, le théorème du n° 145 donne la relation (1). Donc, etc.

Scolie. — Le théorème précédent a été donné par M. Dostor [1].

Corollaire I. — Lorsque le quadrilatère ABCD est inscriptible à un cercle, on a

$$\delta\delta' = ac + bd,$$

et, par suite, la relation (1) devient

$$S^2 = (p-a)(p-b)(p-c)(p-d),$$

p désignant le demi-périmètre du quadrilatère.

Cette dernière relation, qui est due au géomètre hindou Brahmegupta [2] (du VIe siècle), peut se démontrer directement, car on a (nos 140 et 144)

$$\text{aire ABC} = \frac{ab}{2}\sin \text{ABC}, \quad \text{aire ADC} = \frac{cd}{2}\sin \text{ABC},$$

$$\sin^2 \text{ABC} = \frac{4}{(ab+cd)^2}(p-a)(p-b)(p-c)(p-d),$$

d'où l'on tire de suite la relation en question.

Corollaire II. — Lorsque le quadrilatère ABCD est circonscriptible à un cercle, on a

$$a + c = b + d,$$

ce qui donne

$$a^2 - b^2 + c^2 - d^2 = 2(bd - ac),$$

et, par suite, la relation (1) devient

$$S^2 = \frac{1}{4}(\delta\delta' + ac - bd)(\delta\delta' - ac + bd).$$

---

(1) *Nouv. Annales de Math.*, t. VII, p. 69; 1848.

(2) Chasles, *Aperçu historique sur l'origine et le développement des méthodes en géométrie*, p. 431-432.

Corollaire III. — Lorsque le quadrilatère ABCD est à la fois inscriptible et circonscriptible à un cercle, la relation (1) devient

$$S^2 = abcd.$$

Observation. — Nous laissons au lecteur le soin d'étudier ce que devient la relation (1) dans les autres cas qui peuvent se présenter.

TRIGONOMÉTRIE.

PRÉLIMINAIRES.

193. En géométrie élémentaire, on considère deux sortes de triangles, les triangles rectilignes et les triangles sphériques. Ce sont ces deux sortes de triangles que nous allons considérer ici.

On appelle *éléments* d'un triangle rectiligne ou sphérique, les trois angles et les trois côtés qui le constituent.

Dans ce qui va suivre, les angles des triangles seront toujours supposés évalués en degrés, minutes, secondes, etc., et il en sera de même pour les côtés des triangles sphériques.

Lorsqu'un triangle est déterminé par suite d'un nombre suffisant de quantités données, et que ces données sont exprimées numériquement, on entend par *résoudre ce triangle*, calculer les valeurs numériques de ses éléments inconnus.

194. La *trigonométrie* a pour but la résolution des triangles. Elle prend le nom de trigonométrie *rectiligne* ou de trigonométrie *sphérique*, selon qu'elle s'occupe des triangles rectilignes ou des triangles sphériques.

PREMIÈRE PARTIE.

TRIGONOMÉTRIE RECTILIGNE.

RÉSOLUTION D'UN TRIANGLE RECTANGLE, LORSQUE, INDÉPENDAMMENT DE L'ANGLE DROIT ET DE L'UN DE SES CÔTÉS, UN AUTRE DE SES ÉLÉMENTS EST CONNU.

195. Soit un triangle rectangle quelconque ABC.

La résolution dont il s'agit présente quatre cas distincts.

Premier cas. — Si l'on donne a, B, on a pour déterminer C, b, c, les relations

$$C = 90^\circ - B, \quad b = a \sin B, \quad c = a \cos B.$$

Deuxième cas. — Si l'on donne a, b, on a pour déterminer B, C, c les relations

$$\sin B = \frac{b}{a}, \quad C = 90^\circ - B, \quad c = a \cos B.$$

On pourrait aussi faire usage des formules

$$c^2 = (a + b)(a - b), \quad \cos C = \frac{b}{a}.$$

Troisième cas. — Si l'on donne b, B ou C, on a pour déterminer le second angle aigu et les deux côtés a, c, les relations

$$B + C = 90^\circ, \quad a = \frac{b}{\sin B}, \quad c = b \operatorname{tang} C.$$

Quatrième cas. — Si l'on donne b, c, on a, pour déterminer a, B, C, les relations

$$\tang B = \frac{b}{c}, \quad C = 90^\circ - B, \quad a = \frac{b}{\sin B}.$$

RÉSOLUTION D'UN TRIANGLE QUELCONQUE, LORSQUE, INDÉPENDAMMENT DE L'UN DE SES CÔTÉS, DEUX AUTRES DE SES ÉLÉMENTS SONT CONNUS.

196. Soit un triangle quelconque ABC.

La résolution dont il s'agit présente quatre cas distincts.

Premier cas. — Si l'on donne le côté a et deux angles, on a, pour déterminer le troisième angle et les deux autres côtés b, c, les relations

$$A + B + C = 180^\circ, \quad b = a\frac{\sin B}{\sin A}, \quad c = a\frac{\sin C}{\sin A}.$$

Deuxième cas. — Si l'on donne les deux côtés a, b et l'angle A non adjacent au premier, on a pour calculer les deux autres angles B, C et le troisième côté c, les relations

$$\sin B = \frac{b}{a}\sin A, \quad C = 180^\circ - (A + B), \quad c = a\frac{\sin C}{\sin A}.$$

Discussion. — Pour que le problème soit possible, il faut que le produit $b \sin A$ ne soit pas supérieur au côté a.

Si on a

$$a > b \sin A,$$

on trouvera pour B deux valeurs, l'une V moindre que 90 degrés, et l'autre égale à 180° — V. Par suite, on aura pour C et c les valeurs respectivement correspondantes

$$C = 180^\circ - (A + V), \qquad C = V - A,$$

$$c = a\frac{\sin(A + V)}{\sin A}, \qquad c = a\frac{\sin(V - A)}{\sin A}.$$

Pour que l'angle V réponde à la question, il faut et il suffit qu'on ait

$$V < 180^\circ - A.$$

Pour que l'angle $180^\circ - V$ y réponde, il faut et il suffit qu'on ait

$$V > A.$$

Examinons dans quelles circonstances ces conditions sont remplies.

1°. Si A est au moins égal à 90 degrés, l'angle V seul peut répondre à la question, et il n'y répond qu'autant que l'on a

$$\sin V < \sin(180^\circ - A) = \sin A,$$

ou, ce qui revient au même,

$$b < a.$$

2°. Si A est moindre que 90 degrés, des deux angles V et $180^\circ - V$, le premier répond toujours à la question, et le second ne peut y répondre qu'autant que l'on a

$$\sin V > \sin A,$$

ou, ce qui revient au même,

$$b > a.$$

Il est aisé de voir que les résultats de la discussion précédente concordent parfaitement avec ceux qui sont donnés, en géométrie élémentaire, dans la discussion du même problème considéré sous un point de vue purement graphique.

Scolie. — La solution du problème précédent pourrait être présentée comme il suit : on a

$$a^2 = b^2 + c^2 - 2bc\cos A,$$

d'où

$$c = b\cos A \pm \sqrt{a^2 - b^2\sin^2 A},$$

ou bien

$$c = b\cos A \pm a\sqrt{1 - \frac{b^2\sin^2 A}{a^2}}.$$

Or, comme, pour la réalité de ces valeurs de c, on doit avoir

$$\frac{b}{a}\sin A \leqq 1,$$

on peut (cette condition étant remplie) déterminer un arc positif φ moindre que 90 degrés, tel qu'on ait

$$\frac{b}{a}\sin A = \sin\varphi,$$

d'où l'on tire

$$b = a\frac{\sin\varphi}{\sin A},$$

et, par suite, il vient

$$c = a\frac{\sin\varphi\cos A}{\sin A} \pm a\cos\varphi = a\frac{\sin(\varphi \pm A)}{\sin A}.$$

Il est aisé de voir que cette seconde manière de calculer le côté c n'est qu'en apparence différente de la première.

Troisième cas. — Si l'on donne les deux côtés b, c, et l'angle A qu'ils comprennent, on a, pour calculer les deux autres angles B, C et le troisième côté a, les relations

$$\operatorname{tang}\frac{B - C}{2} = \frac{b - c}{b + c}\cot\frac{A}{2}, \tag{1}$$

$$B = \frac{B + C}{2} + \frac{B - C}{2} = 90^\circ - \frac{A}{2} + \frac{B - C}{2},$$

$$C = \frac{B + C}{2} - \frac{B - C}{2} = 90^\circ - \frac{A}{2} - \frac{B - C}{2},$$

$$a = (b + c)\frac{\sin\frac{A}{2}}{\cos\frac{B - C}{2}}. \tag{2}$$

La relation (1) s'obtient comme il suit : on a

$$\frac{b}{\sin B} = \frac{c}{\sin C},$$

d'où

$$\frac{b+c}{b-c} = \frac{\sin B + \sin C}{\sin B - \sin C},$$

ou bien

$$\frac{b+c}{b-c} = \frac{\operatorname{tang}\frac{B+C}{2}}{\operatorname{tang}\frac{B-C}{2}} = \frac{\cot\frac{A}{2}}{\operatorname{tang}\frac{B-C}{2}}.$$

Pour obtenir la relation (2), il suffit d'observer que les égalités

$$\frac{a}{\sin A} = \frac{b}{\sin B} = \frac{c}{\sin C}$$

donnent

$$\frac{a}{\sin A} = \frac{b+c}{\sin B + \sin C} = \frac{b+c}{2\sin\frac{B+C}{2}\cos\frac{B-C}{2}}$$

$$= \frac{b+c}{2\cos\frac{A}{2}\cos\frac{B-C}{2}},$$

et que l'on a

$$\sin A = 2\sin\frac{A}{2}\cos\frac{A}{2}\ (^1).$$

---

(1) La relation (2) peut être obtenue de cette autre manière :
On a

$$a^2 = b^2 + c^2 - 2bc\cos A,$$

ou bien

$$a^2 = (b^2+c^2)\left(\cos^2\frac{A}{2} + \sin^2\frac{A}{2}\right) - 2bc\left(\cos^2\frac{A}{2} - \sin^2\frac{A}{2}\right),$$

ou bien encore

$$a^2 = (b+c)^2\sin^2\frac{A}{2}\left[1 + \left(\frac{b-c}{b+c}\cot\frac{A}{2}\right)^2\right];$$

et, en désignant par φ l'angle positif ou négatif moindre en valeur ab-

Scolie I. — Pour calculer le côté a, on pourrait employer la relation

$$a = b\frac{\sin A}{\sin B}, \qquad (3)$$

mais on voit de suite qu'elle donnerait lieu à un calcul un peu plus long que celui auquel conduit la relation (2).

Scolie II. — La relation (1) peut être remplacée par une autre quelquefois plus commode dans la pratique.

Ainsi, en désignant par ψ un arc tel que

$$\operatorname{tang}\psi = \frac{c}{b},$$

il vient

$$\frac{b-c}{b+c} = \frac{1-\operatorname{tang}\psi}{1+\operatorname{tang}\psi} = \frac{\operatorname{tang}45^\circ - \operatorname{tang}\psi}{1+\operatorname{tang}45^\circ\operatorname{tang}\psi} = \operatorname{tang}(45^\circ-\psi),$$

et, par suite,

$$\operatorname{tang}\frac{B-C}{2} = \operatorname{tang}(45^\circ-\psi)\cot\frac{A}{2}.$$

Cette dernière relation doit être surtout employée lorsque ce sont les logarithmes des deux côtés b et c qui sont connus, et non ces côtés eux-mêmes. Dans ce dernier cas, la relation (3) doit être préférée à la relation (2).

---

solue que 90 degrés $\left(\text{lequel n'est autre que } \frac{B-C}{2}\right)$, qui donne

$$\frac{b-c}{b+c}\cot\frac{A}{2} = \operatorname{tang}\varphi,$$

il vient

$$a^2 = (b+c)^2\frac{\sin^2\frac{A}{2}}{\cos^2\varphi},$$

d'où l'on tire

$$a = (b+c)\frac{\sin\frac{A}{2}}{\cos\varphi}.$$

Quatrième cas. — Si l'on donne les trois côtés a, b, c, on a pour calculer les angles A, B, C, les relations

$$\tang^2 \frac{A}{2} = \frac{(p-b)(p-c)}{p(p-a)},$$

$$\tang^2 \frac{B}{2} = \frac{(p-a)(p-c)}{p(p-b)},$$

$$\tang^2 \frac{C}{2} = \frac{(p-a)(p-b)}{p(p-c)},$$

dans lesquelles p désigne le demi-périmètre du triangle.

Pour obtenir l'une quelconque de ces trois relations, par exemple la première, il suffit d'observer que l'on a

$$a^2 = (b+c)^2 - 4bc\cos^2\frac{A}{2}$$

et

$$\cos^2\frac{A}{2} = \frac{1}{1+\tang^2\frac{A}{2}},$$

d'où l'on tire

$$\tang^2\frac{A}{2} = \frac{a^2-(b-c)^2}{(b+c)^2-a^2} = \frac{(a-b+c)(a+b-c)}{(a+b+c)(b+c-a)},$$

ou bien

$$\tang^2\frac{A}{2} = \frac{(p-b)(p-c)}{p(p-a)}.$$

On pourrait aussi conclure cette relation de ce qui a été établi aux n^{os} **142** et **188**, car en conservant les notations de ces numéros, on a

$$\tang\frac{A}{2} = \frac{r'}{p-a}$$

et

$$r'^2 = \frac{(p-a)(p-b)(p-c)}{p},$$

d'où l'on tire la relation en question.

Discussion. — Supposons qu'on ait

$$a \geqq b \geqq c.$$

Les identités

$$(p-a)+(p-b)=c,$$
$$(p-a)+(p-c)=b,$$
$$(p-b)+(p-c)=a,$$

montrent que deux quelconques des trois différences

$$p-a, \quad p-b, \quad p-c,$$

ne peuvent être négatives, et en observant que les valeurs des trois quantités

$$\operatorname{tang}^2\frac{A}{2}, \quad \operatorname{tang}^2\frac{B}{2}, \quad \operatorname{tang}^2\frac{C}{2},$$

doivent être positives, on en conclut immédiatement que la condition nécessaire et suffisante pour que le problème soit possible est

$$p-a>0,$$

ou, ce qui revient au même,

$$a<b+c.$$

Cette condition est en effet, comme l'on sait, celle qui doit exister pour qu'avec les trois longueurs a, b, c données comme côtés d'un triangle, on puisse construire ce triangle.

Scolie.—Des relations données au corollaire du n° 138, on tire très-facilement les suivantes :

$$\sin^2\frac{A}{2}=\frac{(p-b)(p-c)}{bc},$$

$$\sin^2\frac{B}{2}=\frac{(p-a)(p-c)}{ac},$$

$$\sin^2\frac{C}{2}=\frac{(p-a)(p-b)}{ab},$$

et

$$\cos^2\frac{A}{2}=\frac{p(p-a)}{bc},$$

$$\cos^2\frac{B}{2}=\frac{p(p-b)}{ac},$$

$$\cos^2\frac{C}{2}=\frac{p(p-c)}{ab},$$

qui peuvent être employées dans le problème précédent pour la détermination des angles A, B, C. Mais, lorsque l'on veut calculer deux de ces angles, elles ont l'inconvénient d'exiger des calculs un peu plus longs que ceux auxquels conduisent les relations que nous avons données en premier lieu.

EXEMPLES DE RÉSOLUTION DE TRIANGLES, LORSQUE LES DONNÉES NE SONT PAS TOUTES DES CÔTÉS OU DES ANGLES.

Le nombre des problèmes qui peuvent être proposés sur la résolution des triangles est illimité. Nous allons en traiter quelques-uns des plus remarquables.

197. PROBLÈME. — *Résoudre un triangle* ABC, *connaissant* a, $b\pm c$ *et* A.

Solution. — 1°. Si l'on donne $b+c$, on déterminera les angles B et C à l'aide des relations

$$\cos\frac{B-C}{2}=\frac{b+c}{a}\sin\frac{A}{2}\ (\text{n}^\circ\ 196,\ 3^\text{e}\ \text{cas}), \qquad (1)$$

$$\left.\begin{aligned} B&=\frac{B+C}{2}+\frac{B-C}{2}=90^\circ-\frac{A}{2}+\frac{B-C}{2},\\ C&=\frac{B+C}{2}-\frac{B-C}{2}=90^\circ-\frac{A}{2}-\frac{B-C}{2},\end{aligned}\right\} \qquad (2)$$

et, par suite, on aura b et c (n° 196, 1$^\text{er}$ cas).

2°. Si l'on donne $b - c$, on déterminera les angles B et C à l'aide de la relation

$$\sin\frac{B - C}{2} = \frac{b - c}{a}\cos\frac{A}{2},$$

jointe aux égalités (2).

Cette dernière relation s'obtient à peu près de la même manière que la relation (1).

198. Problème. — *Résoudre un triangle* ABC, *connaissant* a, $b \pm c$, et B.

Solution. — On calculera l'angle C à l'aide de la première ou de la seconde des deux relations suivantes :

$$\tang\frac{C}{2} = \frac{(b + c) - a}{a + (b + c)}\cot\frac{B}{2},$$

$$\tang\frac{C}{2} = \frac{a - (b - c)}{a + (b - c)}\tang\frac{B}{2},$$

selon que $b + c$ ou $b - c$ sera connu, puis on achèvera comme au n° 196, 1er cas.

Ces deux dernières relations sont une conséquence immédiate de celles qui ont été données au n° 196, 4e cas.

199. Problème. — *Résoudre un triangle* ABC, *connaissant* a, bc *et* A.

Solution. — Les relations

$$\frac{a}{\sin A} = \frac{b}{\sin B} = \frac{c}{\sin C}$$

donnent

$$\frac{a^2}{2\sin^2 A} = \frac{bc}{2\sin B\sin C} = \frac{bc}{\cos(B - C) + \cos A},$$

et, par suite, en désignant par φ l'arc positif, moindre que 90 degrés, pour lequel on a

$$\cot\varphi = 2\frac{bc}{a^2}\sin A,$$

il vient

$$\cos(B - C) = \frac{\sin(A - \varphi)}{\sin\varphi}.$$

Cette dernière relation donnera $B - C$, et comme on connaît $B + C$, on aura B et C. Les côtés b, c se calculeront comme au n° 196, 1er cas.

200. Problème. — *Résoudre un triangle* ABC, *connaissant* a, $\frac{b}{c}$ et A.

Solution. — On déterminera les angles B et C à l'aide de la relation

$$\operatorname{tang}\frac{B - C}{2} = \frac{\frac{b}{c} - 1}{\frac{b}{c} + 1}\cot\frac{A}{2} \text{ (n° 196, 3^e cas)},$$

jointe aux relations (2) du n° 197.

La solution s'achèvera ensuite comme au n° 196, 1er cas.

201. Problème. — *Résoudre un triangle* ABC, *connaissant* a, $2p$ $(= a + b + c)$ *et* r (rayon du cercle circonscrit).

Solution. — On déterminera l'angle A à l'aide de la relation

$$\sin A = \frac{a}{2r}.$$

Voyons maintenant comment on pourra calculer les angles B et C.

Les relations

$$r = \frac{\left(\frac{a}{2}\right)}{\sin A} = \frac{\left(\frac{b}{2}\right)}{\sin B} = \frac{\left(\frac{c}{2}\right)}{\sin C}$$

donnent

$$r = \frac{p}{\sin A + \sin B + \sin C} = \frac{p}{\sin A + 2\cos\frac{A}{2}\cos\frac{B-C}{2}},$$

d'où

$$\cos\frac{B-C}{2} = \sin\frac{A}{2}\left(\frac{p}{r\sin A} - 1\right).$$

Or, comme p est $> r\sin A$, il existe un certain arc positif φ moindre que 90 degrés, pour lequel on a

$$\sin^2\varphi = \frac{r\sin A}{p},$$

et, par suite, il vient

$$\cos\frac{B-C}{2} = \sin\frac{A}{2}\cot^2\varphi.$$

Cette dernière relation donnera l'angle $\frac{B-C}{2}$, et la solution s'achèvera comme au n° 197.

202. Problème. — *Résoudre un triangle* ABC, *connaissant* a, r (rayon du cercle circonscrit) *et* h (hauteur du triangle correspondant au côté a).

Solution. — On déterminera l'angle A à l'aide de la relation

$$\sin A = \frac{a}{2r},$$

et comme on a

$$\frac{ah}{2} = \frac{abc}{4r},$$

ou, ce qui revient au même,

$$bc = 2rh,$$

on calculera le produit bc, et, par suite, on achèvera la solution comme au n° 199.

Dans cette solution, il ne sera pas nécessaire de calculer le produit bc, mais seulement son logarithme.

203. Problème. — *Résoudre un triangle* ABC, *connaissant* A, $2p\ (= a + b + c)$ *et* r' (rayon du cercle inscrit).

Solution. — On déterminera le côté a à l'aide de la relation

$$p - a = r' \cot \frac{A}{2},$$

et, par suite, on sera ramené au problème du n° 197.

204. Problème. — *Résoudre un triangle* ABC, *connaissant* a, $2p\ (= a + b + c)$ *et* S (surface du triangle).

Solution. — On déterminera l'angle A à l'aide de la relation

$$\cot \frac{A}{2} = \frac{p(p-a)}{S},$$

que l'on déduit immédiatement de celles établies aux n°s 189 et 196 (4e cas), et, par suite, on sera ramené au problème du n° 197.

205. Problème. — *Résoudre un triangle* ABC, *connaissant* A, B *et* $2p\ (= a + b + c)$.

Solution. — On a

$$C = 180° - (A + B).$$

De plus, si l'on observe que la quantité

$$\frac{2p}{\sin A + \sin B + \sin C}$$

est égale à chacun des trois quotients

$$\frac{a}{\sin A}, \quad \frac{b}{\sin B}, \quad \frac{c}{\sin C},$$

et que l'on a (n° 40)

$$\sin A + \sin B + \sin C = 4 \cos\frac{A}{2} \cos\frac{B}{2} \cos\frac{C}{2},$$

il vient

$$a = p\frac{\sin\frac{A}{2}}{\cos\frac{B}{2}\cos\frac{C}{2}}, \quad B = p\frac{\sin\frac{B}{2}}{\cos\frac{A}{2}\cos\frac{C}{2}}, \quad c = p\frac{\sin\frac{C}{2}}{\cos\frac{A}{2}\cos\frac{B}{2}}.$$

Ayant calculé a, au lieu de calculer b et c à l'aide des relations précédentes, on pourrait achever la solution du problème comme il est dit au n° 196, 1er cas.

206. Problème. — *Résoudre un triangle* ABC, *connaissant* A, B *et* S (surface du triangle).

Solution. — On a

$$C = 180° - (A + B),$$

et la relation connue

$$S = \frac{a^2}{2}\frac{\sin B \sin C}{\sin A}$$

donne

$$a^2 = 2S\frac{\sin A}{\sin B \sin C}.$$

Ayant calculé le côté a à l'aide de cette dernière relation, on achèvera la solution du problème comme au n° 196, 1er cas.

207. Problème. — *Résoudre un triangle* ABC, *connaissant* a, A *et* S (surface du triangle).

Solution. — La relation

$$S = \frac{a^2}{2}\frac{\sin B \sin C}{\sin A}$$

donne

$$S = \frac{a^2}{4 \sin A}[\cos(B - C) + \cos A],$$

et, par suite, en désignant par φ l'arc positif, moindre que 90 degrés, pour lequel on a

$$\cot\varphi = \frac{4S}{a^2},$$

il vient

$$\cos(B - C) = \frac{\sin(A - \varphi)}{\sin\varphi}.$$

Cette dernière relation donnera B — C, et comme B + C est connu, on aura B et C. Les côtés b, c se calculeront comme au n° 196, 1er cas.

208. Problème. — *Résoudre un triangle* ABC, *connaissant* A, B *et* r' (rayon du cercle inscrit au triangle).

Solution. — On a

$$C = 180^\circ - (A + B).$$

De plus, comme les relations

$$p - a = r' \cot\frac{A}{2}, \quad p - b = r' \cot\frac{B}{2}, \quad p - c = r' \cot\frac{C}{2},$$

où p désigne la quantité $\dfrac{a + b + c}{2}$, permettent de calculer les différences

$$p - a, \quad p - b, \quad p - c,$$

et que l'on a

$$p = (p - a) + (p - b) + (p - c),$$

on en déduit immédiatement les valeurs de a, b, c.

DEUXIÈME PARTIE.

TRIGONOMÉTRIE SPHÉRIQUE.

OBSERVATION RELATIVE AUX TRIANGLES SPHÉRIQUES RECTANGLES.

209. Lorsqu'un triangle sphérique est bi-rectangle, les côtés opposés aux angles droits valent chacun 90 degrés, et le troisième côté a la même mesure que l'angle non adjacent. La détermination d'un tel triangle consiste donc simplement dans la connaissance de l'angle oblique ou du côté qui lui est opposé.

210. Lorsqu'un triangle sphérique est tri-rectangle, les trois côtés valent chacun 90 degrés. Les triangles sphériques de cette espèce ne peuvent donner lieu à aucun problème de résolution.

RÉSOLUTION D'UN TRIANGLE SPHÉRIQUE UNI-RECTANGLE (1), LORSQUE, INDÉPENDAMMENT DE SON ANGLE DROIT, ON CONNAIT DEUX AUTRES DE SES ÉLÉMENTS.

211. Soit un triangle sphérique uni-rectangle ABC.

La résolution dont il s'agit présente six cas distincts :

Premier cas. — Si l'on donne a, B, on a, pour déter-

(1) Nous employons ici la dénomination de *triangle sphérique uni-rectangle* pour désigner un triangle sphérique qui a un seul angle droit.

miner C, b, c, les relations

$$\operatorname{tang} C = \frac{\cot B}{\cos a}, \quad \sin b = \sin a \sin B, \quad \operatorname{tang} c = \operatorname{tang} a \cos B.$$

Il n'y a ici qu'une seule solution, car le côté b qui est donné par son sinus, est de même espèce que l'angle donné B (nº 153, Coroll.).

Deuxième cas. — Si l'on donne a, b, on a, pour déterminer B, C, c, les relations

$$\sin B = \frac{\sin b}{\sin a}, \quad \cos C = \frac{\operatorname{tang} b}{\operatorname{tang} a}, \quad \cos c = \frac{\cos a}{\cos b}.$$

Il n'y a ici encore qu'une seule solution, car l'angle B, qui est donné par son sinus, est de même espèce que le côté donné b (nº 153, Coroll.).

Troisième cas. — Si l'on donne b, B, on a, pour déterminer C, a, c, les relations

$$\sin C = \frac{\cos B}{\cos b}, \quad \sin a = \frac{\sin b}{\sin B}, \quad \sin c = \frac{\operatorname{tang} b}{\operatorname{tang} B}.$$

Discussion. — Les trois éléments inconnus C, a, c étant donnés par leurs sinus, sont susceptibles chacun de deux valeurs; c'est pourquoi il y a lieu à discuter le problème.

D'abord si le côté b et l'angle B ont la même mesure en degrés, minutes, secondes, etc., on a

$$\sin C = \sin a = \sin c = 1,$$

ou, ce qui revient au même,

$$C = 90^\circ, \quad a = c = 90^\circ,$$

et par conséquent le triangle est bi-rectangle, ce qui est visible à priori.

Supposons maintenant que le côté b et l'angle B n'aient pas la même mesure en degrés, minutes, secondes, etc.

1°. Si b est $< 90°$, pour que le problème soit possible, on doit avoir

$$B < 90°,$$

et la mesure de b en degrés, minutes, secondes, etc., moindre que celle de B.

De plus, en désignant par Γ, α, γ les valeurs inférieures à 90 degrés, que les Tables trigonométriques font connaître respectivement pour C, a, c, on a les deux solutions suivantes :

$$1^{re} \textit{ solution.} \left\{ \begin{array}{l} C = \Gamma, \\ a = \alpha, \\ c = \gamma, \end{array} \right. \qquad 2^{e} \textit{ solution.} \left\{ \begin{array}{l} C = 180° - \Gamma, \\ a = 180° - \alpha, \\ c = 180° - \gamma. \end{array} \right.$$

2°. Si b est $> 90°$, pour que le problème soit possible, on doit avoir

$$B > 90°,$$

et la mesure de b en degrés, minutes, secondes, etc., plus grande que celle de B.

De plus, en désignant toujours par Γ, α, γ les valeurs inférieures à 90 degrés que les Tables trigonométriques font connaître respectivement pour C, a, c, on a les deux solutions suivantes :

$$1^{re} \textit{ solution.} \left\{ \begin{array}{l} C = 180° - \Gamma, \\ a = \alpha, \\ c = 180° - \gamma, \end{array} \right. \qquad 2^{e} \textit{ solution.} \left\{ \begin{array}{l} C = \Gamma, \\ a = 180° - \alpha, \\ c = \gamma. \end{array} \right.$$

On peut voir à priori que si le côté b et l'angle B n'ont pas la même mesure en degrés, minutes, secondes, etc., le problème admet deux solutions ou bien aucune.

Dans la discussion précédente, lorsque nous avons supposé que le côté b et l'angle B n'avaient pas la même mesure en degrés, minutes, secondes, etc., nous n'avons pas dû faire l'hypothèse de $b = 90°$, parce que, dans cette hypothèse, le problème n'est possible qu'autant que l'on a aussi $B = 90°$.

Quatrième cas. — Si l'on donne b, C, on a pour déterminer B, a, c les relations

$$\cos B = \cos b \sin C, \quad \operatorname{tang} a = \frac{\operatorname{tang} b}{\cos C}, \quad \operatorname{tang} c = \sin b \operatorname{tang} C.$$

Cinquième cas. — Si l'on donne b, c, on a pour déterminer a, B, C les relations

$$\cos a = \cos b \cos c, \quad \operatorname{tang} B = \frac{\operatorname{tang} b}{\sin c}, \quad \operatorname{tang} C = \frac{\operatorname{tang} c}{\sin b}.$$

Sixième cas. — Si l'on donne B, C, on a, pour déterminer a, b, c, les relations

$$\cos a = \cot B \cot C, \quad \cos b = \frac{\cos B}{\sin C}, \quad \cos c = \frac{\cos C}{\sin B}.$$

Observation. — Lorsqu'on applique le calcul des logarithmes aux différents cas que nous venons de traiter, il peut arriver, un arc ou un angle à calculer étant donné par son cosinus ou par sa tangente, que la valeur de ce cosinus ou de cette tangente soit négative; dans ce cas, il faut calculer à la place de cet arc ou de cet angle, l'arc ou l'angle supplémentaire, lequel a, au signe près, le même cosinus ou la même tangente.

RÉSOLUTION D'UN TRIANGLE SPHÉRIQUE QUELCONQUE, LORSQUE TROIS DE SES ÉLÉMENTS SONT CONNUS.

212. Soit un triangle sphérique quelconque ABC.

La résolution dont il s'agit présente six cas distincts :

Premier cas. — Si l'on donne a, b, c, on a, pour déterminer A, B, C, les relations suivantes :

$$\tang^2 \frac{A}{2} = \frac{\sin(p-b)\sin(p-c)}{\sin p \sin(p-a)},$$

$$\tang^2 \frac{B}{2} = \frac{\sin(p-a)\sin(p-c)}{\sin p \sin(p-b)},$$

$$\tang^2 \frac{C}{2} = \frac{\sin(p-a)\sin(p-b)}{\sin p \sin(p-c)},$$

dans lesquelles p désigne le demi-périmètre du triangle.

Pour obtenir l'une quelconque de ces trois relations, par exemple la première, il suffit d'observer que l'on a

$$\cos a - \cos b \cos c = \sin b \sin c \cos A$$

et

$$\cos A = \frac{1 - \tang^2 \frac{A}{2}}{1 + \tang^2 \frac{A}{2}},$$

d'où l'on tire

$$\tang^2 \frac{A}{2} = \frac{\cos a - \cos(b-c)}{\cos(b+c) - \cos a},$$

ou bien

$$\tang^2 \frac{A}{2} = \frac{\sin \frac{a+b-c}{2} \sin \frac{a-b+c}{2}}{\sin \frac{a+b+c}{2} \sin \frac{-a+b+c}{2}},$$

c'est-à-dire

$$\tang^2 \frac{A}{2} = \frac{\sin(p-b)\sin(p-c)}{\sin p \sin(p-a)}.$$

On pourrait aussi conclure cette relation de ce qui a été établi aux nos 184 et 186, car en conservant les notations de ces numéros, on a

$$\tang \frac{A}{2} = \frac{\tang r'}{\sin(p-a)}$$

et

$$\tang^2 r' = \frac{\sin(p-a)\sin(p-b)\sin(p-c)}{\sin p},$$

d'où l'on tire la relation en question.

Discussion. — Supposons qu'on ait

$$a \geqq b \geqq c.$$

Les identités

$$\left.\begin{aligned}(p-a)+(p-b)&=c,\\(p-a)+(p-c)&=b,\\(p-b)+(p-c)&=a,\end{aligned}\right\} \qquad (1)$$

montrent que deux quelconques des trois différences

$$p-a, \quad p-b, \quad p-c,$$

ne peuvent être négatives, et en observant que chacun des côtés a, b, c est moindre que 180 degrés, et que les trois quantités

$$\tang^2\frac{A}{2}, \quad \tang^2\frac{B}{2}, \quad \tang^2\frac{C}{2}, \qquad (2)$$

doivent être positives, on conclut même de suite que l'une quelconque de ces trois différences ne peut être négative.

De plus, les identités (1) et les suivantes :

$$\begin{aligned}p+(p-a)&=b+c,\\p+(p-b)&=a+c,\\p+(p-c)&=a+b,\end{aligned}$$

montrent que parmi les quatre arcs

$$p, \quad p-a, \quad p-b, \quad p-c,$$

il ne peut y en avoir deux qui soient chacun non inférieur à 180 degrés, et comme, afin que les trois quantités (2) soient positives, ces quatre arcs doivent être en nombre pair (zéro comptant pour nombre pair) moindres que 180 degrés, il en résulte immédiatement que les conditions nécessaires et suffisantes pour la possibilité du problème sont

$$2p(= a + b + c) < 360^\circ,$$
$$a < b + c.$$

On sait, en effet, que ces conditions sont celles qui doivent exister pour qu'avec les trois arcs de grands cercles *a*, *b*, *c* donnés comme côtés d'un triangle sphérique, on puisse construire ce triangle.

Scolie I. — Des relations données aux nos 31 et 150, on tire facilement les suivantes :

$$\sin^2\frac{A}{2} = \frac{\sin(p-b)\sin(p-c)}{\sin b \sin c},$$

$$\sin^2\frac{B}{2} = \frac{\sin(p-a)\sin(p-c)}{\sin a \sin c},$$

$$\sin^2\frac{C}{2} = \frac{\sin(p-a)\sin(p-b)}{\sin a \sin b},$$

$$\cos^2\frac{A}{2} = \frac{\sin p \sin(p-a)}{\sin b \sin c},$$

$$\cos^2\frac{B}{2} = \frac{\sin p \sin(p-b)}{\sin a \sin c},$$

$$\cos^2\frac{C}{2} = \frac{\sin p \sin(p-c)}{\sin a \sin b},$$

qui peuvent être employées dans le problème précédent pour la détermination des angles A, B, C. Mais, lorsque l'on veut calculer au moins deux de ces angles, elles ont l'inconvénient d'exiger des calculs un peu plus longs que ceux auxquels conduisent les relations que nous avons données en premier lieu.

Scolie II. — La première des relations établies au

n° 150 donne

$$\cos A = \frac{\cos a - \cos b \cos c}{\sin b \sin c},$$

et, en désignant par φ le plus petit arc positif pour lequel on a

$$\cos\varphi = \cos b \cos c,$$

il vient

$$\cos A = \frac{\cos a - \cos\varphi}{\sin b \sin c},$$

ou bien

$$\cos A = 2\,\frac{\sin\frac{\varphi + a}{2}\sin\frac{\varphi - a}{2}}{\sin b \sin c}.$$

A l'aide de cette dernière relation, on pourrait calculer l'angle A, et les deux autres angles B et C se calculeraient de la même manière.

Deuxième cas. — Si l'on donne A, B, C, on a pour déterminer a, b, c les relations

$$\tang^2\frac{a}{2} = \frac{\sin S \sin(A - S)}{\sin(B - S)\sin(C - S)},$$

$$\tang^2\frac{b}{2} = \frac{\sin S \sin(B - S)}{\sin(A - S)\sin(C - S)},$$

$$\tang^2\frac{c}{2} = \frac{\sin S \sin(C - S)}{\sin(A - S)\sin(B - S)},$$

dans lesquelles S désigne l'excès de la demi-somme des angles du triangle sur un dièdre droit.

Pour obtenir l'une quelconque des trois relations, par exemple la première, il suffit d'observer que l'on a

$$\cos A + \cos B \cos C = \sin B \sin C \cos a$$

et

$$\cos a = \frac{1 - \tang^2\frac{a}{2}}{1 + \tang^2\frac{a}{2}},$$

d'où l'on tire

$$\text{tang}^2 \frac{a}{2} = -\frac{\cos A + \cos(B + C)}{\cos A + \cos(B - C)},$$

ou bien

$$\text{tang}^2 \frac{a}{2} = -\frac{\cos \frac{A + B + C}{2} \cos \frac{A - B - C}{2}}{\cos \frac{A + B - C}{2} \cos \frac{A - B + C}{2}},$$

c'est-à-dire

$$\text{tang}^2 \frac{a}{2} = \frac{\sin S \sin(A - S)}{\sin(B - S) \sin(C - S)}.$$

La discussion de ce second cas se fait à peu près comme celle du premier, et en admettant que l'on ait

$$A \geqq B \geqq C,$$

on trouve que les conditions nécessaires et suffisantes pour la possibilité du problème sont

$$A + B + C > 180^\circ,$$
$$A + B - C < 180^\circ,$$

chacun des angles A, B, C étant d'ailleurs supposé moindre que 180 degrés.

Ces conditions sont en effet, comme l'on sait, celles qui doivent exister pour qu'avec trois angles dièdres A, B, C (chacun moindre que 180 degrés) donnés comme angles d'un triangle sphérique, on puisse construire ce triangle.

Scolie I. — Des relations données aux nos 31 et 151, on tire facilement les suivantes :

$$\sin^2 \frac{a}{2} = \frac{\sin S \sin(A - S)}{\sin B \sin C},$$

$$\sin^2 \frac{b}{2} = \frac{\sin S \sin(B - S)}{\sin A \sin C},$$

$$\sin^2 \frac{c}{2} = \frac{\sin S \sin(C - S)}{\sin A \sin B},$$

et

$$\cos^2\frac{a}{2}=\frac{\sin(B-S)\sin(C-S)}{\sin B\sin C},$$

$$\cos^2\frac{b}{2}=\frac{\sin(A-S)\sin(C-S)}{\sin A\sin C},$$

$$\cos^2\frac{c}{2}=\frac{\sin(A-S)\sin(B-S)}{\sin A\sin B},$$

qui peuvent être employées dans le problème précédent pour la détermination des côtés a, b, c. Mais lorsque l'on veut calculer au moins deux de ces côtés, elles ont l'inconvénient d'exiger des calculs un peu plus longs que ceux auxquels conduisent les relations posées en premier lieu.

Scolie II. — La première des relations établies au n° 151 donne

$$\cos a=\frac{\cos A+\cos B\cos C}{\sin B\sin C},$$

et en désignant par Φ l'angle dièdre pour lequel on a

$$\cos\Phi=\cos B\cos C,$$

il vient

$$\cos a=\frac{\cos A+\cos\Phi}{\sin B\sin C};$$

ou bien

$$\cos a=2\,\frac{\cos\frac{A+\Phi}{2}\cos\frac{A-\Phi}{2}}{\sin B\sin C}.$$

Cette dernière relation pourrait servir à calculer le côté a, et les deux autres côtés b, c se calculeraient de la même manière.

Troisième cas. — Si l'on donne deux côtés a, b et l'angle A non adjacent au premier, on a pour calculer l'angle B la relation

$$\sin B = \frac{\sin b}{\sin a} \sin A, \qquad (1)$$

et, par suite, on a le troisième angle C et le côté c à l'aide des deux analogies de Néper,

$$\left.\begin{aligned} \cot\frac{C}{2} &= \tang\frac{A+B}{2}\,\frac{\cos\dfrac{a+b}{2}}{\cos\dfrac{a-b}{2}}, \\ \tang\frac{c}{2} &= \tang\frac{a+b}{2}\,\frac{\cos\dfrac{A+B}{2}}{\cos\dfrac{A-B}{2}}, \end{aligned}\right\} \qquad (2)$$

où bien des deux suivantes :

$$\left.\begin{aligned} \cot\frac{C}{2} &= \tang\frac{A-B}{2}\,\frac{\sin\dfrac{a+b}{2}}{\sin\dfrac{a-b}{2}}, \\ \tang\frac{c}{2} &= \tang\frac{a-b}{2}\,\frac{\sin\dfrac{A+B}{2}}{\sin\dfrac{A-B}{2}}. \end{aligned}\right\} \qquad (3)$$

Discussion. — Si $a = b$, on a, par suite, $B = A$, et comme dans les relations (2), qui deviennent alors

$$\cot\frac{C}{2} = \tang A \cos a,$$

$$\tang\frac{c}{2} = \tang a \cos A,$$

les seconds membres doivent être positifs, on voit de suite que la condition nécessaire et suffisante pour que le problème soit possible, est que l'on ait simultanément

$$a < 90^\circ \quad \text{et} \quad A < 90^\circ,$$

ou bien

$$a > 90^\circ \quad \text{et} \quad A > 90^\circ.$$

Cette condition étant remplie, le problème ne jouit que d'une seule solution.

Supposons actuellement $a \gtrless b$.

Pour que le problème soit possible, on doit avoir

$$\frac{\sin b}{\sin a} \sin A < 1.$$

Cette condition étant remplie, il y a deux valeurs de B fournies par la relation (1), l'une $V < 90^\circ$, et l'autre $V' = 180^\circ - V > 90^\circ$.

En considérant les relations (3), on reconnaît de suite que la condition nécessaire et suffisante pour que l'une quelconque des deux valeurs V, V' de B soit solution du problème, consiste à avoir l'excès de A sur cette valeur, de même signe que la différence $a - b$. C'est ce que l'on prévoit à priori.

Cela posé, entrons dans des développements plus précis touchant la discussion qui nous occupe.

1°. Supposons $A < 90^\circ$ et $b < 90^\circ$.

On a $V' > A$.

Si a est $< b$, on a $\sin a < \sin b$, et, par suite, la relation (1) donne $V > A$, c'est-à-dire que les deux valeurs V, V' sont solutions du problème.

Si a est $> b$ et $a + b < 180^\circ$, on a $\sin a > \sin b$, et, par suite, la relation (1) donne $V < A$, c'est-à-dire que la valeur V seule est solution.

Si a est $> b$ et $a + b \geqq 180^\circ$, on a $\sin a \leqq \sin b$, et, par suite, la relation (1) donne $V \geqq A$, c'est-à-dire qu'aucune des deux valeurs V, V' n'est solution.

2°. Supposons que $A < 90°$ et $b > 90°$.

On a toujours $V' > A$.

Si a est $< b$ et $a + b < 180°$, on a $\sin a < \sin b$, et, par suite, la relation (1) donne $V > A$, c'est-à-dire que les deux valeurs V, V' sont solutions du problème.

Si a est $< b$ et $a + b \geqq 180°$, on a $\sin a \geqq \sin b$, et, par suite, la relation (1) donne $V \leqq A$, c'est-à-dire que la valeur V' seule est solution.

Si a est $> b$, on a $\sin a < \sin b$, et, par suite, la relation (1) donne $V > A$, c'est-à-dire qu'aucune des deux valeurs V, V' n'est solution.

3°. Supposons $A > 90°$ et $b < 90°$.

On a $V < A$.

Si a est $< b$, on a $\sin a < \sin b$, et, par suite, la relation (1) donne $V' < A$, c'est-à-dire qu'aucune des deux valeurs V, V' n'est solution du problème.

Si a est $> b$ et $a + b \leqq 180°$, on a $\sin a \geqq \sin b$, et, par suite, la relation (1) donne $V' \geqq A$, c'est-à-dire que la valeur V seule est solution.

Si a est $> b$ et $a + b > 180°$, on a $\sin a < \sin b$, et, par suite, la relation (1) donne $V' < A$, c'est-à-dire que les deux valeurs V, V' sont solutions.

4°. Enfin, supposons $A > 90°$ et $b > 90°$.

On a toujours $V < A$.

Si a est $< b$ et $a + b \leqq 180°$, on a $\sin a \leqq \sin b$, et, par suite, la relation (1) donne $V' \leqq A$, c'est-à-dire qu'aucune des deux valeurs V, V' n'est solution du problème.

Si a est $< b$ et $a + b > 180°$, on a $\sin a > \sin b$, et, par suite, la relation (1) donne $V' > A$, c'est-à-dire que la valeur V' seule est solution.

Si a est $> b$, on a $\sin a < \sin b$, et, par suite, la relation (1) donne $V' < A$, c'est-à dire que les deux valeurs V, V' sont solutions.

Les résultats consignés dans la discussion précédente ont coutume d'être présentés sous la forme de tableau, comme il suit :

$A < 90^\circ$	$b < 90^\circ$	$a < b$	2 solutions.
		$a = b$	1 solution.
		$a > b$ et $a + b < 180^\circ$	1 solution.
		$a > b$ et $a + b \geqq 180^\circ$	Aucune solution.
	$b > 90^\circ$	$a < b$ et $a + b < 180^\circ$	2 solutions
		$a < b$ et $a + b \geqq 180^\circ$	1 solution.
		$a \geqq b$	Aucune solution.
$A > 90^\circ$	$b < 90^\circ$	$a \leqq b$	Aucune solution.
		$a > b$ et $a + b \leqq 180^\circ$	1 solution.
		$a > b$ et $a + b > 180^\circ$	2 solutions.
	$b > 90^\circ$	$a < b$ et $a + b \leqq 180^\circ$	Aucune solution.
		$a < b$ et $a + b > 180^\circ$	1 solution.
		$a = b$	1 solution.
		$a > b$	2 solutions.

Dans cette discussion, nous avons naturellement écarté le cas de $A = 90^\circ$, parce qu'il ne s'agissait pas d'un triangle sphérique rectangle, et de même nous avons écarté celui de $b = 90^\circ$, attendu que par la considération du triangle polaire, on est ramené au cas des triangles sphériques rectangles.

Scolie. — Les relations connues

$$\cot a \sin b = \cos b \cos C + \sin C \cot A,$$

$$\cos a - \cos b \cos c = \sin b \sin c \cos A,$$

donnent respectivement

$$\cos C + \sin C \frac{\cot A}{\cos b} = \frac{\tang b}{\tang a},$$

$$\cos c + \sin c \tang b \cos A = \frac{\cos a}{\cos b},$$

et, par suite, en désignant par φ et ψ les plus petits arcs positifs pour lesquels on a

$$\tang \varphi = \frac{\cot A}{\cos b}, \quad \tang \psi = \tang b \cos A,$$

il vient les relations

$$\cos(C - \varphi) = \frac{\tang b}{\tang a} \cos \varphi,$$

$$\cos(c - \psi) = \frac{\cos a}{\cos b} \cos \psi,$$

qui pourraient servir à calculer l'angle C et le côté c.

Quatrième cas. — Si l'on donne deux angles A, B avec le côté a non adjacent au premier, on a pour calculer le côté b la relation

$$\sin b = \frac{\sin B}{\sin A} \sin a,$$

et, par suite, on a le troisième côté c et l'angle C à l'aide des deux analogies de Néper,

$$\tang \frac{c}{2} = \tang \frac{a+b}{2} \frac{\cos \frac{A+B}{2}}{\cos \frac{A-B}{2}},$$

$$\cot \frac{C}{2} = \tang \frac{A+B}{2} \frac{\cos \frac{a+b}{2}}{\cos \frac{a-b}{2}},$$

ou bien des deux suivantes :

$$\tang \frac{c}{2} = \tang \frac{a-b}{2} \frac{\sin \frac{A+B}{2}}{\sin \frac{A-B}{2}},$$

$$\cot \frac{C}{2} = \tang \frac{A-B}{2} \frac{\sin \frac{a+b}{2}}{\sin \frac{a-b}{2}}.$$

La discussion de ce cas est identique à celle du troisième, et les résultats auxquels on parvient dans cette discussion peuvent être présentés sous forme de tableau, comme il suit :

$a > 90^\circ$	$B > 90^\circ$	$A > B$	2 solutions.
		$A = B$	1 solution.
		$A < B$ et $A + B > 180^\circ$	1 solution.
		$A < B$ et $A + B \leqq 180^\circ$	Aucune solution.
	$B < 90^\circ$	$A > B$ et $A + B > 180^\circ$	2 solutions.
		$A > B$ et $A + B \leqq 180^\circ$	1 solution.
		$A \leqq B$	Aucune solution.
$a < 90^\circ$	$B > 90^\circ$	$A \geqq B$	Aucune solution.
		$A < B$ et $A + B \geqq 180^\circ$	1 solution.
		$A < B$ et $A + B < 180^\circ$	2 solutions.
	$B < 90^\circ$	$A > B$ et $A + B \geqq 180^\circ$	Aucune solution.
		$A > B$ et $A + B < 180^\circ$	1 solution.
		$A = B$	1 solution.
		$A < B$	2 solutions.

Scolie. — Les relations connues

$$\cot a \sin c = \cos c \cos B + \sin B \cot A,$$

$$\cos A + \cos B \cos C = \sin B \sin C \cos a,$$

donnent respectivement

$$\frac{\cot a}{\cos B} \sin c - \cos c = \frac{\operatorname{tang} B}{\operatorname{tang} A},$$

$$\sin C \operatorname{tang} B \cos a - \cos C = \frac{\cos A}{\cos B},$$

et, par suite, en désignant par φ et ψ les plus petits arcs positifs pour lesquels on a

$$\cot \varphi = \frac{\cot a}{\cos B}, \quad \cot \psi = \operatorname{tang} B \cos a,$$

il vient les relations

$$\sin(c-\varphi)=\frac{\tang B}{\tang A}\sin\varphi,$$

$$\sin(C-\psi)=\frac{\cos A}{\cos B}\sin\psi,$$

qui pourraient servir à calculer le côté c et l'angle C.

Cinquième cas. — Si l'on donne deux côtés a, b avec l'angle compris C, on a pour calculer les deux autres angles A, B les relations

$$\tang\frac{A+B}{2}=\cot\frac{C}{2}\,\frac{\cos\frac{a-b}{2}}{\cos\frac{a+b}{2}},$$

$$\tang\frac{A-B}{2}=\cot\frac{C}{2}\,\frac{\sin\frac{a-b}{2}}{\sin\frac{a+b}{2}},$$

$$A=\frac{A+B}{2}+\frac{A-B}{2},$$

$$B=\frac{A+B}{2}-\frac{A-B}{2},$$

dont les deux premières sont deux analogies de Néper, et pour la détermination du côté c, au lieu d'employer les formules données précédemment (4e cas), on a recours à une autre relation que nous allons faire connaître.

On sait que l'on a

$$\cos c-\cos a\cos b=\sin a\sin b\cos C,$$

ou bien

$$\cos c=\cos a(\cos b+\sin b\tang a\cos C),$$

et en désignant par φ le plus petit arc positif qui donne

$$\tang\varphi=\tang a\cos C,$$

il vient

$$\cos c=\cos a\frac{\cos(b-\varphi)}{\cos\varphi}.$$

C'est cette dernière relation qui est en usage dans la pratique pour le calcul du côté c.

Scolie. — La relation déjà établie

$$\cot a \sin b = \cos b \cos C + \sin C \cot A$$

donne

$$\cot A = \cot C \left(\frac{\cot a}{\cos C} \sin b - \cos b \right),$$

et, par suite, en désignant par φ le plus petit arc positif pour lequel on a

$$\cot \varphi = \frac{\cot a}{\cos C},$$

il vient la relation

$$\cot A = \cot C \frac{\sin(b - \varphi)}{\sin \varphi},$$

qui pourrait servir à calculer l'angle A, et on en obtiendrait une autre du même genre pour la détermination de l'angle B.

Sixième cas. — Si l'on donne deux angles A, B avec le côté c qui leur est adjacent, on a, pour calculer les deux autres côtés a, b, les relations

$$\tang \frac{a+b}{2} = \tang \frac{c}{2} \frac{\cos \frac{A-B}{2}}{\cos \frac{A+B}{2}},$$

$$\tang \frac{a-b}{2} = \tang \frac{c}{2} \frac{\sin \frac{A-B}{2}}{\sin \frac{A+B}{2}},$$

$$a = \frac{a+b}{2} + \frac{a-b}{2},$$

$$b = \frac{a+b}{2} - \frac{a-b}{2},$$

dont les deux premières sont deux analogies de Néper, et pour la détermination de l'angle C, au lieu d'employer des formules données précédemment (4e cas), on a recours à une autre relation que nous allons faire connaître.

On sait que l'on a

$$\cos C + \cos A \cos B = \sin A \sin B \cos c,$$

ou bien

$$\cos C = \cos A (\sin B \operatorname{tang} A \cos c - \cos B),$$

et en désignant par φ le plus petit arc positif qui donne

$$\cot \varphi = \operatorname{tang} A \cos c,$$

il vient

$$\cos C = \cos A \frac{\sin (B - \varphi)}{\sin \varphi}.$$

C'est cette dernière relation qui est en usage dans la pratique pour le calcul de l'angle C.

Scolie. — La relation déjà établie

$$\cot a \sin c = \cos c \cos B + \sin B \cot A$$

donne

$$\cot a = \cot c \left(\cos B + \sin B \frac{\cot A}{\cos c}\right),$$

et, par suite, en désignant par φ le plus petit arc positif pour lequel on a

$$\operatorname{tang} \varphi = \frac{\cot A}{\cos c},$$

il vient la relation

$$\cot a = \cot c \frac{\cos (B - \varphi)}{\cos \varphi},$$

qui pourrait servir à calculer le côté a, et on en obtiendrait une autre du même genre pour la détermination du côté b.

Première observation. — Les deuxième, quatrième et

sixième cas de la résolution des triangles sphériques quelconques, traités précédemment, se ramènent immédiatement et respectivement aux premier, troisième et cinquième en recourant à la considération du triangle polaire du triangle sphérique considéré. De plus, la discussion relative au quatrième cas se conclut de suite de celle du troisième, en faisant usage de cette considération.

Deuxième observation. — La résolution d'un triangle sphérique quelconque par suite de la connaissance de trois de ses éléments peut être ramenée, ainsi qu'on le voit très-facilement, à celle d'un triangle sphérique rectangle, lorsque, parmi ces trois éléments, se trouve un côté égal à 90 degrés, ou bien deux côtés ou deux angles égaux, ou bien encore deux côtés ou deux angles supplémentaires.

EXEMPLES DE RÉSOLUTION DE TRIANGLES SPHÉRIQUES, LORSQUE LES DONNÉES NE SONT PAS TOUTES DES CÔTÉS OU DES ANGLES.

Le nombre des problèmes qui peuvent être proposés sur la résolution des triangles sphériques est illimité. Nous allons en traiter quelques-uns des plus remarquables.

213. PROBLÈME. — *Résoudre un triangle sphérique* ABC *connaissant* a, $b \pm c$ et A.

Solution. — Selon que l'on donnera $b+c$ ou $b-c$, on calculera B, C au moyen des formules de Delambre,

$$\cos\frac{B-C}{2} = \sin\frac{b+c}{2}\,\frac{\sin\frac{A}{2}}{\sin\frac{a}{2}},$$

$$\cos\frac{B+C}{2} = \cos\frac{b+c}{2}\,\frac{\sin\frac{A}{2}}{\cos\frac{a}{2}},$$

ou bien des deux autres

$$\sin\frac{B-C}{2}=\sin\frac{b-c}{2}\,\frac{\cos\frac{A}{2}}{\sin\frac{a}{2}},$$

$$\sin\frac{B+C}{2}=\cos\frac{b-c}{2}\,\frac{\cos\frac{A}{2}}{\cos\frac{a}{2}},$$

et, par suite, on obtiendra b, c par les procédés déjà connus.

214. Problème. — *Résoudre un triangle sphérique* ABC, *connaissant* a, $b\pm c$ et B.

Solution. — Selon que l'on donnera $b+c$ ou $b-c$, on fera usage de la relation

$$\tang\frac{C}{2}=\frac{\sin\frac{(b+c)-a}{2}}{\sin\frac{a+(b+c)}{2}}\cot\frac{B}{2},$$

ou bien de cette autre

$$\tang\frac{C}{2}=\frac{\sin\frac{a-(b-c)}{2}}{\sin\frac{a+(b-c)}{2}}\tang\frac{B}{2},$$

pour calculer l'angle C, puis on achèvera comme au n° **212** (6e cas).

Les deux dernières relations que nous venons d'indiquer ont été signalées pour la première fois par Molweide [1]; elles sont une conséquence immédiate des sui-

[1] *Connaissance des Temps pour l'année* 1820, page 346. — *Monatliche Correspondenz von Zach*, Band XVIII, Seite 394.

vantes :

$$\tang^2 \frac{B}{2} = \frac{\sin \frac{b+c-a}{2} \sin \frac{a+b-c}{2}}{\sin \frac{a+b+c}{2} \sin \frac{a-b+c}{2}},$$

$$\tang^2 \frac{C}{2} = \frac{\sin \frac{b+c-a}{2} \sin \frac{a-b+c}{2}}{\sin \frac{a+b+c}{2} \sin \frac{a+b-c}{2}},$$

déjà établies n° **212** (1er cas).

215. PROBLÈME. — *Résoudre un triangle sphérique* ABC, *connaissant* A, $2p\ (= a + b + c)$, et r' (la plus petite des deux distances polaires du cercle inscrit).

Solution. — La relation connue

$$\sin(p-a) = \frac{\tang r'}{\tang \frac{A}{2}}$$

donnera $p - a$, par suite a, et l'on sera ramené au problème du n° **213**.

216. PROBLÈME. — *Résoudre un triangle sphérique* ABC, *connaissant* A, B *et* r' (la plus petite des deux distances polaires du cercle inscrit).

Solution. — Les relations connues

$$\sin(p-a) = \frac{\tang r'}{\tang \frac{A}{2}}, \quad \sin(p-b) = \frac{\tang r'}{\tang \frac{B}{2}},$$

dans lesquelles p désigne la quantité $\frac{1}{2}(a + b + c)$, donneront $p-a$ et $p-b$, par suite c, car on a

$$c=(p-a)+(p-b),$$

et l'on pourra achever le problème comme au n° 212 (6e cas).

Observation. — Les problèmes précédents, à l'exception du second, comportent chacun une discussion que le lecteur pourra s'exercer utilement à établir.

APPENDICE A LA TRIGONOMÉTRIE.

PREMIÈRE PARTIE.

EXERCICES NUMÉRIQUES DE TRIGONOMÉTRIE RECTILIGNE.

217. *Exercice.* — Dans un triangle ABC, on donne

$$A = 90^\circ,\quad B = 53^\circ 19' 27'',41,\quad a = 607^m,018,$$

et l'on demande de calculer C, b et c.

On a d'abord

$$C = 90^\circ - B = 36^\circ 40' 32'',59.$$

Voici le type du calcul des côtés b et c :

CALCUL DE b.	CALCUL DE c.
$b = a \sin B.$	$c = a \cos B.$
$\log a = 2,7832016$	$\log a = 2,7832016$
$\log \sin B = \bar{1},9041900$	$\log \cos B = \bar{1},7761818$
$\log b = 2,6873916$	$\log c = 2,5593834$
$b = 486^m,846$	$c = 362^m,563$

218. *Exercice.* — Dans un triangle ABC, on donne

$$a = 6489^m,75,\quad B = 47^\circ 11' 53'',8,\quad C = 51^\circ 19' 37'',2,$$

et l'on demande de calculer A, b et c.

On a d'abord

$$A = 180^\circ - (B + C) = 81^\circ 28' 29''.$$

Voici le type du calcul des côtés b et c :

CALCUL DE b.	CALCUL DE c.
$b = a\dfrac{\sin B}{\sin A}$.	$c = a\dfrac{\sin C}{\sin A}$.
$\log a = 3,8122280$	$\log a = 3,8122280$
$\log \sin B = \bar{1},8655241$	$\log \sin C = \bar{1},8924981$
$\mathfrak{C}(-\log \sin A) = 0,0048254$	$\mathfrak{C}(-\log \sin A) = 0,0048254$
$\log b = 3,6825775$	$\log c = 3,7095515$
$b = 4814^{m},791$	$c = 5123^{m},32$

219. *Exercice.* — Dans un triangle ABC, on donne

$$a = 11848^{m},08, \quad b = 12112^{m},845, \quad A = 77°33'29'',6,$$

et l'on demande de calculer B, C et c.

Voici le type du calcul :

CALCUL DE L'ANGLE B.

$$\sin B = \frac{b}{a}\sin A.$$

$$\begin{aligned} \log b &= 4,0832462 \\ \log \sin A &= \bar{1},9896791 \\ \mathfrak{C}(-\log a) &= \bar{5},9263521 \\ \hline \log \sin B &= \bar{1},9992774 \end{aligned}$$

Il y a deux solutions $\begin{cases} B = 86°41'45'', \\ B = 93°18'15''. \end{cases}$

PREMIÈRE SOLUTION.	DEUXIÈME SOLUTION.
$B = 86°41'45''$.	$B = 93°18'15''$.
CALCUL DE L'ANGLE C.	CALCUL DE L'ANGLE C.
$C = 180° - (A + B) = 15°44'45'',4$.	$C = 180° - (A + B) = 9°8'15'',4$.
CALCUL DE c.	CALCUL DE c.
$c = a\dfrac{\sin C}{\sin A}$.	$c = a\dfrac{\sin C}{\sin A}$.
$\log a = 4,0736479$	$\log a = 4,0736479$
$\log \sin C = \bar{1},4335655$	$\log \sin C = \bar{1},2008675$
$\mathfrak{C}(-\log \sin A) = 0,0103209$	$\mathfrak{C}(-\log \sin A) = 0,0103209$
$\log c = 3,5175343$	$\log c = 3,2848363$
$c = 3292^{m},564$	$c = 1926^{m},799$

220. *Exercice.* — Dans un triangle ABC, on donne

$$b = 82153^{m},3, \quad c = 76182^{m},6, \quad A = 47^{\circ}53'19'',5,$$

et l'on demande de calculer B, C et a.

Voici le type du calcul :

CALCUL DE $\frac{1}{2}(B - C)$.

$$\operatorname{tang}\frac{B-C}{2} = \frac{b-c}{b+c}\cot\frac{A}{2}.$$

$$b - c = 5970^{m},7, \quad b + c = 158335^{m},9, \quad \frac{A}{2} = 23^{\circ}56'39'',75.$$

$$\log(b-c) = 3,7760253$$
$$\mathfrak{T}[-\log(b+c)] = \bar{6},8004206$$
$$\log\cot\frac{A}{2} = 0,3525526$$

$$\log\operatorname{tang}\frac{B-C}{2} = \bar{2},9289985$$
$$\frac{B-C}{2} = 4^{\circ}51'13'',62$$

CALCUL DE B ET C.

$$\frac{B+C}{2} = 66^{\circ}3'20'',25$$
$$\frac{B-C}{2} = 4^{\circ}51'13'',62$$

$$\frac{B+C}{2} + \frac{B-C}{2} = B = 70^{\circ}54'33'',87$$
$$\frac{B+C}{2} - \frac{B-C}{2} = C = 61^{\circ}12'\ 6'',63$$

CALCUL DE a.

$$a = (b+c)\frac{\sin\frac{A}{2}}{\cos\frac{B-C}{2}}.$$

$$\log(b+c) = 5,1995794$$
$$\log\sin\frac{A}{2} = \bar{1},6083650$$
$$\mathfrak{T}\left(-\log\cos\frac{B-C}{2}\right) = 0,0015603$$

$$\log a = 4,8095047$$
$$a = 64491^{m},835$$

221. *Exercice.* — Dans un triangle ABC, on donne

$$a = 7898^{m},58, \quad b = 895^{m},639, \quad c = 8053^{m},017,$$

et l'on demande de calculer A, B, C.

Voici le type du calcul :

CALCUL PRÉLIMINAIRE.

$p = \dfrac{a+b+c}{2} \ldots\ldots = 8423,618$	$\log p \ldots\ldots\ldots\ldots = 3,9254986$
$p-a \ldots\ldots\ldots\ldots = 525,038$	$\log(p-a) \ldots\ldots = 2,7201907$
$p-b \ldots\ldots\ldots\ldots = 7527,979$	$\log(p-b) \ldots\ldots = 3,8766784$
$p-c \ldots\ldots\ldots\ldots = 370,601$	$\log(p-c) \ldots\ldots = 2,5689066$

CALCUL DE A.

$$\tan^2 \frac{A}{2} = \frac{(p-b)(p-c)}{p(p-a)}.$$

$$\log(p-b) = 3,8766784$$
$$\log(p-c) = 2,5689066$$
$$\mathfrak{T}(-\log p) = \bar{4},0745014$$
$$\mathfrak{T}[-\log(p-a)] = \bar{3},2798093$$

$$\log \tan^2 \frac{A}{2} = \bar{1},7998957$$

$$\log \tan \frac{A}{2} = \bar{1},8999478$$

$$\frac{A}{2} = 38^\circ 27' 27'',916$$

$$A = 76^\circ 54' 55'',83$$

CALCUL DE B.

$$\tan^2 \frac{B}{2} = \frac{(p-a)(p-c)}{p(p-b)}.$$

$$\log(p-a) = 2,7201907$$
$$\log(p-c) = 2,5689066$$
$$\mathfrak{T}(-\log p) = \bar{4},0745014$$
$$\mathfrak{T}[-\log(p-b)] = \bar{4},1233216$$

$$\log \tan^2 \frac{B}{2} = \bar{3},4869203$$

$$\log \tan \frac{B}{2} = \bar{2},7434601$$

$$\frac{B}{2} = 3^\circ 10' 14'',1$$

$$B = 6^\circ 20' 28'',2$$

CALCUL DE C.

$$C = 180^\circ - (A + B),$$
$$C = 96^\circ 44' 35'',97.$$

DEUXIÈME PARTIE.

EXERCICES NUMÉRIQUES DE TRIGONOMÉTRIE SPHÉRIQUE.

222. *Exercice.* — Dans un triangle sphérique ABC, on donne

$$A = 90°, \quad B = 93° 19' 27'',41, \quad b = 116° 35' 7'',9,$$

et l'on demande de calculer C, a et c.

Voici le type du calcul :

CALCUL DE C.

$$\sin C = \frac{\cos B}{\cos b}.$$

$$\log \cos(180° - B) = \bar{2},7633313$$
$$\mathfrak{C}[-\log \cos(180° - b)] = 0,3491747$$

$$\log \sin C = \bar{1},1125060$$
$$C = 7° 26' 41'',17$$
$$C = 172° 33' 18'',83$$

CALCUL DE a.

$$\sin a = \frac{\sin b}{\sin B}.$$

$$\log \sin b = \bar{1},9514673$$
$$\mathfrak{C}(-\log \sin B) = 0,0007314$$

$$\log \sin a = \bar{1},9521987$$
$$a = 63° 36' 29'',13$$
$$a = 116° 23' 30'',87$$

CALCUL DE c.

$$\sin c = \frac{\operatorname{tang} b}{\operatorname{tang} B}.$$

$$\log \operatorname{tang}(180° - b) = 0,3006420$$
$$\mathfrak{C}[-\log \operatorname{tang}(180° - B)] = \bar{2},7640627$$

$$\log \sin c = \bar{1},0647047$$
$$c = 6° 39' 54'',39$$
$$c = 173° 20' 5'',61$$

1re SOLUTION. $\begin{cases} C = 7° 26' 41'',17 \\ a = 116° 23' 30'',87 \\ c = 6° 39' 54'',39 \end{cases}$ 2e SOLUTION. $\begin{cases} C = 172° 33' 18'',83 \\ a = 63° 36' 29'',13 \\ c = 173° 20'' 5'',61 \end{cases}$

223. *Exercice.* — Dans un triangle sphérique ABC, on donne

$$a = 37° 24' 46'',2, \quad b = 41° 9' 0'',18, \quad c = 71° 30' 13'',09.$$

et l'on demande de calculer A, B et C.

Voici le type du calcul :

CALCUL PRÉLIMINAIRE.

$p = \frac{a+b+c}{2}$	$= 75^\circ\ 1'59'',74$	$\log \sin p \ldots\ldots\ldots$	$= \bar{1},9850114$
$p-a \ldots\ldots\ldots$	$= 37^\circ 37' 13'',53$	$\log \sin (p-a) \ldots$	$= \bar{1},7856341$
$p-b \ldots\ldots\ldots$	$= 33^\circ 52' 59'',56$	$\log \sin (p-b) \ldots$	$= \bar{1},7462463$
$p-c \ldots\ldots\ldots$	$= 3^\circ 31' 46'',65$	$\log \sin (p-c) \ldots$	$= \bar{2},7893311$

CALCUL DE A.

$$\text{tang}^2 \frac{A}{2} = \frac{\sin(p-b)\sin(p-c)}{\sin p \sin(p-a)}.$$

$$\log \sin(p-b) = \bar{1},7462463$$
$$\log \sin(p-c) = \bar{2},7893311$$
$$\mathfrak{C}(-\log \sin p) = 0,0149886$$
$$\mathfrak{C}[-\log \sin(p-a)] = 0,2143659$$

$$\log \text{tang}^2 \frac{A}{2} = \bar{2},7649319$$
$$\log \text{tang} \frac{A}{2} = \bar{1},3824659$$
$$\frac{A}{2} = 13^\circ 33' 48'',2$$
$$A = 27^\circ\ 7' 36'',4$$

CALCUL DE B.

$$\text{tang}^2 \frac{B}{2} = \frac{\sin(p-a)\sin(p-c)}{\sin p \sin(p-b)}.$$

$$\log \sin(p-a) = \bar{1},7856341$$
$$\log \sin(p-c) = \bar{2},7893311$$
$$\mathfrak{C}(-\log \sin p) = 0,0149886$$
$$\mathfrak{C}[-\log \sin(p-b)] = 0,2537537$$

$$\log \text{tang}^2 \frac{B}{2} = \bar{2},8437075$$
$$\log \text{tang} \frac{B}{2} = \bar{1},4218537$$
$$\frac{B}{2} = 14^\circ 47' 48'',52$$
$$B = 29^\circ 35' 37'',04$$

CALCUL DE C.

$$\text{tang}^2 \frac{C}{2} = \frac{\sin(p-a)\sin(p-b)}{\sin p \sin(p-c)}.$$

$$\log \sin(p-a) = \bar{1},7856341$$
$$\log \sin(p-b) = \bar{1},7462463$$
$$\mathfrak{C}[-(\log \sin p)] = 0,0149886$$
$$\mathfrak{C}[-\log \sin(p-c)] = 1,2106689$$

$$\log \text{tang}^2 \frac{C}{2} = 0,7575379$$
$$\log \text{tang} \frac{C}{2} = 0,3787689$$
$$\frac{C}{2} = 67^\circ 18' 45''$$
$$C = 134^\circ 37' 30''$$

224. *Exercice.* — Dans un triangle sphérique ABC, on donne

$$a = 73^\circ 23' 19'',47, \quad b = 158^\circ 9' 8'',03, \quad A = 98^\circ 17' 23'',84,$$

et l'on demande de calculer B, C et c.

Voici le type du calcul :

CALCUL DE B.

$$\sin B = \frac{\sin b}{\sin a} \sin A.$$

$$\begin{aligned} \log \sin A &= \bar{1},9954382 \\ \log \sin b &= \bar{1},5707084 \\ \mathfrak{C}(-\log \sin a) &= 0,0185137 \\ \hline \log \sin B &= \bar{1},5846603 \\ B &= 157^\circ 24' 0'',95 \end{aligned}$$

CALCUL PRÉLIMINAIRE.

$$\frac{A+B}{2} = 127^\circ 50' 42'',39, \qquad \frac{B-A}{2} = 29^\circ 33' 18'',55,$$

$$\frac{a+b}{2} = 115^\circ 46' 13'',75, \qquad \frac{b-a}{2} = 42^\circ 22' 54'',28.$$

CALCUL DE C.

$$\cot \frac{C}{2} = \tang \frac{B-A}{2} \frac{\sin \frac{a+b}{2}}{\sin \frac{b-a}{2}}.$$

$$\begin{aligned} \log \tang \frac{B-A}{2} &= \bar{1},7536169 \\ \log \sin \frac{a+b}{2} &= \bar{1},9545044 \\ \mathfrak{C}\left(-\log \sin \frac{b-a}{2}\right) &= 0,1712969 \\ \hline \log \cot \frac{C}{2} &= \bar{1},8794182 \\ \frac{C}{2} &= 37^\circ \; 8' 46'',27 \\ C &= 74^\circ 17' 32'',54 \end{aligned}$$

CALCUL DE c.

$$\tang \frac{c}{2} = \tang \frac{b-a}{2} \frac{\sin \frac{A+B}{2}}{\sin \frac{B-A}{2}}.$$

$$\begin{aligned} \log \tang \frac{b-a}{2} &= \bar{1},9602526 \\ \log \sin \frac{A+B}{2} &= \bar{1},8974469 \\ \mathfrak{C}\left(-\log \sin \frac{B-A}{2}\right) &= 0,3069231 \\ \hline \log \tang \frac{c}{2} &= 0,1646226 \\ \frac{c}{2} &= 55^\circ 36' 29'',22 \\ c &= 111^\circ 12' 58'',44 \end{aligned}$$

225. *Exercice.* — Dans un triangle sphérique ABC, on donne

$$a = 43^\circ 19' 21'',17, \quad b = 51^\circ 7' 39'',08, \quad C = 131^\circ 43' 27'',15,$$

et l'on demande de calculer A, B et c.

Voici le type du calcul :

CALCUL PRÉLIMINAIRE.

$$\frac{C}{2} = 65^\circ 51' 43'',57,$$

$$\frac{a+b}{2} = 47^\circ 13' 30'',12,$$

$$\frac{b-a}{2} = 3^\circ 54' \ 8'',95.$$

CALCUL DE $\frac{1}{2}(A+B)$.

$$\operatorname{tang}\frac{A+B}{2} = \cot\frac{C}{2}\,\frac{\cos\frac{b-a}{2}}{\cos\frac{a+b}{2}}.$$

$$\log\cot\frac{C}{2} = \bar{1},6513901$$

$$\log\cos\frac{b-a}{2} = \bar{1},9989918$$

$$\mathfrak{C}\left(-\log\cos\frac{a+b}{2}\right) = 0,1680542$$

$$\log\operatorname{tang}\frac{A+B}{2} = \bar{1},8184361$$

$$\frac{A+B}{2} = 33^\circ 21' 27'',55$$

CALCUL DE $\frac{1}{2}(B-A)$.

$$\operatorname{tang}\frac{B-A}{2} = \cot\frac{C}{2}\,\frac{\sin\frac{b-a}{2}}{\sin\frac{a+b}{2}}.$$

$$\log\cot\frac{C}{2} = \bar{1},6513901$$

$$\log\sin\frac{b-a}{2} = \bar{2},8328829$$

$$\mathfrak{C}\left(-\log\sin\frac{a+b}{2}\right) = 0,1342882$$

$$\log\operatorname{tang}\frac{B-A}{2} = \bar{2},6185612$$

$$\frac{B-A}{2} = 2^\circ 22' 45'',18$$

CALCUL DE A ET B.

$$A = \frac{A+B}{2} - \frac{B-A}{2} = 30^\circ 58' 42'',37,$$

$$B = \frac{A+B}{2} + \frac{B-A}{2} = 35^\circ 44' 12'',73.$$

CALCUL DE c.

$$\tang\varphi = \tang a \cos C,$$

$$\log\tang a = \bar{1},9745557$$
$$\log\cos(180^\circ - C) = \bar{1},8231779$$

$$\log\tang(180^\circ - \varphi) = \bar{1},7977336$$
$$180^\circ - \varphi = 32^\circ 6' 55'',41$$

$$\cos c = \cos a \frac{\cos(b-\varphi)}{\cos\varphi}.$$

$$\log\cos a = \bar{1},8618347$$
$$\log\cos(180^\circ - \varphi + b) = \bar{1},0706296$$
$$\mathfrak{C}\,[-\log\cos(180^\circ - \varphi)] = 0,0721273$$

$$\log\cos c = \bar{1},0045916$$
$$c = 84^\circ 11' 58'',64$$

TROISIÈME PARTIE.

THÉORÈMES QUI SE RAPPORTENT A LA TRIGONOMÉTRIE.

Les théorèmes que nous allons exposer ici n'étant pas absolument nécessaires dans la trigonométrie, nous avons cru devoir les rejeter dans cet appendice.

226. Théorème. — *Si, entre trois longueurs* a, b, c *et trois angles* A, B, C, *chacun plus petit que* 180 *degrés, on a les relations*

$$a^2 = b^2 + c^2 - 2bc\cos A,$$
$$b^2 = a^2 + c^2 - 2ac\cos B,$$
$$c^2 = a^2 + b^2 - 2ab\cos C,$$

ces quantités sont les six éléments d'un triangle rectiligne.

Démonstration. — Comme ces relations peuvent s'écrire sous la forme (nº 138)

$$a^2 = (b+c)^2 - 4bc\cos^2\frac{A}{2},$$

$$b^2 = (a+c)^2 - 4ac\cos^2\frac{B}{2},$$

$$c^2 = (a+b)^2 - 4ab\cos^2\frac{C}{2},$$

on voit que l'on a

$$a < b+c, \qquad b < a+c \quad \text{et} \quad c < a+b,$$

d'où il suit que l'on peut former un triangle rectiligne ayant pour côtés les trois longueurs a, b, c.

Or, si l'on désigne par A_1, B_1, C_1 les angles qui dans ce triangle sont respectivement non adjacents à ces côtés, il vient

$$a^2 = b^2 + c^2 - 2bc\cos A_1,$$
$$b^2 = a^2 + c^2 - 2ac\cos B_1,$$
$$c^2 = a^2 + b^2 - 2ab\cos C_1,$$

et, par suite, en comparant ces trois dernières relations avec celles qui sont l'hypothèse du théorème, on en conclut les égalités

$$\cos A_1 = \cos A, \qquad \cos B_1 = \cos B, \qquad \cos C_1 = \cos C,$$

ou, ce qui revient au même,

$$A_1 = A, \qquad B_1 = B, \qquad C_1 = C.$$

Donc, etc.

Corollaire. — Si, entre trois longueurs a, b, c et trois angles A, B, C, on a les relations

$$\left.\begin{array}{c} \dfrac{a}{\sin A} = \dfrac{b}{\sin B} = \dfrac{c}{\sin C}, \\ A + B + C = 180^\circ, \end{array}\right\} \qquad (1)$$

ou bien les suivantes :

$$\left.\begin{array}{l} a = b\cos C + c\cos B, \\ b = a\cos C + c\cos A, \\ c = a\cos B + b\cos A, \end{array}\right\} \qquad (2)$$

$$A < 180^\circ, \qquad B < 180^\circ, \qquad C < 180^\circ,$$

ces quantités sont les six éléments d'un triangle.

Car le système des relations (1) ou (2) entraîne celui considéré dans le théorème précédent (n°s 138 et 139).

227. Théorème. — *Si l'on désigne par x, y, z les trois côtés d'un triangle rectiligne dont les trois angles* A, B, C *respectivement non adjacents à ces côtés sont connus, les trois équations*

$$\left.\begin{array}{l} x = y\cos C + z\cos B, \\ y = x\cos C + z\cos A, \\ z = x\cos B + y\cos A, \end{array}\right\} \qquad (1)$$

qui ont lieu entre ces six éléments du triangle, sont insuffisantes pour faire connaître x, y, z.

Démonstration. — Car les équations (1) pouvant s'écrire sous la forme

$$\frac{x}{z} = \frac{y}{z} \cos C + \cos B,$$

$$\frac{y}{z} = \frac{x}{z} \cos C + \cos A,$$

$$1 = \frac{x}{z} \cos B + \frac{y}{z} \cos A,$$

on voit de suite que l'on peut éliminer $\frac{x}{z}$ et $\frac{y}{z}$ entre ces trois équations, et il vient pour résultat de cette élimination la relation connue (n° 39)

$$\cos^2 A + \cos^2 B + \cos^2 C + 2 \cos A \cos B \cos C = 1.$$

Il suit donc de là que les équations (1) déterminent seulement les rapports des côtés x, y, z en fonction des angles A, B, C, ainsi que cela devait être.

Donc ([1]), etc.

228. Théorème. — *Si entre trois arcs de cercles* a, b, c *de même rayon* R, *et trois angles dièdres* A, B, C (la mesure de chacun de ces arcs et de ces angles en degrés, minutes, secondes, etc., étant moindre que 180 degrés), *on a les relations*

$$\cos a - \cos b \cos c = \sin b \sin c \cos A,$$
$$\cos b - \cos a \cos c = \sin a \sin c \cos B,$$
$$\cos c - \cos a \cos b = \sin a \sin b \cos C,$$

ces quantités sont les six éléments d'un triangle sphérique situé sur une sphère de rayon R.

Démonstration. — Comme ces relations peuvent s'écrire sous la forme

$$\cos a = \cos(b + c) + \sin b \sin c (1 + \cos A),$$
$$\cos b = \cos(a + c) + \sin a \sin c (1 + \cos B),$$
$$\cos c = \cos(a + b) + \sin a \sin b (1 + \cos C),$$

([1]) Ce théorème n'est qu'un cas particulier de cette proposition d'analyse algébrique, savoir :

Que si, ayant n équations homogènes par rapport à n quantités, on élimine $n - 1$ de ces quantités entre ces équations, la $n^{ième}$ se trouvera aussi éliminée.

on voit que l'on a

$$\cos a > \cos(b+c),$$
$$\cos b > \cos(a+c),$$
$$\cos c > \cos(a+b),$$

et, par conséquent,

$$a < b+c, \quad b < a+c, \quad c < a+b,$$
$$a+b+c < 360^{\circ},$$

d'où il suit que l'on peut former sur une sphère de rayon R un triangle sphérique convexe ayant pour côtés les trois arcs a, b, c.

Or, si l'on désigne par A_1, B_1, C_1 les angles qui, dans ce triangle, sont respectivement non adjacents à ces côtés, il vient

$$\cos a - \cos b \cos c = \sin b \sin c \cos A_1,$$
$$\cos b - \cos a \cos c = \sin a \sin c \cos B_1,$$
$$\cos c - \cos a \cos b = \sin a \sin b \cos C_1,$$

et, par suite, en comparant ces trois dernières relations avec celles qui sont l'hypothèse du théorème, on en conclut les égalités

$$\cos A_1 = \cos A, \quad \cos B_1 = \cos B, \quad \cos C_1 = \cos C,$$

ou, ce qui revient au même,

$$A_1 = A, \quad B_1 = B, \quad C_1 = C.$$

Donc, etc.

Scolie. — On pourrait modifier le théorème précédent en substituant aux relations qui y sont considérées, d'autres relations prises parmi celles que nous avons données touchant les triangles sphériques.

EXERCICES

SUR

LA THÉORIE DES FONCTIONS CIRCULAIRES

ET

LA TRIGONOMÉTRIE.

---

1. Démontrer que pour tout arc A, positif ou négatif, on a les relations

$$\text{séc}\,A\ \text{coséc}\,A = \text{tang}\,A + \cot A,$$

$$\text{séc}^2 A\ \text{coséc}^2 A = \text{séc}^2 A + \text{coséc}^2 A,$$

$$\text{séc}^2 A - \text{tang}^2 A = \text{coséc}^2 A - \cot^2 A = 1,$$

$$\text{tang}^2\left(\frac{H}{2} + A\right) - \cot^2\left(\frac{H}{2} + A\right) = \text{coséc}^2 A - \text{séc}^2 A,$$

$$\frac{\text{tang}\,A - \sin A}{\text{tang}\,A} = \frac{\text{séc}\,A - 1}{\text{séc}\,A} = \frac{\text{coséc}\,A - \cot A}{\text{coséc}\,A}.$$

2. A étant un arc positif ou négatif satisfaisant à l'une des sept équations

$$\text{tang}\,A + 5\cot A = 6,$$

$$5\sin A = 3\,\text{tang}\,A,$$

$$2\,\text{séc}\,A\ \text{coséc}\,A = 1,$$

$$2\,\text{coséc}\,A = 3\,\text{séc}^2 A,$$

$$3(\text{tang}\,A - \text{séc}\,A) = \pm\cot A,$$

$$4\sin A + 3\cos A = 5,$$

$$2\,\text{tang}\,A(\text{tang}\,A - 1) = \text{séc}^2 A,$$

déterminer sin A.

3. A et B étant deux arcs positifs ou négatifs satisfaisant aux relations

$$\sin A + \cos B = 1, \quad \sin B + \cos A = \sqrt{3},$$

ou bien aux suivantes

$$\operatorname{tang} A + \operatorname{tang} B = \sqrt{5}, \quad \operatorname{séc} A - \operatorname{séc} B = 3,$$

déterminer $\sin A$ et $\sin B$.

4. Vérifier la relation

$$\frac{\sin\frac{H}{6} + \sin\frac{H}{3}}{\sin\frac{H}{6} - \sin\frac{H}{3}} = \frac{1 + \operatorname{tang}\frac{H}{3}}{1 - \operatorname{tang}\frac{H}{3}}.$$

5. A et B étant deux arcs quelconques, positifs ou négatifs, les deux rapports trigonométriques $\sin(A \pm B)$ et $\cos(A \pm B)$ peuvent-ils s'exprimer rationnellement en fonction seulement de l'un quelconque des quatre autres rapports trigonométriques $\sin A$, $\sin B$, $\cos A$, $\cos B$?

6. Quel est l'arc positif, moindre que le quadrant, à partir duquel l'accroissement du sinus est plus petit que le décroissement du cosinus?

7. Si $A_1, A_2, A_3, \ldots, A_m$ désignent m arcs quelconques, positifs ou négatifs, on a les relations

$$\begin{aligned}&\sin(A_1 + A_2 + A_3 + \ldots + A_m)\\ &= S_1 C_{m-1} - S_3 C_{m-3} + S_5 C_{m-5} - \ldots + (-1)^{\frac{m}{2}-1} S_{m-1} C_1,\end{aligned}$$

$$\begin{aligned}&\cos(A_1 + A_2 + A_3 + \ldots + A_m)\\ &= C_m - S_2 C_{m-2} + S_4 C_{m-4} - \ldots + (-1)^{\frac{m}{2}} S_m,\end{aligned}$$

$$\begin{aligned}&\operatorname{tang}(A_1 + A_2 + A_3 + \ldots + A_m)\\ &= \frac{T_1 - T_3 + T_5 - \ldots + (-1)^{\frac{m}{2}-1} T_{m-1}}{1 - T_2 + T_4 - \ldots + (-1)^{\frac{m}{2}} T_m},\end{aligned}$$

ou bien les suivantes :

$$\begin{aligned}&\sin(A_1 + A_2 + A_3 + \ldots + A_m)\\ &= S_1 C_{m-1} - S_3 C_{m-3} + S_5 C_{m-5} - \ldots + (-1)^{\frac{m-1}{2}} S_m,\end{aligned}$$

$$\cos(A_1+A_2+A_3+\ldots+A_m)$$
$$= C_m - S_2C_{m-2} + S_4C_{m-4} - \ldots + (-1)^{\frac{m-1}{2}} S_{m-1}C_1,$$

$$\operatorname{tang}(A_1+A_2+A_3+\ldots+A_m)$$
$$= \frac{T_1 - T_3 + T_5 - \ldots + (-1)^{\frac{m-1}{2}} T_m}{1 - T_2 + T_4 - \ldots + (-1)^{\frac{m-1}{2}} T_{m-1}},$$

selon que m est un nombre pair ou impair.

Dans ces relations, n étant l'un quelconque des nombres 1, 2, 3,..., m, les deux notations S_nC_{m-n} et T_n représentent, la première la somme de tous les produits que l'on peut obtenir en multipliant le produit des sinus de n des arcs $A_1, A_2, A_3, \ldots, A_m$ par les cosinus des $m-n$ autres, et la seconde la somme des produits n à n des tangentes de ces m arcs.

8. Démontrer que pour tout arc A, positif ou négatif, on a les relations

$$2\cot A = \cot\frac{A}{2} - \operatorname{tang}\frac{A}{2},$$

$$\cot A - \cot 2A = \operatorname{cos\acute{e}c} 2A,$$

$$\operatorname{tang} A = \operatorname{tang}\frac{A}{2}(1+\operatorname{s\acute{e}c} A),$$

$$2\operatorname{tang} A = \operatorname{s\acute{e}c}^2 A \sin 2A,$$

$$2\cot A = (1+\cot^2 A)\sin 2A,$$

$$\cos^2\frac{A}{2} = \frac{2\sin A + \sin 2A}{2\sin A - \sin 2A},$$

$$\operatorname{tang} A = \frac{\sin\frac{7}{8}A + \sin\frac{9}{8}A}{\cos\frac{7}{8}A + \cos\frac{9}{8}A},$$

$$2\operatorname{tang} 2A = \operatorname{tang}\left(\frac{H}{4}+A\right) - \operatorname{tang}\left(\frac{H}{4}-A\right),$$

$$\sin A + \sin\left(2\frac{H}{3}+A\right) + \sin\left(4\frac{H}{3}+A\right) = 0, \qquad (a)$$

$$\sin^3 A + \sin^3\left(2\frac{H}{3}+A\right) + \sin^3\left(4\frac{H}{3}+A\right) = -\frac{3}{4}\sin 3A,$$

$$\sin A \sin\left(2\frac{H}{3}+A\right)\sin\left(4\frac{H}{3}+A\right) = -\frac{1}{4}\sin 3A,$$

$$\cot A + \cot\left(\frac{H}{3} + A\right) + \cot\left(2\frac{H}{3} + A\right) = 3\cot 3A,$$

$$\cot A \cot\left(\frac{H}{3} + A\right) + \cot A \cot\left(2\frac{H}{3} + A\right)$$
$$+ \cot\left(\frac{H}{3} + A\right)\cot\left(2\frac{H}{3} + A\right) = -3,$$

$$\cot A \cot\left(\frac{H}{3} + A\right)\cot\left(2\frac{H}{3} + A\right) = -\cot 3A.$$

9. De la relation (a) du n° 8 déduire la propriété géométrique suivante :

Si des trois sommets d'un triangle équilatéral on abaisse des perpendiculaires sur un diamètre quelconque du cercle circonscrit, la somme des deux perpendiculaires situées d'un même côté du diamètre est égale à la troisième perpendiculaire.

10. A, B, C, D étant des arcs quelconques, positifs ou négatifs, démontrer qu'on a les relations

$$\sin(A - B)\sin(C - D) = \sin(A - C)\sin(B - D)$$
$$- \sin(A - D)\sin(B - C),$$

$$\sin(A - B)\sin(C - D) = \cos(A - C)\cos(B - D)$$
$$- \cos(A - D)\cos(B - C);$$

$$\sin A \sin B + \sin C \sin(A + B + C) = \sin(A + C)\sin(B + C),$$

$$\operatorname{tang} A \operatorname{tang} B + \operatorname{tang} C \operatorname{tang}(A + B + C) - \operatorname{tang}(A + C)\operatorname{tang}(B + C)$$
$$= \operatorname{tang} A \operatorname{tang} B \operatorname{tang} C \operatorname{tang}(A + C)\operatorname{tang}(B + C)\operatorname{tang}(A + B + C),$$

$$\cos^2 A + \cos^2(A - B) - 2\cos A\cos(A - B)\cos B = \sin^2 B,$$

$$\sin A + \sin B + \sin C - 4\cos\frac{A}{2}\cos\frac{B}{2}\cos\frac{C}{2}$$
$$= \sin\frac{S - H}{4}\left[\begin{array}{l}\cos\left(\frac{S - H}{4} - A\right) + \cos\left(\frac{S - H}{4} - B\right) \\ + \cos\left(\frac{S - H}{4} - C\right) + \cos\frac{S - H}{4}\end{array}\right].$$

Dans cette dernière relation, S désigne la somme $A + B + C$.

11. Démontrer que pour tout arc positif A, moindre que la demi-circonférence, on a les relations

$$\text{Ǥ}(\mathrm{H}-\mathrm{A}).\,\text{Ǥ}\mathrm{A}=\text{Ǥ}2\mathrm{A},$$
$$\text{Ǥ}(n+1)\mathrm{A}+\text{Ǥ}(n-1)\mathrm{A}=\text{Ǥ}n\mathrm{A}.\,\text{Ǥ}(\mathrm{H}-\mathrm{A}).$$

12. En désignant par arc sin T, par arc tang T ou par arc cot T le plus petit arc positif dont le sinus, la tangente ou la cotangente égale un certain nombre T, démontrer qu'on a les relations

$$\text{arc sin}\frac{\sqrt{3}}{2}=\text{arc tang}\sqrt{3},$$
$$\text{arc tang}\frac{1}{2}+\text{arc tang}\frac{1}{3}=\frac{\mathrm{H}}{4},$$
$$\text{arc tang}\frac{1}{7}+2\,\text{arc tang}\frac{1}{3}=\frac{\mathrm{H}}{4},$$
$$\text{arc cot}\frac{3}{4}+\text{arc cot}\frac{1}{7}=\frac{3}{4}\mathrm{H},$$
$$\text{arc tang}\frac{1}{3}+\text{arc tang}\frac{1}{5}+\text{arc tang}\frac{1}{7}+\text{arc tang}\frac{1}{8}=\frac{\mathrm{H}}{4}.$$

13. Montrer, sans calculer $\text{tang}\frac{\mathrm{H}}{3}$ et $\text{tang}\frac{7}{12}\mathrm{H}$, qu'on a la relation

$$\frac{1+\text{tang}\frac{\mathrm{H}}{3}}{1-\text{tang}\frac{\mathrm{H}}{3}}=\text{tang}\frac{7}{12}\mathrm{H}.$$

14. A et B étant deux arcs positifs moindres que le quadrant, le second plus grand que le premier, démontrer qu'on a la relation

$$\frac{\text{tang A}}{\text{tang B}}<\frac{\sin \mathrm{A}}{\sin \mathrm{B}}.$$

15. Déterminer parmi tous les arcs positifs moindres que la demi-circonférence celui X pour lequel le produit

$$\sin \mathrm{X}\cos\left(\frac{\mathrm{H}}{3}-\mathrm{X}\right)$$

a la plus grande valeur.

16. A, B, C, D, E, A', D', E' étant des arcs positifs ou négatifs, démontrer que, si entre ces arcs on a les relations

$$2 \operatorname{tang} A = 3 \operatorname{tang} B,$$

$$\frac{\cos A}{2\cos C - 1} = \frac{1}{2 - \cos C},$$

$$\frac{\sin(A - D)\sin(A - E)}{\sin D \sin E} = \frac{\sin(A' - D')\sin(A' - E')}{\sin D' \sin E'},$$

on a aussi les suivantes :

$$\operatorname{tang}(A - B) = \frac{\operatorname{tang} B}{2 + 3\operatorname{tang}^2 B} = \frac{\sin 2B}{5 - \cos 2B},$$

$$\operatorname{tang}^2 \frac{A}{2} = 3 \operatorname{tang}^2 \frac{C}{2},$$

et

$$\begin{vmatrix} \cot A, & \cot A', & 1 \\ \cot(A - E), & \cot(A' - E'), & 1 \\ \cot D, & \cot D', & 1 \end{vmatrix} = 0.$$

Le premier membre de cette dernière relation représente un déterminant.

17. Démontrer que si entre trois arcs positifs ou négatifs A, B, C, on a la relation

$$A + B + C = \dot{H},$$

on a aussi les suivantes :

$$\cot A \cot B + \cot A \cot C + \cot B \cot C = 1,$$

$$\sin 4A + \sin 4B + \sin 4C = -4 \sin 2A \sin 2B \sin 2C,$$

$$\cos 4A + \cos 4B + \cos 4C + 1 = 4 \cos 2A \cos 2B \cos 2C,$$

$$2 \sin A \sin B \sin C$$
$$= \sin A \cos(B + C) + \sin B \cos(A + C) + \sin C \cos(A + B) \text{ (}^1\text{)}.$$

18. Démontrer que si entre trois arcs positifs ou négatifs A, B, C, on a la relation

$$A + B + C = (\dot{2} + 1) H,$$

---

(1) Delambre, *Astronomie*, t. Ier, p. 211 et 212.

on a aussi les suivantes :

$$\tang\frac{A}{2}\tang\frac{B}{2}+\tang\frac{A}{2}\tang\frac{C}{2}+\tang\frac{B}{2}\tang\frac{C}{2}=1,$$

$$\cot\frac{A}{2}+\cot\frac{B}{2}+\cot\frac{C}{2}=\cot\frac{A}{2}\cot\frac{B}{2}\cot\frac{C}{2},$$

$$\begin{aligned}&\cos^4\frac{A}{2}+\cos^4\frac{B}{2}+\cos^4\frac{C}{2}\\&\quad-2\left(\cos^2\frac{A}{2}\cos^2\frac{B}{2}+\cos^2\frac{A}{2}\cos^2\frac{C}{2}+\cos^2\frac{B}{2}\cos^2\frac{C}{2}\right)\\&\quad+4\cos^2\frac{A}{2}\cos^2\frac{B}{2}\cos^2\frac{C}{2}=0,\end{aligned}$$

$$\frac{\sin 2A+\sin 2B+\sin 2C}{\tang A+\tang B+\tang C}=4\cos A\cos B\cos C,$$

$$\begin{aligned}&\frac{2(\cot 2A+\cot 2B+\cot 2C)-(\cot A+\cot B+\cot C)}{\cot\frac{A}{2}+\cot\frac{B}{2}+\cot\frac{C}{2}}\\&=(1-\text{séc}\,A)(1-\text{séc}\,B)(1-\text{séc}\,C),\end{aligned}$$

$$\frac{\sin^2 A-\sin^2 C}{\sin(A-C)}=\sin B,$$

$$\begin{aligned}&\sin^2 A+\sin^2 B+\sin^2 C\\&=2(\sin A\sin B\cos C+\sin A\sin C\cos B+\sin B\sin C\cos A),\end{aligned}$$

$$\sin^2 A+\sin^2 B+\sin^2 C-2\cos A\cos B\cos C=2,$$

$$\sin 2A+\sin 2B+\sin 2C=4\sin A\sin B\sin C,$$

$$\sin^2 2A+\sin^2 2B+\sin^2 2C+2\cos 2A\cos 2B\cos 2C=2,$$

$$\sin^2\frac{A}{2}+\sin^2\frac{B}{2}+\sin^2\frac{C}{2}\pm 2\sin\frac{A}{2}\sin\frac{B}{2}\sin\frac{C}{2}=1.$$

Relativement au double signe $\pm$ qui entre dans le premier membre de cette dernière relation, on doit prendre le signe $+$ ou le signe $-$, selon que le nombre entier $\dfrac{A+B+C}{H}-1$ est ou non multiple de 4.

19. Démontrer que si entre trois arcs positifs ou négatifs A, B,

C, on a la relation

$$A+B+C=(\dot{4}+1)H,$$

on a aussi les suivantes :

$$\frac{\sin 2A+\sin 2B+\sin 2C}{\sin A+\sin B+\sin C}=\mathrm{G}A\,.\,\mathrm{G}B\,.\,\mathrm{G}C,$$

$$\frac{\cos^2\frac{A+B}{4}-\sin^2\frac{A+B}{4}}{\cot^2\frac{A+B}{4}-\operatorname{tang}^2\frac{A+B}{4}}=\frac{1}{4}\cos^2\frac{C}{2},$$

$$\sin^2\frac{A}{2}+\sin^2\frac{B}{2}+\sin^2\frac{C}{2}+2\sin\frac{A}{2}\sin\frac{B}{2}\sin\frac{C}{2}=1,$$

$$\cos A+\cos B+\cos C-4\sin\frac{A}{2}\sin\frac{B}{2}\sin\frac{C}{2}=1,$$

$$\operatorname{tang}\frac{A}{2}+\operatorname{tang}\frac{B}{2}+\operatorname{tang}\frac{C}{2}=\operatorname{tang}\frac{A}{2}\operatorname{tang}\frac{B}{2}\operatorname{tang}\frac{C}{2}+\operatorname{séc}\frac{A}{2}\operatorname{séc}\frac{B}{2}\operatorname{séc}\frac{C}{2},$$

$$\operatorname{tang}\frac{A}{4}+\operatorname{tang}\frac{B}{4}+\operatorname{tang}\frac{C}{4}+\operatorname{tang}\frac{A}{4}\operatorname{tang}\frac{B}{4}+\operatorname{tang}\frac{A}{4}\operatorname{tang}\frac{C}{4}+\operatorname{tang}\frac{B}{4}\operatorname{tang}\frac{C}{4}-\operatorname{tang}\frac{A}{4}\operatorname{tang}\frac{B}{4}\operatorname{tang}\frac{C}{4}=1.$$

20. Démontrer que si entre trois arcs positifs ou négatifs A, B, C, on a la relation

$$A+B+C=(\dot{8}+1)H,$$

on a aussi les suivantes :

$$\sin\frac{A}{2}+\sin\frac{B}{2}+\sin\frac{C}{2}-1=4\sin\frac{H-A}{4}\sin\frac{H-B}{4}\sin\frac{H-C}{4},$$

$$\cos\frac{A}{2}+\cos\frac{B}{2}+\cos\frac{C}{2}=4\cos\frac{H-A}{4}\cos\frac{H-B}{4}\cos\frac{H-C}{4}.$$

21. Démontrer que si entre quatre arcs positifs ou négatifs A, B, C, D, on a la relation

$$A+B+C+D=\dot{H},$$

on a aussi les suivantes :

$$\begin{aligned}&\sin 4A + \sin 4B + \sin 4C + \sin 4D\\ &= 4\sin(2A+2B)\sin(2A+2C)\sin(2B+2C),\\ &\cos 4A + \cos 4B + \cos 4C + \cos 4D\\ &= 4\cos(2A+2B)\cos(2A+2C)\cos(2A+2D).\end{aligned}$$

22. Démontrer que si entre quatre arcs positifs ou négatifs A, B, C, D, on a la relation

$$A+B+C+D = (\dot{2}+1)H,$$

on a aussi les suivantes :

$$\begin{aligned}&\sin 2A + \sin 2B + \sin 2C + \sin 2D\\ &= 4\sin(A+B)\sin(A+C)\sin(A+D),\\ &\cos 2A + \cos 2B + \cos 2C + \cos 2D\\ &= 4\cos(A+B)\cos(A+C)\cos(B+C).\end{aligned}$$

23. A, B, C étant trois arcs positifs ou négatifs satisfaisant à la relation

$$A+B+C = (\dot{2}+1)H,$$

si l'on désigne par X l'un quelconque des arcs positifs ou négatifs dont la cotangente a pour valeur la somme $\cot A + \cot B + \cot C$, on a la relation

$$\sin A\cos(A+X) + \sin B\cos(B+X) + \sin C\cos(C+X) = 0.$$

24. Vérifier les égalités

$$\frac{\sin\frac{H}{4} - \sin\frac{H}{6}}{\sin\frac{H}{4} + \sin\frac{H}{6}} = \left(1 - \text{séc}\,\frac{H}{4}\right)^2,$$

$$\sin 5\frac{H}{12} - \sin\frac{H}{4} = \cos 5\frac{H}{12}$$

$$\sin 3\frac{H}{10} - \sin\frac{H}{10} = \frac{1}{2},$$

$$\text{coséc}\,\frac{H}{12}\,\text{coséc}\,5\frac{H}{12} = 4,$$

$$\text{tang}\,\frac{H}{3} + \text{tang}\,\frac{H}{4} = \text{tang}\,5\frac{H}{12} - \text{tang}\,\frac{H}{3} = 2.$$

25. A étant un arc positif moindre que $\frac{H}{4}$, démontrer qu'on a

$$2 \tang A < \tang 2A.$$

26. Démontrer que pour tout arc A positif ou négatif, on a les relations

$$\sin A = \sin\left(\frac{H}{5}+A\right) - \sin\left(\frac{H}{5}-A\right) + \sin\left(2\frac{H}{5}-A\right) - \sin\left(2\frac{H}{5}+A\right),$$

$$\cos A = \sin\left(A-\frac{H}{10}\right) - \sin\left(A+\frac{H}{10}\right) + \sin\left(A+3\frac{H}{10}\right) - \sin\left(A-3\frac{H}{10}\right),$$

$$2 \tang 2A = \tang\left(\frac{H}{4}+A\right) - \tang\left(\frac{H}{4}-A\right),$$

$$3 \tang 3A = \tang A + \tang\left(\frac{H}{3}+A\right) - \tang\left(\frac{H}{3}-A\right),$$

$$\tang\left(\frac{H}{4} \pm A\right) = \frac{1 \pm \tang A}{1 \mp \tang A}.$$

Dans cette dernière relation, les doubles signes sont coordonnés.

27. Montrer que dans le cas où $a = \pm 1$, l'équation (3) du n° 44 $\left(\text{problème où l'on cherche } \sin\frac{A}{3} \text{ connaissant } \sin A\right)$ a toujours pour racines les trois nombres

$$\sin\frac{\alpha}{3}, \quad \sin\left(\frac{H}{3}-\frac{\alpha}{3}\right) \quad \text{et} \quad -\sin\left(\frac{H}{3}+\frac{\alpha}{3}\right),$$

dont deux sont, comme l'on sait, égaux entre eux.

28. Étant donnés deux nombres a, b positifs, nuls ou négatifs, le premier satisfaisant aux relations

$$-1 \leqq a \leqq 1,$$

et le second quelconque, déterminer huit nombres r, s, t, u, v, x, y, z positifs, nuls ou négatifs, de telle sorte qu'il existe deux arcs A et B pour lesquels on ait

$$\cos A = a, \qquad \cos\frac{A}{3} = r,$$

$$\cos\frac{A}{4} = s, \qquad \operatorname{tang}\frac{2}{3}A = t,$$

$$\operatorname{tang} B = b, \qquad \sin\frac{B}{2} = u,$$

$$\sin\frac{2}{3}B = v, \qquad \operatorname{tang}\frac{B}{2} = x,$$

$$\operatorname{tang}\frac{B}{3} = y \quad \text{et} \quad \operatorname{tang}\frac{B}{4} = z.$$

Discuter complétement ce problème.

29. Si l'on désigne les nombres

$$\frac{1}{2}\sqrt{2}, \qquad \frac{1}{2}\sqrt{6}, \qquad \frac{1}{2}\sqrt{10}, \qquad \frac{1}{2}\sqrt{30},$$

$$\sqrt{5+\sqrt{5}}, \quad \sqrt{5-\sqrt{5}}, \quad \sqrt{3}+1 \quad \text{et} \quad \sqrt{3}-1,$$

respectivement par les lettres

$$m, \ n, \ p, \ q, \ r, \ s, \ t, \ u,$$

vérifier les égalités

$$\sin\frac{H}{60} = \frac{1}{8}(-m-n+p+q-ru),$$

$$\cos\frac{H}{60} = \frac{1}{8}(m-n-p+q+rt),$$

$$\sin 2\frac{H}{60} = \frac{\sqrt{2}}{8}(-m-p+s\sqrt{3}),$$

$$\cos 2\frac{H}{60} = \frac{\sqrt{2}}{8}(n+q+s),$$

$$\sin 3\frac{H}{60} = \frac{1}{4}(m+p-s),$$

$$\cos 3\frac{H}{60} = \frac{1}{4}(m+p+s),$$

$$\sin 4\frac{H}{60} = \frac{\sqrt{2}}{8}(n - q + r),$$

$$\cos 4\frac{H}{60} = \frac{\sqrt{2}}{8}(-m + p + r\sqrt{3}),$$

$$\sin 5\frac{H}{60} = \frac{1}{2}(-m + n),$$

$$\cos 5\frac{H}{60} = \frac{1}{2}(m + n),$$

$$\sin 7\frac{H}{60} = \frac{1}{8}(m - n + p - q + st),$$

$$\cos 7\frac{H}{60} = \frac{1}{8}(m + n + p + q + su),$$

$$\sin 8\frac{H}{60} = \frac{\sqrt{2}}{8}(n + q - s),$$

$$\cos 8\frac{H}{60} = \frac{\sqrt{2}}{8}(m + p + s\sqrt{3}),$$

$$\sin 9\frac{H}{60} = \frac{1}{4}(m - p + r),$$

$$\cos 9\frac{H}{60} = \frac{1}{4}(-m + p + r),$$

$$\sin 11\frac{H}{60} = \frac{1}{8}(-m - n + p + q + ru),$$

$$\cos 11\frac{H}{60} = \frac{1}{8}(-m + n + p - q + rt),$$

$$\sin 13\frac{H}{60} = \frac{1}{8}(m + n + p + q - su),$$

$$\cos 13\frac{H}{60} = \frac{1}{8}(-m + n - p + q + st),$$

$$\sin 14\frac{H}{60} = \frac{\sqrt{2}}{8}(m - p + r\sqrt{3}),$$

$$\cos 14\frac{H}{60} = \frac{\sqrt{2}}{8}(-n + q + r) \text{ (1)}.$$

(1) Extrait des *Nouvelles Annales de Mathématiques*, t. XII, p. 284; 1853.

30. Vérifier les égalités

$$\sin\frac{\Pi}{8} = \frac{1}{2}\sqrt{2-\sqrt{2}},$$

$$\cos\frac{\Pi}{8} = \frac{1}{2}\sqrt{2+\sqrt{2}},$$

$$\sin\frac{\Pi}{16} = \frac{1}{2}\sqrt{2-\sqrt{2+\sqrt{2}}},$$

$$\cos\frac{\Pi}{16} = \frac{1}{2}\sqrt{2+\sqrt{2+\sqrt{2}}},$$

$$\sin\frac{\Pi}{32} = \frac{1}{2}\sqrt{2-\sqrt{2+\sqrt{2+\sqrt{2}}}},$$

$$\cos\frac{\Pi}{32} = \frac{1}{2}\sqrt{2+\sqrt{2+\sqrt{2+\sqrt{2}}}},$$

$$\sin\frac{\Pi}{12} = \frac{1}{2}\sqrt{2-\sqrt{3}};$$

$$\cos\frac{\Pi}{12} = \frac{1}{2}\sqrt{2+\sqrt{3}};$$

$$\sin\frac{\Pi}{24} = \frac{1}{2}\sqrt{2-\sqrt{2+\sqrt{3}}};$$

$$\cos\frac{\Pi}{24} = \frac{1}{2}\sqrt{2+\sqrt{2+\sqrt{3}}},$$

$$\sin\frac{\Pi}{48} = \frac{1}{2}\sqrt{2-\sqrt{2+\sqrt{2+\sqrt{3}}}},$$

$$\cos\frac{\Pi}{48} = \frac{1}{2}\sqrt{2+\sqrt{2+\sqrt{2+\sqrt{3}}}},$$

$$\sin\frac{\Pi}{20} = \frac{1}{2}\sqrt{2-\sqrt{\frac{5+\sqrt{5}}{2}}},$$

$$\cos\frac{\Pi}{20} = \frac{1}{2}\sqrt{2+\sqrt{\frac{5+\sqrt{5}}{2}}},$$

$$\sin\frac{H}{40} = \frac{1}{2}\sqrt{2-\sqrt{2+\sqrt{\frac{5+\sqrt{5}}{2}}}},$$

$$\cos\frac{H}{40} = \frac{1}{2}\sqrt{2+\sqrt{2+\sqrt{\frac{5+\sqrt{5}}{2}}}},$$

$$\sin\frac{H}{80} = \frac{1}{2}\sqrt{2-\sqrt{2+\sqrt{2+\sqrt{\frac{5+\sqrt{5}}{2}}}}},$$

$$\cos\frac{H}{80} = \frac{1}{2}\sqrt{2+\sqrt{2+\sqrt{2+\sqrt{\frac{5+\sqrt{5}}{2}}}}}.$$

Les valeurs de $\sin\frac{H}{24}$ et $\cos\frac{H}{24}$ peuvent encore s'écrire sous la forme suivante :

$$\sin\frac{H}{24} = \frac{1}{4}(1+\sqrt{2}-\sqrt{3})\sqrt{2-\sqrt{2}},$$

$$\cos\frac{H}{24} = \frac{1}{4}(-1+\sqrt{2}+\sqrt{3})\sqrt{2+\sqrt{2}}.$$

31. α étant un arc positif et infiniment petit, démontrer que chacun des rapports

$$\frac{R\operatorname{tang}\alpha}{\alpha},\quad \frac{\operatorname{coséc}\alpha}{\cot\alpha-1},\quad \frac{2\cos\alpha-\operatorname{tang}\alpha}{2\operatorname{séc}\alpha},\quad \frac{\cos\frac{7}{5}\alpha}{\cos\alpha},\quad \frac{3\operatorname{tang}\alpha}{\operatorname{tang}3\alpha},$$

tend par des augmentations successives vers l'unité comme limite.

32. A et B étant deux arcs positifs, le premier moindre que le quadrant, démontrer qu'on a la relation

$$\frac{A}{\sin A} < \frac{A+B}{\sin(A+B)}.$$

33. Rendre logarithmiques les expressions suivantes :

$$\sqrt{a+b}-\sqrt{a-b},\qquad \frac{a+b}{\sqrt{a-b}}-\frac{a-b}{\sqrt{a+b}},$$

$$\frac{a\sin A}{1+a\cos A},\qquad \operatorname{séc}A\pm\operatorname{coséc}B,\qquad \sin A\sin B\cos C-\cos A\cos B,$$

$$\sin A-\cos B+\sin C-\cos(A-B-C),$$

dans lesquelles a, b désignent des nombres positifs quelconques ($a > b$), et A, B, C trois arcs positifs ou négatifs.

34. Résoudre les équations

$$\frac{1 - \mathrm{tang}\, x}{1 + \mathrm{tang}\, x} = 2\cos 2x,$$

$$4\,\mathrm{tang}\, 2x + \mathrm{tang}\, x = 0,$$

$$3\sin x - 2\cos x = 1,$$

$$\sin^2 6x = 2\cos^2 3x,$$

$$\sin 4x + 4\sin 3x \cos x = 0,$$

$$\mathrm{tang}\frac{x}{2} = \mathrm{cos\acute{e}c}\, x - \sin x,$$

$$24\,\mathrm{s\acute{e}c}\, x + 51\,\mathrm{cos\acute{e}c}\, x = -\frac{32}{\sin 2x},$$

$$\mathrm{tang}\, x + 2\cot x = \cot\left(x - 3\frac{H}{4}\right),$$

$$2\,\mathrm{tang}\, x + \mathrm{tang}\left(\frac{H}{5} - x\right) = \mathrm{tang}\left(x - 3\frac{H}{10}\right),$$

$$\mathrm{tang}\frac{H}{5}\,\mathrm{tang}\, x = \mathrm{tang}^2\left(\frac{H}{5} + x\right) - \mathrm{tang}^2\left(\frac{H}{5} - x\right),$$

$$\sin(A + x) - \cos(A + x) = \sin(A - x) + \cos(A - x),$$

$$\sin(A + x) + \sin(A - x) = \mathrm{tang}\frac{H}{3}\sin A,$$

$$(1 + \cos 2x)\,\mathrm{tang}(x + A) = (1 - \cos 2x)\cot(x - A),$$

ayant chacune le seul arc x pour inconnue. Dans les trois dernières, A désigne un arc quelconque positif ou négatif.

35. Résoudre les trois systèmes d'équations

$$\begin{cases} x + y + z = H, \\ \sin\frac{x}{2} = -2\sin\frac{y}{2} = 2\sin\frac{z}{2}, \end{cases}$$

$$\begin{cases} x + y + z = H, \\ \frac{1}{3}\mathrm{tang}\frac{x}{2} = \frac{1}{2}\mathrm{tang}\frac{y}{2} = -\mathrm{tang}\frac{z}{2}, \end{cases}$$

$$\begin{cases} x+y+z=\dfrac{H}{6}, \\ \sin x-\sin y+\cos z=\cos\dfrac{H}{3}, \\ \cos x-\cos y-\sin z=-\sin\dfrac{H}{3}, \end{cases}$$

ayant chacun les seuls arcs x, y, z pour inconnues.

36. A étant un arc quelconque positif ou négatif, et m un nombre entier positif, démontrer qu'on a les relations

$$\sin A-\sin 3A+\sin 5A-\sin 7A+\ldots +(-1)^m\sin(2m+1)A=(-1)^m\frac{\sin(2m+2)A}{2\cos A};$$

$$\cos A-\cos 3A+\cos 5A-\cos 7A+\ldots +\cos(4m-3)A-\cos(4m-1)A=\frac{\sin^2 2mA}{\cos A},$$

$$\cos A-\cos 3A+\cos 5A-\cos 7A+\ldots -\cos(4m-1)A+\cos(4m+1)A=\frac{\cos^2(2m+1)A}{\cos A},$$

$$1-2\cos 2A+2\cos 4A-2\cos 6A+\ldots +2(-1)^m\cos 2mA=-\frac{\cos(2m+1)A}{\cos A},$$

$$1+2\cos 2A+2\cos 4A+2\cos 6A+\ldots+2\cos(6m+2)A =[1+2\cos(4m+2)A]\begin{pmatrix}1+2\cos 2A+2\cos 4A\\+2\cos 6A+\ldots+2\cos 2mA\end{pmatrix}.$$

37. Si l'on désigne par m et n deux nombres entiers positifs, démontrer qu'on a les relations

$$\sin\frac{mH}{n+1}+\sin 3\frac{mH}{n+1}+\sin 5\frac{mH}{n+1}+\ldots +\sin(2n+1)\frac{mH}{n+1}=0,$$

$$\sin\frac{2mH}{2n+1}+\sin 3\frac{2mH}{2n+1}+\sin 5\frac{2mH}{2n+1}+\ldots +\sin(2n-1)\frac{2mH}{2n+1}=\frac{1}{2}\operatorname{tang}\frac{mH}{2n+1},$$

$$\cos\frac{m\Pi}{n+1}+\cos 3\frac{m\Pi}{n+1}+\cos 5\frac{m\Pi}{n+1}+\ldots$$
$$+\cos(2n+1)\frac{m\Pi}{n+1}=0,$$

$$\cos\frac{2m\Pi}{2n+1}+\cos 2\frac{2m\Pi}{2n+1}+\cos 3\frac{2m\Pi}{2n+1}+\ldots$$
$$+\cos n\frac{2m\Pi}{2n+1}=-\frac{1}{2},$$

$$\sin^2\frac{m\Pi}{n+1}+\sin^2 2\frac{m\Pi}{n+1}+\sin^2 3\frac{m\Pi}{n+1}+\ldots$$
$$+\sin^2 n\frac{m\Pi}{n+1}=\frac{n+1}{2},$$

$$\sin^2\frac{m\Pi}{n+1}+\sin^2 3\frac{m\Pi}{n+1}+\sin^2 5\frac{m\Pi}{n+1}+\ldots$$
$$+\sin^2(2n+1)\frac{m\Pi}{n+1}=\frac{n+1}{2},$$

$$\sin^2\frac{m\Pi}{2n+1}+\sin^2 2\frac{m\Pi}{2n+1}+\sin^2 3\frac{m\Pi}{2n+1}+\ldots$$
$$+\sin^2 n\frac{m\Pi}{2n+1}=\frac{2n+1}{4}.$$

$$\sin^2\frac{m\Pi}{2n+1}+\sin^2 3\frac{m\Pi}{2n+1}+\sin^2 5\frac{m\Pi}{2n+1}+\ldots$$
$$+\sin^2(2n-1)\frac{m\Pi}{2n+1}=\frac{2n+1}{4}.$$

Quels doivent être les seconds membres des quatre dernières de ces relations, lorsqu'on y change le signe *sin* en *cos*?

38. Les mêmes choses étant posées que dans le numéro précédent, démontrer que les sommes

$$\sin\frac{m\Pi}{n+1}+\sin 2\frac{m\Pi}{n+1}+\sin 3\frac{m\Pi}{n+1}+\ldots$$
$$+\sin n\frac{m\Pi}{n+1},$$

$$\sin\frac{2m\Pi}{2n+1}+\sin 2\frac{2m\Pi}{2n+1}+\sin 3\frac{2m\Pi}{2n+1}+\ldots$$
$$+\sin n\frac{2m\Pi}{2n+1},$$

$$\cos\frac{mH}{n+1}+\cos 2\frac{mH}{n+1}+\cos 3\frac{mH}{n+1}+\ldots+\cos n\frac{mH}{n+1},$$

$$\cos\frac{mH}{2n+1}+\cos 3\frac{mH}{2n+1}+\cos 5\frac{mH}{2n+1}+\ldots+\cos(2n-1)\frac{mH}{2n+1},$$

$$\sin^2\frac{mH}{2n+1}+\sin^2 2\frac{mH}{2n+1}+\sin^2 3\frac{mH}{2n+1}+\ldots+\sin^2(n+1)\frac{mH}{2n+1},$$

sont respectivement égales aux nombres

$$0,\quad -\frac{1}{2}\operatorname{tang}\frac{mH}{2(2n+1)},$$

$$-1,\quad -\frac{1}{2},\quad \frac{2n+1}{4}+\frac{1}{2}\cos\frac{mH}{2n+1},$$

ou bien aux suivants :

$$\cot\frac{mH}{2(n+1)},\quad \frac{1}{2}\cot\frac{mH}{2(2n+1)},\quad 0,\quad \frac{1}{2},$$

$$\frac{2n+1}{4}-\frac{1}{2}\cos\frac{mH}{2n+1},$$

selon que m est pair ou impair.

Quelle est la valeur de la dernière des cinq sommes précédentes, lorsqu'on y change le signe *sin* en *cos* ?

39. n étant un nombre entier positif, démontrer qu'on a les relations

$$\sin 3\frac{H}{n}+\sin 5\frac{H}{n}+\sin 7\frac{H}{n}+\ldots+\sin(2n+1)\frac{H}{n}=0,$$

$$\sin\frac{H}{2n}-\sin 3\frac{H}{2n}+\sin 5\frac{H}{2n}-\sin 7\frac{H}{2n}+\ldots+(-1)^{n-1}\sin(2n-1)\frac{H}{2n}=0$$

$$\sin\frac{H}{2n+1}-\sin 3\frac{H}{2n+1}+\sin 5\frac{H}{2n+1}-\sin 7\frac{H}{2n+1}+\ldots$$
$$+(-1)^{n-1}\sin(2n-1)\frac{H}{2n+1}=(-1)^{n-1}\frac{1}{2}\operatorname{tang}\frac{H}{2n+1},$$

$$\sin\frac{H}{6}-\sin 3\frac{H}{6}+\sin 5\frac{H}{6}-\sin 7\frac{H}{6}+\ldots$$
$$+(-1)^{n}\sin(2n+1)\frac{H}{6}=\cos(2n-1)\frac{H}{6},$$

$$\sin 3\frac{2H}{n+1}\cos 3\frac{H}{n+1}+\sin 5\frac{2H}{n+1}\cos 5\frac{H}{n+1}$$
$$+\sin 7\frac{2H}{n+1}\cos 7\frac{H}{n+1}+\ldots$$
$$+\sin(2n-1)\frac{2H}{n+1}\cos(2n-1)\frac{H}{n+1}=0.$$

Cette dernière relation peut s'écrire sous la forme suivante :

$$\sin 3\frac{H}{n+1}\cos^2 3\frac{H}{n+1}+\sin 5\frac{H}{n+1}\cos^2 5\frac{H}{n+1}$$
$$+\sin 7\frac{H}{n+1}\cos^2 7\frac{H}{n+1}+\ldots$$
$$+\sin(2n-1)\frac{H}{n+1}\cos^2(2n-1)\frac{H}{n+1}=0.$$

40. n étant un nombre entier positif, et α un arc positif infiniment petit, démontrer que les quotients

$$\frac{\alpha+2\alpha+3\alpha+\ldots+n\alpha}{\sin\alpha+\sin 2\alpha+\sin 3\alpha+\ldots+\sin n\alpha}$$

et

$$\frac{\alpha+3\alpha+5\alpha+\ldots+(2n+1)\alpha}{\sin\alpha+\sin 3\alpha+\sin 5\alpha+\ldots+\sin(2n+1)\alpha}$$

diminuent de plus en plus, et qu'ils tendent respectivement vers les limites R et $\frac{1}{R}$.

41. Étant donnés deux nombres a, b, positifs, nuls ou négatifs, le premier satisfaisant aux relations

$$-1\leqq a\leqq 1,$$

et le second quelconque, déterminer deux autres nombres x et y, positifs, nuls ou négatifs, de telle sorte qu'il existe deux arcs A et B pour lesquels on ait

$$\cos A = a, \qquad \cos\frac{A}{7} = x,$$
$$\operatorname{tang} B = b, \qquad \operatorname{tang}\frac{B}{7} = y.$$

Discuter complétement ce problème.

42. A étant un arc quelconque positif ou négatif, et m, n deux nombres entiers positifs, démontrer qu'on a les relations

$$\begin{aligned}\sin mA + \binom{n}{1}\sin(m-2)A \\ + \binom{n}{2}\sin(m-4)A + \binom{n}{3}\sin(m-6)A + \ldots \\ = 2^n\cos^n A \sin(m-n)A,\end{aligned}$$

$$\begin{aligned}\cos mA + \binom{n}{1}\cos(m-2)A \\ + \binom{n}{2}\cos(m-4)A + \binom{n}{3}\cos(m-6)A + \ldots \\ = 2^n\cos^n A \cos(m-n)A,\end{aligned}$$

$$\begin{aligned}\sin mA - \binom{2n}{1}\sin(m-2)A \\ + \binom{2n}{2}\sin(m-4)A - \binom{2n}{3}\sin(m-6)A + \ldots \\ = (-4)^n\sin^{2n} A \sin(m-2n)A,\end{aligned}$$

$$\begin{aligned}\cos mA - \binom{2n}{1}\cos(m-2)A \\ + \binom{2n}{2}\cos(m-4)A - \binom{2n}{3}\cos(m-6)A + \ldots \\ = (-4)^n\sin^{2n} A \cos(m-2n)A,\end{aligned}$$

$$\begin{aligned}\sin mA - \binom{2n+1}{1}\sin(m-2)A \\ + \binom{2n+1}{2}\sin(m-4)A - \binom{2n+1}{3}\sin(m-6)A + \ldots \\ = 2(-4)^n\sin^{2n+1} A \cos(m-2n-1)A,\end{aligned}$$

$$\cos mA - \left(\frac{2n+1}{1}\right)\cos(m-2)A + \left(\frac{2n+1}{2}\right)\cos(m-4)A - \left(\frac{2n+1}{3}\right)\cos(m-6)A + \ldots = \frac{1}{2}(-4)^{n+1}\sin^{2n+1}A\sin(m-2n-1)A,$$

$$\sin^{2n}A = \frac{1}{(-4)^n}\left\{\begin{array}{l}\cos 2nA - \left(\frac{2n}{1}\right)\cos(2n-2)A\\ + \left(\frac{2n}{2}\right)\cos(2n-4)A\\ - \left(\frac{2n}{3}\right)\cos(2n-6)A + \ldots\end{array}\right\},$$

$$\sin^{2n+1}A = \frac{1}{2(-4)^n}\left\{\begin{array}{l}\sin(2n+1)A - \left(\frac{2n+1}{1}\right)\sin(2n-1)A\\ + \left(\frac{2n+1}{2}\right)\sin(2n-3)A\\ - \left(\frac{2n+1}{3}\right)\sin(2n-5)A + \ldots\end{array}\right\},$$

$$\cos^n A = \frac{1}{2^n}\left\{\begin{array}{l}\cos nA + \left(\frac{n}{1}\right)\cos(n-2)A\\ + \left(\frac{n}{2}\right)\cos(n-4)A\\ + \left(\frac{n}{3}\right)\cos(n-6)A + \ldots\end{array}\right\},$$

$$\begin{aligned}&\left(2\sin\frac{2H}{m}\right)^{2n} + \left(2\sin\frac{4H}{m}\right)^{2n} + \left(2\sin\frac{6H}{m}\right)^{2n} + \ldots + \left(2\sin\frac{2mH}{m}\right)^{2n}\\ &= \left(2\cos\frac{2H}{m}\right)^{2n} + \left(2\cos\frac{4H}{m}\right)^{2n} + \left(2\cos\frac{6H}{m}\right)^{2n} + \ldots + \left(2\cos\frac{2mH}{m}\right)^{2n}\\ &= m\,\frac{2n(2n-1)(2n-2)\ldots(n+1)}{1.2.3\ldots n},\end{aligned}$$

$$\left(\sin\frac{2H}{m}\right)^{2n+1}+\left(\sin\frac{4H}{m}\right)^{2n+1}+\left(\sin\frac{6H}{m}\right)^{2n+1}+\ldots+\left(\sin\frac{2mH}{m}\right)^{2n+1}$$
$$=\left(\cos\frac{2H}{m}\right)^{2n+1}+\left(\cos\frac{4H}{m}\right)^{2n+1}+\left(\cos\frac{6H}{m}\right)^{2n+1}+\ldots+\left(\cos\frac{2mH}{m}\right)^{2n+1}=0.$$

Les quatre dernières de ces relations ont été données par P. Lenthéric ([1]), ancien professeur à la Faculté des Sciences de Montpellier : il est aisé de formuler en langage ordinaire les propriétés géométriques qu'elles expriment.

43. A et B étant deux arcs positifs ou négatifs, a et m deux nombres, le premier quelconque positif ou négatif, et le second entier positif, si l'on désigne par ω et ω' deux arcs positifs ou négatifs dont les tangentes égalent respectivement les deux quantités

$$\frac{a\sin B}{a\cos B+1},\quad \frac{a\sin B}{a\cos B-1},$$

démontrer que les quatre expressions

$$\sin A+\binom{m}{2}a^2\sin(A+2B)+\binom{m}{4}a^4\sin(A+4B)+\binom{m}{6}a^6\sin(A+6B)+\ldots,$$

$$\cos A+\binom{m}{2}a^2\cos(A+2B)+\binom{m}{4}a^4\cos(A+4B)+\binom{m}{6}a^6\cos(A+6B)+\ldots,$$

$$\binom{m}{1}a\sin(A+B)+\binom{m}{3}a^3\sin(A+3B)+\binom{m}{5}a^5\sin(A+5B)+\ldots,$$

$$\binom{m}{1}a\cos(A+B)+\binom{m}{3}a^3\cos(A+3B)+\binom{m}{5}a^5\cos(A+5B)+\ldots,$$

([1]) *Annales de Mathématiques*, t. XVI, p. 41-44 ; 1825.

sont respectivement égales aux quatre quantités

$$\frac{1}{2}a^m \sin^m B \left\{ \frac{\sin(A+m\omega)}{\sin^m \omega} + (-1)^m \frac{\sin(A+m\omega')}{\sin^m \omega'} \right\},$$

$$\frac{1}{2}a^m \sin^m B \left\{ \frac{\cos(A+m\omega)}{\sin^m \omega} + (-1)^m \frac{\cos(A+m\omega')}{\sin^m \omega'} \right\},$$

$$\frac{1}{2}a^m \sin^m B \left\{ \frac{\sin(A+m\omega)}{\sin^m \omega} + (-1)^{m-1} \frac{\sin(A+m\omega')}{\sin^m \omega'} \right\},$$

$$\frac{1}{2}a^m \sin^m B \left\{ \frac{\cos(A+m\omega)}{\sin^m \omega} + (-1)^{m-1} \frac{\cos(A+m\omega')}{\sin^m \omega'} \right\}.$$

Ces sommations ont été données comme nouvelles par Fuss(¹).

44. m étant un nombre entier positif, démontrer qu'on a les relations

$$\frac{2^m}{3^{\frac{1}{2}}} \sin m\frac{H}{3} = \binom{m}{1} - 3\binom{m}{3} + 3^2\binom{m}{5} - 3^3\binom{m}{7} + \ldots,$$

$$2^m \cos m\frac{H}{3} = 1 - 3\binom{m}{2} + 3^2\binom{m}{4} - 3^3\binom{m}{6} + \ldots,$$

$$\frac{2}{3^{\frac{1}{2}}} \sin m\frac{H}{3} = 1 - \binom{m-2}{1} + \binom{m-3}{2} - \binom{m-4}{3} + \ldots,$$

$$(-1)^{m-1}\frac{2}{3^{\frac{1}{2}}} \sin m\frac{H}{3} = 1 - \binom{2m-2}{1} + \binom{2m-3}{2} - \binom{2m-4}{3} + \ldots,$$

$$\frac{1 - 2\cos m\frac{H}{3}}{m} = 1 - \frac{1}{2}\binom{m-3}{1} + \frac{1}{3}\binom{m-4}{2} - \frac{1}{4}\binom{m-5}{3} + \ldots, \quad (c)$$

$$2^{\frac{m}{2}} \sin m\frac{H}{4} = \binom{m}{1} - \binom{m}{3} + \binom{m}{5} - \binom{m}{7} + \ldots,$$

$$2^{\frac{m}{2}} \cos m\frac{H}{4} = 1 - \binom{m}{2} + \binom{m}{4} - \binom{m}{6} + \binom{m}{8} - \ldots,$$

$$\frac{2^m}{3^{\frac{m-1}{2}}} \sin m\frac{H}{6} = \binom{m}{1} - \frac{1}{3}\binom{m}{3} + \frac{1}{3^2}\binom{m}{5} - \frac{1}{3^3}\binom{m}{7} + \ldots,$$

(¹) *Nova Acta Acad. Sc. imp. Petrop.*, t. XII, p. 143; 1796.

23

$$\frac{2^m}{3^{\frac{m}{2}}}\cos m\frac{H}{6} = 1 - \frac{1}{3}\binom{m}{2} + \frac{1}{3^2}\binom{m}{4} - \frac{1}{3^3}\binom{m}{6} + \ldots,$$

$$\frac{1-(-1)^m 2\sin(2m+1)\frac{H}{6}}{2m+1} = 1 - \frac{1}{2}\left(\frac{2m-2}{1}\right) + \frac{1}{3}\left(\frac{2m-3}{2}\right) - \frac{1}{4}\left(\frac{2m-4}{3}\right) + \ldots,$$

$$2^{\frac{m+1}{2}}\sin(1-m)\frac{H}{4} = 1 - \binom{m}{1} - \binom{m}{2} + \binom{m}{3} + \binom{m}{4} - \binom{m}{5} - \binom{m}{6} + \ldots,$$

$$2^{\frac{m+1}{2}}\cos(1-m)\frac{H}{4} = 1 + \binom{m}{1} - \binom{m}{2} - \binom{m}{3} + \binom{m}{4} + \binom{m}{5} - \binom{m}{6} - \ldots.$$

La relation (c) a été donnée par M. Stern, professeur à Gottingue (¹), avec cette différence que ce géomètre met l'expression

$$\frac{1+(-1)^{m+1}2\cos\frac{2}{3}mH}{m},$$

pour premier membre, au lieu de

$$\frac{1-2\cos m\frac{H}{3}}{m},$$

ce qui revient évidemment au même (²).

45. A étant un arc positif ou négatif, et a un nombre positif ou né-

(¹) Journal de Crelle (*Journal für die reine und angewandte Mathematik*...), t. XXXIII, p. 362; 1846.

(²) Cette relation de M. Stern donne immédiatement ce théorème du même géomètre (Journal de Crelle, t. XX, p. 321; 1840), savoir, que si S désigne le second membre de ladite relation, on a

$$S = \frac{3}{m},\quad S = 0,\quad S = -\frac{1}{m}\quad \text{ou}\quad S = \frac{2}{m},$$

selon qu'on a

$$m = \dot{6} + 3,\quad m = \dot{6} \pm 1,\quad m = \dot{6}\quad \text{ou}\quad m = \dot{6} \pm 2.$$

gatif, moindre en valeur absolue que l'unité, démontrer que la somme des n premiers termes de chacune des deux suites illimitées

$$a\sin A, \quad -a^2\sin 2A, \quad a^3\sin 3A, \quad -a^4\sin 4A, \ldots,$$
$$a\cos A, \quad -a^2\cos 2A, \quad a^3\cos 3A, \quad -a^4\cos 4A, \ldots,$$

tend vers une certaine limite, à mesure que l'on fait croître le nombre entier n indéfiniment, et que cette limite est

$$\frac{a\sin B}{a^2+2a\cos B+1}, \quad \text{ou} \quad \frac{a^2+a\cos B}{a^2+2a\cos B+1},$$

selon qu'il s'agit de la première ou de la seconde de ces deux suites.

La première de ces deux limites a été indiquée par M. R. Lobatto, professeur à la Haye, dans un Mémoire publié en 1827 sous le titre de *Recherches sur la sommation de quelques séries trigonométriques* (¹).

46. A étant un arc quelconque positif ou négatif, et n un nombre entier quelconque, démontrer que la $n^{\text{ième}}$ réduite de la fraction continue illimitée

$$\cfrac{1}{2\cos A - \cfrac{1}{2\cos A - \cfrac{1}{2\cos A - \ldots}}}$$

est égale à

$$\frac{\sin nA}{\sin(n+1)A} \quad (^2).$$

47. $m, t_1, t_2, t_3, \ldots, t_n$, étant des nombres entiers, le premier positif et les n autres positifs ou négatifs $(n \leqq m)$, supposons que l'on forme tous les arrangements possibles des m racines de l'équation binôme

$$x^m - 1 = 0,$$

en les prenant n à n, et que l'on élève les n racines qui constituent chaque arrangement aux puissances respectives $t_1, t_2, t_3, \ldots, t_n$, c'est-à-dire la première à gauche à la puissance t_1, la seconde à la puissance t_2, etc.

(¹) Journal de Crelle, t. XI, p. 169; 1834.

(²) Journal de Crelle, t. XVI, p. 95; 1837.

Maintenant, si l'on multiplie entre elles les n puissances qui entrent dans chacun des arrangements, on obtiendra un certain nombre de produits égal à

$$m(m-1)(m-2)\ldots(m-n+1).$$

Soit S la somme de ces produits.

Démontrer que si aucun des exposants $t_1, t_2, t_3, \ldots, t_n$ n'est multiple de m, on a

$$S = (-1)^{n-1}.1.2.3\ldots(n-1).m, \qquad (d)$$

ou bien

$$S = 0,$$

selon que la somme $t_1 + t_2 + t_3 + \ldots + t_n$ est ou n'est pas multiple de m.

Dans le premier de ces deux cas, si parmi les exposants $t_1, t_2, t_3, \ldots, t_n$ il y en a un certain nombre k égaux entre eux, et que l'on ne veuille prendre dans la somme S qu'une seule fois le même produit, faire voir que la relation (d) doit alors être remplacée par la suivante

$$S = (-1)^{n-1}(k+1)(k+2)\ldots(n-1)m.$$

Ces propriétés des racines de l'unité ont été données par Ruffini [1].

On peut s'exercer à chercher, ainsi que l'a fait ce célèbre géomètre, quelle est la valeur de S lorsque parmi les exposants $t_1, t_2, t_3, \ldots, t_n$, il y en a qui sont multiples de m.

48. Soient les équations binômes

$$x^{2m} - 1 = 0, \qquad x^{2m+1} - 1 = 0,$$
$$x^{2m} + 1 = 0, \qquad x^{2m+1} + 1 = 0,$$

à la seule inconnue x, et dans lesquelles m désigne un nombre entier positif quelconque.

On sait (*voyez* les Traités d'Algèbre supérieure) que si l'on pose $x + \frac{1}{x} = z$, on peut transformer l'une quelconque de ces équations binômes en une autre équation algébrique à la seule inconnue z, et du degré $(m-1)$ par rapport à cette inconnue s'il s'agit de l'équation $x^{2m} - 1 = 0$, ou du degré m s'il s'agit de l'une quelconque des trois autres.

---

(1) *Mémoires de l'Institut de Milan*, t. XIII, p. 67-84. — *Bulletin des Sciences mathématiques*, par le baron de Férussac, t. V, p. 12-14; 1826.

Cela posé, on propose de déduire des propriétés relatives aux racines des équations binômes celles qui concernent les racines de ces équations en z.

49. Les mêmes notations étant adoptées ici que dans les nos 124, 125, 126 de la *Théorie des fonctions circulaires*, vérifier ou démontrer qu'on a les égalités ou relations suivantes :

$$A_{(3,1)} = R\sqrt{3};$$

$$A_{(4,1)} = R\sqrt{2};$$

$$A_{(5,1)} = \frac{R}{2}\sqrt{10 - 2\sqrt{5}}, \qquad A_{(5,2)} = \frac{R}{2}\sqrt{10 + 2\sqrt{5}};$$

$$A_{(6,1)} = R;$$

$$A_{(8,1)} = R\sqrt{2-\sqrt{2}}, \qquad A_{(8,3)} = R\sqrt{2+\sqrt{2}};$$

$$A_{(10,1)} = \frac{R}{2}(\sqrt{5}-1), \qquad A_{(10,3)} = \frac{R}{2}(\sqrt{5}+1);$$

$$A_{(12,1)} = \frac{R\sqrt{2}}{2}(\sqrt{3}-1), \qquad A_{(12,5)} = \frac{R\sqrt{2}}{2}(\sqrt{3}+1);$$

$$A_{(15,1)} = \frac{R}{4}\left[\sqrt{10+2\sqrt{5}} - \sqrt{3}(\sqrt{5}-1)\right],$$

$$A_{(15,2)} = \frac{R}{4}\left[\sqrt{3}(\sqrt{5}+1) - \sqrt{10-2\sqrt{5}}\right],$$

$$A_{(15,4)} = \frac{R}{4}\left[\sqrt{10+2\sqrt{5}} + \sqrt{3}(\sqrt{5}-1)\right],$$

$$A_{(15,7)} = \frac{R}{4}\left[\sqrt{3}(\sqrt{5}+1) + \sqrt{10-2\sqrt{5}}\right];$$

$$A_{(20,1)} = \frac{R\sqrt{2}}{4}\left(\sqrt{5}+1-\sqrt{10-2\sqrt{5}}\right),$$

$$A_{(20,3)} = \frac{R\sqrt{2}}{4}\left(1-\sqrt{5}+\sqrt{10+2\sqrt{5}}\right),$$

$$A_{(20,7)} = \frac{R\sqrt{2}}{4}\left(\sqrt{5}-1+\sqrt{10+2\sqrt{5}}\right),$$

$$A_{(20,9)} = \frac{R\sqrt{2}}{4}\left(1+\sqrt{5}+\sqrt{10-2\sqrt{5}}\right);$$

$$A_{(30,1)} = \frac{R}{4}\left(\sqrt{10-2\sqrt{5}}\,\sqrt{3}-\sqrt{5}-1\right),$$

$$A_{(30,7)} = \frac{R}{4}\left(\sqrt{10+2\sqrt{5}}\,\sqrt{3}-\sqrt{5}+1\right),$$

$$A_{(30,11)} = \frac{R}{4}\left(\sqrt{10-2\sqrt{5}}\,\sqrt{3}+\sqrt{5}+1\right),$$

$$A_{(30,13)} = \frac{R}{4}\left(\sqrt{10+2\sqrt{5}}\,\sqrt{3}+\sqrt{5}-1\right);$$

$$A^2_{(5,1)}+A^2_{(5,2)} = 5R^2, \qquad A^2_{(5,2)}-A^2_{(5,1)} = R^2\sqrt{5},$$

$$\frac{A^2_{(5,1)}}{R\sqrt{5}} = A_{(10,1)}, \qquad \frac{A^2_{(5,2)}}{R\sqrt{5}} = A_{(10,3)},$$

$$A^2_{(8,1)}+A^2_{(8,3)} = 4R^2, \qquad A^2_{(10,1)}+A^2_{(10,3)} = 3R^2,$$

$$A^2_{(5,1)}-A^2_{(10,1)} = A^2_{(5,2)}-A^2_{(10,3)} = R^2,$$

$$A^2_{(5,1)}+A^2_{(10,3)} = A^2_{(5,2)}+A^2_{(10,1)} = 4R^2,$$

$$\frac{A^2_{(5,1)}}{A_{(10,1)}} = \frac{A^2_{(5,2)}}{A_{(10,3)}} = R\sqrt{5}, \qquad \frac{A_{(5,1)}A_{(10,3)}}{A_{(5,2)}} = \frac{A_{(5,2)}A_{(10,1)}}{A_{(5,1)}} = R,$$

$$\frac{A^2_{(8,1)}}{2R-A_{(4,1)}} = \frac{A^2_{(8,3)}}{2R+A_{(4,1)}} = R, \qquad \frac{A^2_{(8,1)}}{A^2_{(8,3)}} = \frac{A_{(4,1)}-R}{A_{(4,1)}+R},$$

$$2A_{(12,1)}+A_{(4,1)} = 2A_{(12,5)}-A_{(4,1)} = \sqrt{2}\,A_{(3,1)},$$

$$A_{(12,5)}-A_{(12,1)} = A_{(4,1)},$$

$$A^2_{(12,1)} = R\left(2R-A_{(3,1)}\right), \qquad A^2_{(12,5)} = R\left(2R+A_{(3,1)}\right),$$

$$A^2_{(12,1)}+A^2_{(12,5)} = 4R^2,$$

$$A_{(5,2)}-2A_{(15,1)} = 2A_{(15,4)}-A_{(5,2)} = \sqrt{3}\,A_{(10,1)},$$

$$2A_{(15,2)}+A_{(5,1)} = 2A_{(15,7)}-A_{(5,1)} = \sqrt{3}\,A_{(10,3)},$$

$$A_{(15,1)}+A_{(15,4)} = A_{(5,2)}, \qquad A_{(15,7)}-A_{(15,2)} = A_{(5,1)},$$

$$A_{(15,4)}-A_{(15,2)}+A_{(15,1)}+A_{(15,7)} = A_{(5,1)}+A_{(5,2)},$$

$$A_{(15,1)}+A_{(15,2)}+A_{(15,4)}-A_{(15,7)} = A_{(5,2)}-A_{(5,1)},$$

(α) $A^2_{(15,1)} + A^2_{(15,2)} + A^2_{(15,4)} + A^2_{(15,7)} = 7R^2,$

$A_{(10,3)} - A_{(5,1)} = \sqrt{2}A_{(20,1)},\qquad A_{(5,2)} - A_{(10,1)} = \sqrt{2}A_{(20,3)},$

$A_{(10,3)} + A_{(5,1)} = \sqrt{2}A_{(20,9)},\qquad A_{(5,2)} + A_{(10,1)} = \sqrt{2}A_{(20,7)}$

$A^2_{(20,1)} = R(2R - A_{(5,2)}),\qquad A^2_{(20,3)} = R(2R - A_{(5,1)}),$

$A^2_{(20,9)} = R(2R + A_{(5,2)}),\qquad A^2_{(20,7)} = R(2R + A_{(5,1)}),$

$A^2_{(20,1)} + A^2_{(20,9)} = A^2_{(20,3)} + A^2_{(20,7)} = 4R^2,$

(β) $A^2_{(20,1)} + A^2_{(20,3)} + A^2_{(20,7)} + A^2_{(20,9)} = 8R^2,$

$A^2_{(20,9)} - A^2_{(20,1)} = 2RA_{(5,2)},\qquad A^2_{(20,7)} - A^2_{(20,3)} = 2RA_{(5,1)},$

$2A_{(20,1)}A_{(20,9)} = A^2_{(10,3)} - A^2_{(5,1)},\qquad 2A_{(20,3)}A_{(20,7)} = A^2_{(5,2)} - A^2_{(10,1)},$

$A_{(20,3)}A_{(20,7)} + A_{(20,1)}A_{(20,9)} = R^2\sqrt{5},$

$A_{(20,3)}A_{(20,7)} - A_{(20,1)}A_{(20,9)} = R^2,$

$\dfrac{A_{(20,1)}A_{(20,9)}}{R} = A_{(10,1)},\qquad \dfrac{A_{(20,3)}A_{(20,7)}}{R} = A_{(10,3)},$

$\dfrac{A_{(20,1)}A_{(20,9)}}{A_{(20,3)}A_{(20,7)}} = \dfrac{A_{(10,1)}}{A_{(10,3)}},$

$2A_{(30,1)} + A_{(10,3)} = 2A_{(30,11)} - A_{(10,3)} = \sqrt{3}A_{(5,1)};$

$2A_{(30,7)} + A_{(10,1)} = 2A_{(30,13)} - A_{(10,1)} = \sqrt{5}A_{(5,2)},$

$A_{(30,11)} - A_{(30,1)} = A_{(10,3)},\qquad A_{(30,13)} - A_{(30,7)} = A_{(10,1)},$

$A_{(30,13)} + A_{(30,11)} - A_{(30,7)} - A_{(30,1)} = A_{(10,1)} + A_{(10,3)},$

$A^2_{(30,1)} = R(2R - A_{(30,13)}),\qquad A^2_{(30,7)} = R(2R - A_{(30,1)}),$

$A^2_{(30,11)} = R(2R + A_{(30,7)}),\qquad A^2_{(30,13)} = R(2R + A_{(30,11)}),$

$A^2_{(15,1)} = R(2R - A_{(30,11)});\qquad A^2_{(15,2)} = R(2R - A_{(30,7)}),$

$A^2_{(15,4)} = R(2R + A_{(30,1)}),\qquad A^2_{(15,7)} = R(2R + A_{(30,13)}),$

$$A^2_{(15,1)} + A^2_{(30,13)} = A^2_{(15,2)} + A^2_{(30,11)} = A^2_{(15,4)} + A^2_{(30,7)}$$
$$= A^2_{(15,7)} + A^2_{(30,1)} = 4R^2,$$

$$A^2_{(15,2)} - A^2_{(30,1)} = A^2_{(15,7)} - A^2_{(30,11)} = RA_{(10,1)},$$

$$A^2_{(30,7)} - A^2_{(15,1)} = A^2_{(30,13)} - A^2_{(15,4)} = RA_{(10,3)},$$

$$A^2_{(30,13)} - A^2_{(15,1)} = 2RA_{(30,11)}, \qquad A^2_{(30,11)} - A^2_{(15,2)} = 2RA_{(30,7)},$$

$$A^2_{(15,4)} - A^2_{(30,7)} = 2RA_{(30,1)}, \qquad A^2_{(15,7)} - A^2_{(30,1)} = 2RA_{(30,13)},$$

$$A^2_{(30,13)} + A^2_{(30,11)} - A^2_{(30,7)} - A^2_{(30,1)}$$
$$= A^2_{(15,7)} + A^2_{(15,4)} - A^2_{(15,2)} - A^2_{(15,1)}$$
$$= R(A_{(30,1)} + A_{(30,7)} + A_{(30,11)} + A_{(30,13)}),$$

(7) $$A^2_{(30,1)} + A^2_{(30,7)} + A^2_{(30,11)} + A^2_{(30,13)} = 9R^2,$$

$$4A_{(30,1)}A_{(30,11)} = 3A^2_{(5,1)} - A^2_{(10,3)},$$

$$4A_{(30,7)}A_{(30,13)} = 3A^2_{(5,2)} - A^2_{(10,1)},$$

$$A_{(30,1)}A_{(30,11)} + A_{(30,7)}A_{(30,13)} = 3R^2;$$

$$A_{(30,7)}A_{(30,13)} - A_{(30,1)}A_{(30,11)} = R^2\sqrt{5},$$

$$2A_{(30,1)}A_{(30,11)} + A_{(20,1)}A_{(20,9)} = A^2_{(5,1)},$$

$$2A_{(30,7)}A_{(30,13)} - A_{(20,3)}A_{(20,7)} = A^2_{(5,2)},$$

$$A_{(30,1)}A_{(30,11)} = R(R - A_{(10,1)}), \quad A_{(30,7)}A_{(30,13)} = R(R + A_{(10,3)}).$$

La plupart des relations contenues dans ce numéro sont peut-être nouvelles; elles constituent des propriétés assez remarquables relatives aux polygones réguliers (convexes ou étoilés): ainsi, par exemple, les deux relations

$$2A_{(12,1)} + A_{(4,1)} = \sqrt{2}A_{(3,1)}, \quad A_{(5,2)} - 2A_{(15,1)} = \sqrt{3}A_{(10,1)},$$

montrent que la somme $2A_{(12,1)} + A_{(4,1)}$ et la différence $A_{(5,2)} - 2A_{(15,1)}$ sont respectivement le côté du carré inscrit dans le cercle de rayon

$A_{(3,1)}$ et le côté du triangle équilatéral inscrit dans le cercle de rayon $A_{(10,1)}$.

De plus, ces mêmes relations en fournissent immédiatement d'autres entre certains rapports trigonométriques; ainsi, par exemple, les relations (α), (β), (γ) donnent respectivement les suivantes :

$$\sin^2\frac{H}{15}+\sin^2\frac{2H}{15}+\sin^2\frac{4H}{15}+\sin^2\frac{7H}{15}=\frac{7}{4},$$

$$\sin^2\frac{H}{20}+\sin^2\frac{3H}{20}+\sin^2\frac{7H}{20}+\sin^2\frac{9H}{20}=2,$$

$$\sin^2\frac{H}{30}+\sin^2\frac{7H}{30}+\sin^2\frac{11H}{30}+\sin^2\frac{13H}{30}=\left(\frac{3}{2}\right)^2.$$

50. m et n étant deux nombres entiers positifs quelconques, et p, P désignant respectivement les périmètres des polygones réguliers de $2^m.n$ côtés inscrit et circonscrit au cercle de rayon R, démontrer qu'on a les relations

$$p=P\cos\frac{H}{2^m.n}=2nR\frac{\sin\frac{H}{n}}{\cos\frac{H}{2n}\cos\frac{H}{4n}\cos\frac{H}{8n}\cdots\cos\frac{H}{2^m.n}},$$

et

$$\pi=\frac{n\sin\frac{H}{n}}{\cos\frac{H}{2n}\cos\frac{H}{4n}\cos\frac{H}{8n}\cdots 1}\ (^1).$$

π désigne le rapport de la circonférence au diamètre.

51. A étant un arc quelconque positif ou négatif, et m un nombre entier positif, démontrer qu'on a les relations

$$\sin 2mA$$

$$=2^{2m-2}\sin 2A\prod_{z=0}^{z=m-2}\left[\cos\left(\frac{(z+1)H}{2m}+A\right)\cos\left(\frac{(z+1)H}{2m}-A\right)\right]$$

$$=(-1)^m 2^{2m-1}\cos A\prod_{z=0}^{z=2m-2}\left[\cos\left(\frac{(z+1)H}{2m}+A\right)\right],$$

---

(1) *Annales de Mathématiques*, t. IV, p. 360-364; 1814.

$$\cos 2mA$$

$$= 2^{2m-1} \prod_{z=0}^{z=m-1} \left[\cos\left(\frac{(2z+1)H}{4m} + A\right) \cos\left(\frac{2z+1)H}{4m} - A\right) \right]$$

$$= (-1)^m 2^{2m-1} \prod_{z=0}^{z=2m-1} \left[\cos\left(\frac{(2z+1)H}{4m} + A\right) \right],$$

$$\sin(2m+1)A$$

$$= 2^{2m} \sin A \prod_{z=0}^{z=m-1} \left[\cos\left(\frac{(2z+1)H}{4m+2} + A\right) \cos\left(\frac{(2z+1)H}{4m+2} - A\right) \right]$$

$$= (-1)^m 2^{2m} \sin A \prod_{z=0}^{z=2m-1} \left[\sin\left(\frac{(2z+2)H}{2m+1} + A\right) \right]$$

$$= (-1)^m 2^{2m} \prod_{z=0}^{z=2m} \left[\cos\left(\frac{(2z+1)H}{4m+2} + A\right) \right];$$

$$\cos(2m+1)A$$

$$= 2^{2m} \cos A \prod_{z=0}^{z=m-1} \left[\cos\left(\frac{(z+1)H}{2m+1} + A\right) \cos\left(\frac{(z+1)H}{2m+1} - A\right) \right]$$

$$= 2^{2m} \cos A \prod_{z=0}^{z=2m-1} \left[\cos\left(\frac{2z+2)H}{2m+1} + A\right) \right]$$

$$= (-1)^m 2^{2m} \cos A \prod_{z=0}^{z=2m-1} \left[\cos\left(\frac{(z+1)H}{2m+1} + A\right) \right],$$

$$\operatorname{tang}(2m+1)A$$

$$= \operatorname{tang} A \prod_{z=0}^{z=m-1} \left[\operatorname{tang}\left(\frac{(z+1)H}{2m+1} + A\right) \operatorname{tang}\left(\frac{(z+1)H}{2m+1} - A\right)\right]$$

$$= (-1)^m \operatorname{tang} A \prod_{z=0}^{z=2m-1} \left[\operatorname{tang}\left(\frac{(2z+2)H}{2m+1} + A\right)\right]$$

$$= \operatorname{tang} A \prod_{z=0}^{z=m-1} \left[\cot\left(\frac{(2z+1)H}{4m+2} + A\right) \cot\left(\frac{(2z+1)H}{4m+2} - A\right)\right]$$

$$= (-1)^m \prod_{z=0}^{z=2m} \left[\cot\left(\frac{(2z+1)H}{4m+2} + A\right)\right],$$

$$\prod_{z=0}^{z=m-2} \left[\operatorname{tang}\left(\frac{(z+1)H}{2m} + A\right) \operatorname{tang}\left(\frac{(z+1)H}{2m} - A\right)\right]$$

$$= \prod_{z=0}^{z=m-1} \left[\operatorname{tang}\left(\frac{(2z+1)H}{4m} + A\right) \operatorname{tang}\left(\frac{(2z+1)H}{4m} - A\right)\right] = 1.$$

La onzième et la treizième de ces relations fournissent respectivement les deux suivantes :

$$\operatorname{tang} 60^\circ = \operatorname{tang} 20^\circ \operatorname{tang} 40^\circ \operatorname{tang} 80^\circ,$$
$$\operatorname{tang} 30^\circ = \operatorname{tang} 10^\circ \cot 20^\circ \cot 40^\circ,$$

qui sont très-remarquables, en ce que des quatre suites de nombres,

20, 40, 60, 80,
10, 20, 30, 40,
20, 40, 80,
10, 20, 40,

les deux premières constituent deux progressions arithmétiques, et les deux autres deux progressions géométriques.

52. Les mêmes choses étant posées que dans le numéro précédent, et la notation

$$\sum_{z=0}^{z=k} [f(z)],$$

dans laquelle k est un nombre entier positif, servant à désigner la somme de toutes les valeurs que prend une fonction donnée $f(z)$ d'une certaine variable z, lorsqu'on attribue successivement à cette variable les $k+1$ valeurs

$$0, \quad 1, \quad 2, \quad 3, \ldots, \quad k,$$

démontrer qu'on a les relations

$$m \operatorname{tang} m\text{A}$$
$$= -\sum_{z=0}^{z=m-1} \left[\cot\left(\frac{(2z+1)\text{H}}{2m} + \text{A}\right)\right],$$

$$m \cot m\text{A}$$
$$= \cot \text{A} + \sum_{z=0}^{z=m-2} \left[\cot\left(\frac{(z+1)\text{H}}{m} + \text{A}\right)\right];$$

$$2m \operatorname{tang} 2m\text{A}$$
$$= \sum_{z=0}^{z=m-1} \left[\operatorname{tang}\left(\frac{(2z+1)\text{H}}{4m} + \text{A}\right) - \operatorname{tang}\left(\frac{(2z+1)\text{H}}{4m} - \text{A}\right)\right]$$
$$= \sum_{z=0}^{z=2m-1} \left[\operatorname{tang}\left(\frac{(2z+1)\text{H}}{4m} + \text{A}\right)\right]$$
$$= \sum_{z=0}^{z=m-1} \left[\cot\left(\frac{(2z+1)\text{H}}{4m} - \text{A}\right) - \cot\left(\frac{(2z+1)\text{H}}{4m} + \text{A}\right)\right],$$

$$(2m+1)\operatorname{tang}(2m+1)A$$

$$= \operatorname{tang} A + \sum_{z=0}^{z=m-1}\left[\operatorname{tang}\left(\frac{(z+1)H}{2m+1}+A\right) - \operatorname{tang}\left(\frac{(z+1)H}{2m+1}-A\right)\right]$$

$$= \operatorname{tang} A + \sum_{z=0}^{z=2m-1}\left[\operatorname{tang}\left(\frac{(z+1)H}{2m+1}+A\right)\right]$$

$$= \operatorname{tang} A + \sum_{z=0}^{z=2m-1}\left[\operatorname{tang}\left(\frac{(2z+2)H}{2m+1}+A\right)\right]$$

$$= \operatorname{tang} A - \sum_{z=0}^{z=m-1}\left[\cot\left(\frac{(2z+1)H}{4m+2}+A\right) - \cot\left(\frac{(2z+1)H}{4m+2}-A\right)\right],$$

$$2m\cot 2mA$$

$$= \operatorname{tang}(H-A) - \sum_{z=0}^{z=2m-2}\left[\operatorname{tang}\left(\frac{(z+1)H}{2m}+A\right)\right]$$

$$= 2\cot 2A + \sum_{z=0}^{z=m-2}\left[\operatorname{tang}\left(\frac{(z+1)H}{2m}+A\right) - \operatorname{tang}\left(\frac{(z+1)H}{2m}-A\right)\right]$$

$$= 2\cot 2A + \sum_{z=0}^{z=m-2}\left[\cot\left(\frac{(z+1)H}{2m}+A\right) - \cot\left(\frac{(z+1)H}{2m}-A\right)\right],$$

$$
\begin{aligned}
&(2m+1)\cot(2m+1)A \\
&= -\sum_{z=0}^{z=2m}\left[\operatorname{tang}\left(\frac{(2z+1)H}{4m+2}+A\right)\right] \\
&= \cot A + \sum_{z=0}^{z=m-1}\left[\operatorname{tang}\left(\frac{(2z+1)H}{4m+2}+A\right)-\operatorname{tang}\left(\frac{(2z+1)H}{4m+2}-A\right)\right] \\
&= \cot A + \sum_{z=0}^{z=m-1}\left[\cot\left(\frac{(z+1)H}{2m+1}+A\right)-\cot\left(\frac{(z+1)H}{2m+1}-A\right)\right] \\
&= \cot A + \sum_{z=0}^{z=2m-1}\left[\cot\left(\frac{(2z+2)H}{2m+1}+A\right)\right],
\end{aligned}
$$

$$
\begin{aligned}
&(2m+1)\operatorname{cos\acute{e}c}(2m+1)2A \\
&= -\sum_{z=0}^{z=2m}\left[\operatorname{cos\acute{e}c}\left(\frac{(2z+1)H}{2m+1}+2A\right)\right] \\
&= \operatorname{cos\acute{e}c}2A + \sum_{z=0}^{z=m-1}\left[\operatorname{cos\acute{e}c}\left(\frac{(2z+2)H}{2m+1}+2A\right)\right. \\
&\qquad\qquad \left. - \operatorname{cos\acute{e}c}\left(\frac{(2z+2)H}{2m+1}-2A\right)\right] \\
&= \operatorname{cos\acute{e}c}2A + \sum_{z=0}^{z=2m-1}\left[\operatorname{cos\acute{e}c}\left(\frac{(4z+4)H}{2m+1}+2A\right)\right] \\
&= \operatorname{cos\acute{e}c}2A - \sum_{z=0}^{z=m-1}\left[\operatorname{cos\acute{e}c}\left(\frac{(2z+1)H}{2m+1}+2A\right)\right. \\
&\qquad\qquad \left. - \operatorname{cos\acute{e}c}\left(\frac{(2z+1)H}{2m+1}-2A\right)\right],
\end{aligned}
$$

$$\sum_{z=0}^{z=m-2}\left[\operatorname{coséc}\left(\frac{(z+1)H}{m}+2A\right)-\operatorname{coséc}\left(\frac{(z+1)H}{m}-2A\right)\right]$$

$$=\sum_{z=0}^{z=m-1}\left[\operatorname{coséc}\left(\frac{(2z+1)H}{2m}+2A\right)\right.$$

$$\left.-\operatorname{coséc}\left(\frac{(2z+1)H}{2m}-2A\right)\right]=0.$$

Plusieurs des relations contenues dans ce numéro et dans celui qui l'a précédé, ont été obtenues par Euler (¹).

53. Les mêmes choses étant posées que précédemment, démontrer qu'on a les relations

$$(\alpha)\quad \prod_{z=0}^{z=m-2}\left[\sin\frac{(z+1)H}{m}\right]=m\prod_{z=0}^{z=m-1}\left[\sin\frac{(2z+1)H}{2m}\right]=\frac{m}{2^{m-1}},$$

$$(\beta)\quad \prod_{z=0}^{z=m-2}\left[\sin\frac{(z+1)H}{2m}\right]=\prod_{z=0}^{z=m-2}\left[\cos\frac{(z+1)H}{2m}\right]=\frac{m^{\frac{1}{2}}}{2^{m-1}},$$

$$\prod_{z=0}^{z=m-1}\left[\sin\frac{(2z+1)H}{4m}\right]=\prod_{z=0}^{z=m-1}\left[\cos\frac{(2z+1)H}{4m}\right]=2^{\frac{1}{2}-m},$$

$$\prod_{z=0}^{z=m-1}\left[\sin\frac{(z+1)H}{2m+1}\right]=\prod_{z=0}^{z=m-1}\left[\cos\frac{(2z+1)H}{4m+2}\right]=\frac{(2m+1)^{\frac{1}{2}}}{2^{m}},$$

$$\prod_{z=0}^{z=m-1}\left[\sin\frac{(2z+1)H}{4m+2}\right]=\prod_{z=0}^{z=m-1}\left[\cos\frac{(z+1)H}{2m+1}\right]=\frac{1}{2^{m}};$$

$$\prod_{z=0}^{z=2m-1}\left[\sin\frac{(2z+2)H}{2m+1}\right]=(2m+1)\prod_{z=0}^{z=2m-1}\left[\cos\frac{(z+1)H}{2m+1}\right]=\frac{2m+1}{(-4)^{m}},$$

(¹) *Nova Acta Acad. Sc. imp. Petrop.*, t. V, p. 27-51.

$$(-1)^m \prod_{z=0}^{z=2m-1} \left[\cos\frac{(2z+1)H}{4m}\right] = 2 \prod_{z=0}^{z=2m-1} \left[\cos\frac{(2z+2)H}{2m+1}\right] = \frac{1}{2^{2m-1}},$$

$$\prod_{z=0}^{z=m-1} \left[\text{tang}\frac{(z+1)H}{2m+1}\right] = \prod_{z=0}^{z=m-1} \left[\cot\frac{(2z+1)H}{4m+2}\right] = (2m+1)^{\frac{1}{2}},$$

$$\prod_{z=0}^{z=2m-1} \left[\text{tang}\frac{(2z+2)H}{2m+1}\right] = (-1)^m(2m+1),$$

$$(\gamma) \quad \sum_{z=0}^{z=m-1} \left[\text{séc}^2\frac{(2z+1)H}{4m}\right] = \sum_{z=0}^{z=m-1} \left[\text{cosé}c^2\frac{(2z+1)H}{4m}\right] = 2m^2,$$

$$\sum_{z=0}^{z=m-1} \left[\text{séc}^2\frac{(z+1)H}{2m+1}\right] = \sum_{z=0}^{z=m-1} \left[\text{cosé}c^2\frac{(2z+1)H}{4m+2}\right] = 2m(m+1),$$

$$\sum_{z=0}^{z=m-2} \left[\cot\frac{(z+1)H}{m}\ \text{cosé}c\ \frac{(z+1)H}{m}\right]$$

$$= \sum_{z=0}^{z=m-1} \left[\cot\frac{(2z+1)H}{2m}\ \text{cosé}c\ \frac{(2z+1)H}{2m}\right] = 0.$$

Les relations (α), (β) (γ) fournissent immédiatement les suivantes :

$$\pi = 2^{\frac{H}{A}-1} \cdot \frac{A}{R} \cdot \sin A \sin 2A \sin 3A \ldots \sin(m-1)A,$$

$$\pi^{\frac{1}{2}} = 2^{\frac{H}{A}-1}\left(\frac{A}{R}\right)^{\frac{1}{2}} \sin\frac{A}{2}\sin\frac{2A}{2}\sin\frac{3A}{2}\cdots\sin\frac{(m-1)A}{2}$$

$$= 2^{\frac{H}{A}-1}\left(\frac{A}{R}\right)^{\frac{1}{2}} \cos\frac{A}{2}\cos\frac{2A}{2}\cos\frac{3A}{2}\cdots\cos\frac{(m-1)A}{2},$$

$$\pi^2 = \frac{1}{2}\left(\frac{A}{R}\right)^2\left(\text{séc}^2\frac{A}{4} + \text{séc}^2\frac{3A}{4} + \text{séc}^2\frac{5A}{4} + \ldots + \text{séc}^2\frac{(2m-1)A}{4}\right)$$

$$= \frac{1}{2}\left(\frac{A}{R}\right)^2\left(\begin{array}{l}\text{coséc}^2\frac{A}{4} + \text{coséc}^2\frac{3A}{4} + \text{coséc}^2\frac{5A}{4} + \ldots \\ + \text{coséc}^2\frac{(2m-1)A}{4}\end{array}\right),$$

π désignant le rapport de la circonférence au diamètre, et A un arc positif sous-multiple de R.

54. A_1, A_2, $A_3, \ldots$, A_m étant m arcs quelconques positifs, nuls ou négatifs, si, pour un certain nombre entier n positif ou nul, et non supérieur à m, on désigne par A la somme de n quelconques des m arcs précédents, et respectivement par S_n, C_n la somme des sinus et celle des cosinus de toutes les valeurs *analytiquement distinctes* (c'est-à-dire qui sont réellement distinctes abstraction faite des valeurs particulières que peuvent avoir les arcs A_1, A_2, $A_3, \ldots$, A_m) de l'arc

$$2A - (A_1 + A_2 + A_3 + \ldots + A_m),$$

on a les relations suivantes :

$$2^m \prod_{z=1}^{z=m} [\sin A_z] = \sum_{z=0}^{z=m} \left[(-1)^{z-\frac{m+1}{2}} S_z\right]$$

ou bien

$$2^m \prod_{z=1}^{z=m} [\sin A_z] = \sum_{z=0}^{z=m} \left[(-1)^{z-\frac{m}{2}} C_z\right],$$

selon que $m-1$ est un nombre pair ou impair, et

$$2^m \prod_{z=1}^{z=m} [\cos A_z] = \sum_{z=0}^{z=m} [C_z] \text{ (}^1\text{)}.$$

---

(1) On trouve plusieurs cas particuliers de cette dernière relation dans les *Annales de Mathématiques*, t. VII, p. 165, 166.

55. Résoudre les équations algébriques du troisième degré

$$8x^3 - 36x^2 - 2x + 113 = 0,$$

$$8x^3 - 2050x + 4875 = 0,$$

$$8x^3 - 36x - 135 = 0,$$

ayant chacune la seule inconnue x.

56. Démontrer que si dans un triangle rectiligne ABC on a les relations

$$\text{séc}\,2A + \text{tang}\,2B = \text{tang}(45^\circ + B),$$

$$1 - \text{séc}\,2C = \frac{\cos 2A\,\text{séc}\,2C - 1}{4\cos^2 C - 1},$$

on a aussi les suivantes :

$$A = B = 2C.$$

57. Démontrer que dans tout triangle rectiligne ABC on a les relations

$$a \sin A - b \sin B = c \sin(A - B),$$

$$\frac{a}{2}(\cos B - \cos C) = (c - b)\cos^2\frac{A}{2}.$$

58. Démontrer que l'aire d'un triangle rectiligne ABC est égale à

$$\frac{\left(\frac{a}{2}\right)^2 + \left(\frac{b}{2}\right)^2 - \left(\frac{c}{2}\right)^2}{\text{tang}\left(\frac{A}{2} + \frac{B}{2} - \frac{C}{2}\right)}.$$

59. r et r' étant les rayons des cercles circonscrit et inscrit à un triangle rectiligne ABC, démontrer que l'aire de ce triangle est égale à

$$rr'(\sin A + \sin B + \sin C).$$

60. S étant l'aire d'un triangle rectiligne ABC, et S′ celle du triangle dont les sommets sont les pieds des trois hauteurs du premier, démontrer qu'on a la relation

$$S' = 2S \cos A \cos B \cos C.$$

61. a, b, c, d étant les quatre côtés successifs d'un quadrilatère convexe circonscrit à un cercle de rayon r, A l'angle de ce polygone compris par les côtés a et d, et δ la distance du sommet de cet angle au point de contact du côté a, démontrer qu'on a la

relation

$$ad\cos^2\frac{A}{2}(2\delta - a + b) = \delta^2(a + c).$$

62. a et b étant deux côtés consécutifs d'un quadrilatère convexe inscrit dans un cercle de rayon r et circonscrit à un autre de rayon r', A l'angle de ce polygone compris par ces deux côtés, δ la distance du sommet de cet angle au centre du second cercle, démontrer qu'on a la relation

$$\left(a - \delta\cos\frac{A}{2}\right)\left(b - \delta\cos\frac{A}{2}\right) = \delta^2\sin^2\frac{A}{2}.$$

63. A, B, C, D étant les angles successifs d'un quadrilatère convexe circonscrit à un cercle de rayon r, et S l'aire de ce polygone, démontrer qu'on a la relation

$$S = r^2\left(\frac{\sin\frac{A+B}{2}}{\sin\frac{A}{2}\sin\frac{B}{2}} + \frac{\sin\frac{C+D}{2}}{\sin\frac{C}{2}\sin\frac{D}{2}}\right).$$

64. A, B, C, D étant les angles successifs d'un quadrilatère convexe inscrit dans un cercle de rayon r et circonscrit à un autre de rayon r', et P le périmètre de ce polygone, démontrer qu'on a les relations

$$\frac{r}{r'} = \frac{\sqrt{1 + \sin A \sin B}}{\sin A \sin B},$$

$$P = 8r'\frac{\sin\frac{A+B}{2}\cos\frac{A-B}{2}}{\sin A \sin B}.$$

65. A, B, C, D, E étant cinq angles dont la somme égale six droits, et r une longueur linéaire quelconque, démontrer que si l'on construit un pentagone tel, que ses côtés successifs étant désignés par a, b, c, d, e, on ait

$$(a, e) = A, \quad (a, b) = B, \quad (b, c) = C, \quad (c, d) = D \text{ (}^1\text{)},$$

et

$$\left.\begin{aligned} a &= -2r\sin(C + E), \\ b &= -2r\sin(A + D), \\ c &= -2r\sin(B + E), \end{aligned}\right\} \quad (1)$$

(1) Les notations (a, e), (a, b), ... désignent respectivement les angles du pentagone compris par les côtés a et e, a et b, ...

ou bien

$$\left.\begin{aligned}
a &= r\frac{\sin\frac{A+B}{2}}{\sin\frac{A}{2}\sin\frac{B}{2}},\\
b &= r\frac{\sin\frac{B+C}{2}}{\sin\frac{B}{2}\sin\frac{C}{2}},\\
c &= r\frac{\sin\frac{C+D}{2}}{\sin\frac{C}{2}\sin\frac{D}{2}},
\end{aligned}\right\}\quad(2)$$

ce pentagone sera inscriptible ou circonscriptible à un cercle de rayon r, selon que les valeurs des côtés a, b, c auront été prises conformément aux égalités (1) ou aux égalités (2).

66. A, B, C, D, E étant les angles successifs d'un pentagone convexe inscrit dans un cercle de rayon r, P le périmètre de ce polygone, et S son aire, démontrer qu'on a les relations

$$P = -2r\left\{\begin{array}{l}\sin(A+C)+\sin(A+D)+\sin(B+D)\\ \qquad +\sin(B+E)+\sin(C+E)\end{array}\right\},$$

$$S = -\frac{r^2}{2}\left\{\begin{array}{l}\sin 2(A+C)+\sin 2(A+D)+\sin 2(B+D)\\ \qquad +\sin 2(B+E)+\sin 2(C+E)\end{array}\right\}.$$

67. a, b, c, d, e, f, étant les côtés successifs d'un hexagone inscrit dans un cercle de rayon r, et A, B, D, E les angles de ce polygone qui sont respectivement compris par les côtés

$$a \text{ et } f,\quad a \text{ et } b,\quad c \text{ et } d,\quad d \text{ et } e,$$

démontrer qu'on a la relation

$$a\sin D\sin E - d\sin A\sin B = \frac{ace-bdf}{4r^2}\ (^1).$$

68. $A_1, A_2, A_3, \ldots, A_n$ étant les sommets ou les angles successifs

(1) Ce théorème et les six autres (61, 62, ..., 66) qui l'ont précédé immédiatement sont extraits de deux Mémoires de Fuss, insérés dans les *Nova Acta Acad. Sc. imp. Petrop.*, t. X, p. 103-125, et t. XIII, p. 166-189.

d'un polygone rectiligne convexe, et $A'_1, A'_2, A'_3, \ldots, A'_n$ les projections respectives d'un point quelconque O pris dans l'intérieur de ce polygone, sur les côtés A_1A_2, A_2A_3, $A_3A_4, \ldots, A_nA_1$, démontrer que si l'on désigne par S l'aire du polygone donné et par S' celle du polygone rectiligne dont les sommets successifs sont ces projections, on a la relation

$$4(S - 2S') = a_1^2 \sin 2A_1 + a_2^2 \sin 2A_2 + a_3^2 \sin 2A_3 + \ldots + a_n^2 \sin 2A_n,$$

dans laquelle $a_1, a_2, a_3, \ldots, a_n$ sont respectivement les distances OA_1, OA_2, $OA_3, \ldots, OA_n$.

Ce théorème a été indiqué par M. Steiner [1].

69. Démontrer que dans tout triangle sphérique ABC, on a les relations suivantes :

$$\sin A = \frac{(1 - \cos^2 a - \cos^2 b - \cos^2 c + 2\cos a \cos b \cos c)^{\frac{1}{2}}}{\sin b \sin c},$$

$$\cot A \sin B = \frac{\cos a - \cos b \cos c}{\sin a \sin c},$$

$$\sin(a+b) = \frac{1}{2}\sin c \frac{\cos B + \cos A}{\sin^2 \frac{C}{2}},$$

$$\sin(a-b) = \frac{1}{2}\sin c \frac{\cos B - \cos A}{\cos^2 \frac{C}{2}} \quad [2],$$

$$\sin^2 \frac{c}{2} = \sin^2 \frac{a-b}{2} + \sin a \sin b \sin^2 \frac{C}{2}$$
$$= \sin^2 \frac{a+b}{2} - \sin a \sin b \cos^2 \frac{C}{2},$$

$$\sin^2 \frac{C}{2} = \cos^2 \frac{A+B}{2} + \sin A \sin B \sin^2 \frac{c}{2}$$
$$= \cos^2 \frac{A-B}{2} - \sin A \sin B \cos^2 \frac{c}{2}.$$

---

(1) Journal de Crelle, t. I, p. 38; 1826.

(2) Ces deux dernières relations ont été données par Delambre. (Voyez son *Traité d'Astronomie*, t. Ier, p. 162.)

$$\sin\frac{A+B-C}{2} = \frac{\sin\frac{a}{2}\sin\frac{b}{2}+\cos\frac{a}{2}\cos\frac{b}{2}\cos C}{\cos\frac{c}{2}},$$

$$\cos\frac{A+B-C}{2} = \frac{\cos\frac{a}{2}\cos\frac{b}{2}\sin C}{\cos\frac{c}{2}},$$

$$\tang\frac{A+B-C}{2} = \frac{1-\cos a-\cos b+\cos c}{\sin a\sin b\sin C} \quad (^1),$$

$$\cos A\sin b = \cos a\sin c - \sin a\cos c\cos B,$$

$$\cos a\sin B = \cos A\sin C + \sin A\cos C\cos b,$$

$$\sin(a+b) = \sin c\cos B + \cos a\sin c\sin B\cot\frac{C}{2},$$

$$\sin(a-b) = \sin c\cos B - \cos a\sin c\sin B\tang\frac{C}{2} \quad (^2),$$

$$\cos(a+b) = \cos c - \sin a\sin c\sin B\cot\frac{C}{2},$$

$$\cos(a-b) = \cos c + \sin a\sin c\sin B\tang\frac{C}{2} \quad (^3),$$

$$2\sin\frac{A+B}{2}\sin\frac{A-B}{2} = 2\cos B\cos^2\frac{C}{2} - \cos a\sin B\sin C,$$

$$2\cos\frac{A+B}{2}\cos\frac{A-B}{2} = 2\cos B\sin^2\frac{C}{2} + \cos a\sin B\sin C \quad (^4),$$

$$\frac{\sin C+\tang A\cos C\cos b}{\sin b} = \frac{\sin B}{\sin c-\tang a\cos c\cos B},$$

$$\frac{\cot A}{\cot a} = \frac{\cos a\sin c-\sin a\cos c\cos B}{\cos A\sin C+\sin A\cos C\cos b},$$

---

(1) Cette formule élégante a été employée par Legendre (voy. son *Traité de Géométrie*, note X, problème 2) pour déterminer la position du pôle du cercle circonscrit au triangle sphérique ABC.

(2) Cette dernière relation a été donnée par Delambre (*Traité d'Astronomie*, t. Ier, p. 203).

(3) Cette dernière relation a été donnée par Puissant, dans son *Traité de Géodésie*, t. Ier, p. 86, 3e édition.

(4) Ces deux dernières relations ont été données par Puissant (*Traité de Géodésie*, t. Ier, p. 87).

$$\frac{\cos A \tang C + \sin A \cos b}{\sin b} = \frac{\sin B}{\cos c \tang a - \sin c \cos B} \ (^1),$$

$$\sin A \sin B - \cos A \cos B \cos c = \sin a \sin b + \cos a \cos b \cos C \ (^2),$$

$$\sin^2 \frac{c}{2} = \frac{\sin^2 \frac{a-b}{2} + \sin a \sin b \cos^2 \frac{A+B}{2}}{1 - \sin a \sin b \sin A \sin B};$$

$$\cos^2 \frac{c}{2} = \frac{\cos^2 \frac{a+b}{2} + \sin a \sin b \sin^2 \frac{A-B}{2}}{1 - \sin a \sin b \sin A \sin B} \ (^3),$$

$$4 \sin a \sin b \cot A \cot B = \sin^2(a+b) \tang^2 \frac{C}{2} - \sin^2(a-b) \cot^2 \frac{C}{2} \ (^4),$$

$$\sin a \cot A + \sin b \cot B = \sin(a+b) \tang \frac{C}{2},$$

$$\sin a \cot A - \sin b \cot B = \sin(b-a) \cot \frac{C}{2},$$

$$\sin^2 a \cot^2 A - \sin^2 b \cot^2 B = \sin(a+b) \sin(b-a),$$

$$\sin a \cot A - \sin b \cot B = \sin a \cot \frac{A}{2} - \sin b \cot \frac{B}{2} = \sin b \tang \frac{B}{2} - \sin a \tang \frac{A}{2};$$

$$\sin a \cot A + \sin b \cot B = \sin b \cot \frac{B}{2} - \sin a \tang \frac{A}{2} = \sin a \cot \frac{A}{2} - \sin b \tang \frac{B}{2},$$

$$\sin(a+b) = (\sin a \cot A + \sin b \cot B) \cot \frac{C}{2};$$

---

(1) Cette dernière relation a été donnée par Dalambre (*Traité d'Astronomie*, t. Ier, p. 155).

(2) Cette dernière relation a été trouvée par Cagnoli. (Voy. sa *Trigonométrie*, p. 326, 2e édition.)

(3) Ces deux dernières relations ont été données par Delambre (*Traité d'Astronomie*, t. Ier, p. 201).

(4) Cette relation a été donnée par Puissant (*Traité de Géodésie*, t. Ier, p. 98).

$$\sin(a-b) = (\sin b \cot B - \sin a \cot A)\tang\frac{C}{2},$$

$$\sin\frac{a}{2}\sin\frac{b}{2}\sin C = -\cos\frac{c}{2}\cos\frac{A+B+C}{2};$$

$$\sin\frac{a}{2}\cos\frac{b}{2}\sin C = \sin\frac{c}{2}\cos\frac{A-B-C}{2},$$

$$\cos\frac{a}{2}\cos\frac{b}{2}\sin C = \cos\frac{c}{2}\cos\frac{A+B-C}{2} \ (^1).$$

70. Démontrer que dans tout triangle sphérique rectangle ABC, on a les relations suivantes :

$$\sin(a+b) = \sin c \cos b \cot\frac{C}{2} = \tang c \cos a \cot\frac{C}{2},$$

$$\sin(a-b) = \sin c \cos b \tang\frac{C}{2} = \tang c \cos a \tang\frac{C}{2} \ (^2);$$

$$\cos(a+b) = \cos c - \sin b \sin c \cot\frac{C}{2},$$

$$\cos(a-b) = \cos c + \sin b \sin c \tang\frac{C}{2}.$$

71. A, B, C, D étant quatre points d'une surface sphérique, les trois premiers situés sur un même arc de grand cercle, démontrer que si l'on représente respectivement par a, b, α, β, γ les arcs de grands cercles AB, BC, AD, BD, CD, on a la relation

$$\sin a \cos\gamma + \sin b \cos\alpha = \sin(a+b)\cos\beta \ (^3).$$

72. S, A, A′, B, B′ C étant six points d'une surface sphérique, démontrer que si les points de chacun des groupes (S, A, A′), (S, B, B′), (A, B′, C), (A′, B, C) sont dans un même plan avec le centre de la sphère, on a les relations

$$\frac{\sin AA'}{\sin SA} = \frac{\sin CA'}{\sin BC}\,\frac{\sin BB'}{\sin SB'}, \qquad \frac{\sin SA'}{\sin SA} = \frac{\sin BA'}{\sin BC}\,\frac{\sin CB'}{\sin AB'}.$$

---

(1) Ces trois dernières relations sont dues à M. Schmeisser, professeur à Francfort-sur-l'Oder. (Journal de Crelle, t. X, p. 146; 1833.)

(2) Ces deux dernières relations ont été données pour la première fois par Prony.

(3) Journal de Crelle, t. XI, p. 133-134; 1834.

Ce théorème se trouve dans l'*Almageste* de Claude Ptolémée [1], avec cette différence que ce géomètre se sert de cordes au lieu de sinus.

73. Γ et Γ' étant deux demi-circonférences de grands cercles d'une même surface sphérique, A, B, C trois points situés sur la première, B entre A et C, démontrer que si A', B', C' sont trois points appartenant à la seconde et tels, que les trois arcs de grands cercles AA', BB', CC' soient perpendiculaires sur cette seconde demi-circonférence, on a la relation

$$\sin AA' \sin BC - \sin BB' \sin AC + \sin CC' \sin AB = 0 \text{ [2]}.$$

74. Γ et Γ' étant deux demi-circonférences de grands cercles d'une même surface sphérique, A, B, C trois points situés sur la première, B entre A et C, et M, N deux autres situés sur la seconde, démontrer que si l'on mène les arcs de grands cercles AM, BM, CM, AN, BN, CN, on a les relations

$$\frac{\sin MAN}{\sin BAN}\sin BMC + \frac{\sin MCN}{\sin ACN}\sin AMB = \frac{\sin MBN}{\sin ABN}\sin AMC,$$

$$\frac{\sin MAB}{\operatorname{tang} NAB}\sin BMC - \frac{\sin MCA}{\operatorname{tang} NCA}\sin AMB = \frac{\sin MBC}{\operatorname{tang} NBC}\sin AMC,$$

qui ont été indiquées par Gudermann [3].

75. A, B, C, A', B', C' étant six points d'une surface sphérique, les trois premiers situés sur un même arc de grand cercle, et les trois circonférences de grands cercles qui passent respectivement par les trois couples de points (A, A'), (B, B'), (C, C'), se croisant en un même point S, démontrer que si on a l'une ou l'autre des deux relations

$$\frac{\sin AA'}{\sin SA'}\sin BC + \frac{\sin CC'}{\sin SC'}\sin AB = \frac{\sin BB'}{\sin SB'}\sin AC,$$

$$\frac{\sin SA}{\operatorname{tang} SA'}\sin BC + \frac{\sin SC'}{\operatorname{tang} SC}\sin AB = \frac{\sin SB}{\operatorname{tang} SB'}\sin AC,$$

les trois points A', B', C' appartiennent à une même circonférence de grand cercle.

---

(1) L. c., cap. 12.

(2) Journal de Crelle, t. XI, p. 130; 1834.

(3) Journal de Crelle, t. IX, p. 102; 1832; et t. XI, p. 130-131.

Ce théorème a été indiqué par Gudermann (1). Il en est de même du suivant.

76. Trois circonférences de grands cercles Γ_1, Γ_2, Γ_3 d'une même surface sphérique étant tracées par un même point S et respectivement par les trois sommets A, B, C d'un triangle sphérique convexe ABC appartenant à cette surface, si l'on désigne par D, E, F trois points respectivement situés à la fois sur ces trois circonférences et sur les côtés (ou leurs prolongements) BC, AC, AB de ce triangle, on a, entre les quantités

$$\frac{\sin CD}{\sin BD}, \quad \frac{\sin CE}{\sin AE}, \quad \frac{\sin CS}{\sin SF}, \quad \mathfrak{A}CF,$$

que nous désignerons respectivement par les lettres

$$\rho, \quad \rho', \quad \rho'', \quad \alpha,$$

et l'angle C, les relations

$$\rho^2 + 2\rho\rho'\cos C + \rho'^2 = \rho^2,$$

$$\rho\cos a + \rho'\cos b = \rho''\cos\alpha,$$

$$\rho^2\sin^2 a + 2\rho\rho'\sin a\sin b\cos C + \rho'^2\sin^2 b = \rho''^2\sin^2\alpha \quad (2).$$

77. a, b, c, d étant les quatre côtés successifs d'un quadrilatère sphérique convexe inscrit dans un petit cercle d'une sphère, démontrer que si l'on désigne respectivement par (a, b) l'angle de ce quadrilatère compris par les deux côtés a et b, on a les relations

$$\sin^2\frac{(a,b)}{2} = \frac{\cos\frac{a+b+c+d}{4}\cos\frac{a+c-b-d}{4}\sin\frac{a+c+d-b}{4}\sin\frac{b+c+d-a}{4}}{\left(\sin\frac{a}{2}\sin\frac{b}{2}+\sin\frac{c}{2}\sin\frac{d}{2}\right)\cos\frac{a}{2}\cos\frac{b}{2}},$$

$$\cos^2\frac{(a,b)}{2} = \frac{\cos\frac{a+d-b-c}{4}\cos\frac{c+d-a-b}{4}\sin\frac{a+b+d-c}{4}\sin\frac{a+b+c-d}{4}}{\left(\sin\frac{a}{2}\sin\frac{b}{2}+\sin\frac{c}{2}\sin\frac{d}{2}\right)\cos\frac{a}{2}\cos\frac{b}{2}},$$

desquels on peut déduire la suivante :

$$(a, b) + (c, d) = (a, d) + (b, c),$$

---

(1) Journal de Crelle, t. IX, p. 102.

(2) Journal de Crelle, t. XI, p. 199.

les notations (b, c), (c, d), (a, d) désignant respectivement les angles du quadrilatère compris par les côtés b et c, c et d, a et d ([1]).

78. Les mêmes choses étant posées que dans le numéro précédent, si l'on désigne par Δ l'angle dièdre

$$(a, b) + (b, c) + (c, d) + (a, d) - 4^{\text{d.d.}},$$

on a les relations

$$\sin^2\frac{\Delta}{4} = \frac{\sin\frac{a+b+c-d}{4}\sin\frac{a+b+d-c}{4}\sin\frac{a+c+d-b}{4}\sin\frac{b+c+d-a}{4}}{\cos\frac{a}{2}\cos\frac{b}{2}\cos\frac{c}{2}\cos\frac{d}{2}},$$

$$\cos^2\frac{\Delta}{4} = \frac{\cos\frac{a+b+c+d}{4}\cos\frac{a+b-c-d}{4}\cos\frac{a+c-b-d}{4}\cos\frac{b+c-a-d}{4}}{\cos\frac{a}{2}\cos\frac{b}{2}\cos\frac{c}{2}\cos\frac{d}{2}} \text{ ([2])}.$$

79. Les mêmes choses étant posées qu'au n° 176 de la *Théorie des fonctions circulaires*, et p désignant le demi-périmètre du triangle ABC, démontrer qu'on a la relation

$$\sin\frac{\Delta}{2} = \frac{[\sin p \sin(p-a)\sin(p-b)\sin(p-c)]^{\frac{1}{2}}}{2\cos\frac{a}{2}\cos\frac{b}{2}\cos\frac{c}{2}},$$

80. V étant le volume d'un tétraèdre et r le rayon de la sphère qui lui est circonscrite, démontrer que si l'on désigne par a, b, c, trois arêtes de ce tétraèdre contiguës à un même sommet, et respectivement par α, β, γ les angles que forment entre elles les arêtes b et c, a et c, a et b, on a les relations

$$V = \frac{abc}{6}\sqrt{1 - \cos^2\alpha - \cos^2\beta - \cos^2\gamma + 2\cos\alpha\cos\beta\cos\gamma},$$

$$r^2 = \left(\frac{abc}{12V}\right)^2 \left\{ \begin{array}{l} a^2\sin^2\alpha - 2bc(\cos\alpha - \cos\beta\cos\gamma) \\ + b^2\sin^2\beta - 2ac(\cos\beta - \cos\alpha\cos\gamma) \\ + c^2\sin^2\gamma - 2ab(\cos\gamma - \cos\alpha\cos\beta) \end{array} \right\}.$$

([1]) *Annales de Mathématiques*, t. XII, p. 273; 1821.

([2]) *Annales de Mathématiques*, t. XII, p. 275-280.

81. Si l'on désigne par A, B les longueurs de deux arêtes opposées d'un tétraèdre, par Δ leur plus courte distance, par α leur angle, et par V le volume du tétraèdre, on a la relation

$$V = \frac{AB\Delta}{6} \sin \alpha.$$

Cette propriété a été indiquée par MM. P. Lenthéric, ancien professeur à la Faculté des Sciences de Montpellier, et Timmermans, professeur à l'Athénée royal de Tournay ([1]).

82. Un triangle sphérique convexe ABC étant situé sur une sphère ayant le point O pour centre, et A', B', C' étant les milieux des arcs de grands cercles BC, AC, AB, démontrer que si l'on désigne par r le rayon de cette sphère, par Δ l'angle dièdre $A + B + C - 2^{d.d.}$, et par V le volume du parallélipipède construit sur les trois rayons OA', OB', OC' comme arêtes contiguës au même sommet O, on a la relation

$$V = r^3 \sin \frac{\Delta}{2}.$$

Ce théorème est dû à M. Cornélius Keogh ([2]).

83. Démontrer que l'enveloppe des bases de tous les triangles sphériques qui ont un angle commun et même périmètre est la circonférence d'un petit cercle de la sphère ([3]).

84. Le point P étant l'un quelconque des deux pôles du cercle inscrit à un triangle sphérique convexe ABC, démontrer que si l'on désigne par r la distance sphérique polaire de ce cercle correspondante au pôle P, et respectivement par α, β, γ les arcs de grands cercles PA, PB, PC, on a la relation

$$\cot r(\cot^2 r - \cot^2\alpha - \cot^2\beta - \cot^2\gamma) = 2\cot\alpha \cot\beta \cot\gamma \text{ ([4]).}$$

85. Le point P étant l'un quelconque des deux pôles du cercle circonscrit à un triangle sphérique convexe ABC, démontrer que si l'on désigne par r l'arc de grand cercle PA, et respectivement par α, β, γ les plus petites distances sphériques du point P aux trois arcs de

([1]) *Annales de Mathématiques*, t. XVIII, p. 250; 1828.

([2]) *Nouvelles Annales de Mathématiques*, t. XVI, p. 320-321; 1857.

([3]) *Annales de Mathématiques*, t. XV, p. 301-302.

([4]) *Annales de Mathématiques*, t. XXI, p. 69-71; 1830.

grands cercles BC, AC, AB, on a la relation

$$\operatorname{tang} r(\operatorname{tang}^2 r - \operatorname{tang}^2\alpha - \operatorname{tang}^2\beta - \operatorname{tang}^2\gamma) = 2\operatorname{tang}\alpha\operatorname{tang}\beta\operatorname{tang}\gamma \text{ (}^1\text{)}.$$

86. Trois circonférences de grands cercles Γ_1, Γ_2, Γ_3 étant tracées respectivement par les trois sommets A, B, C d'un triangle sphérique convexe ABC, et par un même point S situé dans l'intérieur de ce triangle, démontrer que si l'on désigne par D, E, F les trois points respectivement situés, à la fois, sur ces trois circonférences et sur les côtés BC, AC, AB de ce triangle, par r la plus petite des deux distances sphériques polaires du cercle circonscrit au même triangle, et par P le pôle de ce cercle correspondant à cette distance polaire, on a la relation

$$\frac{\sin SD}{\sin AD} + \frac{\sin SE}{\sin BE} + \frac{\sin SF}{\sin CF} = \frac{\cos SP}{\cos r}.$$

Ce théorème a été énoncé par M. Steiner ([2]).

87. Δ étant un triangle sphérique convexe et Δ', Δ'', Δ''' les trois autres triangles sphériques convexes obtenus en prolongeant les côtés du premier jusqu'à leur rencontre, démontrer que si l'on désigne respectivement par α, β, γ, δ les tangentes des plus petites distances sphériques polaires des quatre cercles circonscrits à ces triangles, et par α', β', γ', δ' les cotangentes des plus petites distances sphériques polaires des quatre cercles qui leur sont inscrits, on a les relations

$$\begin{aligned}&\alpha\beta\gamma\delta(\alpha+\beta+\gamma-\delta)(\alpha+\beta+\delta-\gamma)\\ &\times(\alpha+\gamma+\delta-\beta)(\beta+\gamma+\delta-\alpha)\\ &=4(\alpha\beta+\gamma\delta)(\alpha\gamma+\beta\delta)(\alpha\delta+\beta\gamma),\end{aligned}$$

$$\begin{aligned}&\alpha'\beta'\gamma'\delta'(\alpha'+\beta'+\gamma'-\delta')(\alpha'+\beta'+\delta'-\gamma')\\ &\times(\alpha'+\gamma'+\delta'-\beta')(\beta'+\gamma'+\delta'-\alpha')\\ &=4(\alpha'\beta'+\gamma'\delta')(\alpha'\gamma'+\beta'\delta')(\alpha'\delta'+\beta'\gamma'),\end{aligned}$$

$$2\alpha' = \beta+\gamma+\delta-\alpha,$$
$$2\beta' = \alpha+\gamma+\delta-\beta,$$
$$2\gamma' = \alpha+\beta+\delta-\gamma,$$
$$2\delta' = \alpha+\beta+\gamma-\delta,$$

---

(1) *Annales de Mathématiques*, t. XXI, p. 71-72.

(2) Journal de Crelle, t. II, p. 190; 1827; t. XIII, p. 269; 1835.

$$
\begin{aligned}
2\alpha &= \beta' + \gamma' + \delta' - \alpha', \\
2\beta &= \alpha' + \gamma' + \delta' - \beta', \\
2\gamma &= \alpha' + \beta' + \delta' - \gamma', \\
2\delta &= \alpha' + \beta' + \gamma' - \delta',
\end{aligned}
$$

$$\alpha + \beta + \gamma + \delta = \alpha' + \beta' + \gamma' + \delta',$$

$$\alpha + \alpha' = \beta + \beta' = \gamma + \gamma' = \delta + \delta' = \frac{\alpha + \beta + \gamma + \delta}{2},$$

$$
\begin{aligned}
\alpha + \beta &= \gamma' + \delta', \\
\beta + \gamma &= \alpha' + \delta', \\
\gamma + \delta &= \alpha' + \beta', \\
\alpha + \gamma &= \beta' + \delta', \\
\alpha + \delta &= \beta' + \gamma', \\
\beta + \delta &= \alpha' + \gamma',
\end{aligned}
$$

$$
\begin{aligned}
\alpha\delta + \beta\gamma &= \alpha'\delta' + \beta'\gamma', \\
\alpha\gamma + \beta\delta &= \alpha'\gamma' + \beta'\delta', \\
\alpha\beta + \gamma\delta &= \alpha'\beta' + \gamma'\delta',
\end{aligned}
$$

$$
\begin{aligned}
\alpha^2 + 2\alpha'\beta' + \beta^2 &= \gamma^2 + 2\gamma'\delta' + \delta^2, \\
\alpha'^2 - 2\alpha\beta + \beta'^2 &= \gamma'^2 + 2\gamma\delta + \delta'^2, \\
\alpha^2 + 2\alpha'\gamma' + \gamma^2 &= \beta^2 + 2\beta'\delta' + \delta^2, \\
\alpha'^2 + 2\alpha\gamma + \gamma'^2 &= \beta'^2 + 2\beta\delta + \delta'^2, \\
\alpha^2 + 2\alpha'\delta' + \delta^2 &= \beta^2 + 2\beta'\gamma' + \gamma^2, \\
\alpha'^2 + 2\alpha\delta + \delta'^2 &= \beta'^2 + 2\beta\gamma + \gamma'^2;
\end{aligned}
$$

qui ont été indiquées par Gudermann [1].

88. P et P′ étant les pôles de deux petits cercles Γ, Γ′ d'une même sphère S qui sont respectivement les plus voisins de leurs plans, δ la distance sphérique de ces deux pôles, r la distance sphérique polaire du cercle Γ correspondante au pôle P, et r' celle du cercle Γ′ correspondante au pôle P′, démontrer que s'il existe sur la sphère S un quadrilatère sphérique inscrit au cercle Γ et circonscrit au

(1) Journal de Crelle, t. IX, p. 101; 1832.

cercle Γ', on a la relation

$$\sin(r+r'+\delta)\sin(r+r'-\delta)\sin(r-r'+\delta)\sin(r-r'-\delta) \\ = \sin^4 r' \cos^4 r.$$

Cette propriété a été indiquée par M. Steiner (¹).

89. Les mêmes choses étant posées que dans les nᵒˢ 176, 183-187 de la *Théorie des fonctions circulaires*, et h désignant la hauteur (c'est-à-dire l'arc de grand cercle mené du sommet A perpendiculairement au côté BC) du triangle sphérique ABC, correspondante au côté a, démontrer qu'on a les relations

$$\sin\frac{\Delta}{2} = \frac{(\tang r' \tang r_a \tang r_b \tang r_c)^{\frac{1}{2}}}{2\cos\frac{a}{2}\cos\frac{b}{2}\cos\frac{c}{2}} = \frac{\sin\frac{a}{2}}{\cos\frac{b}{2}\cos\frac{c}{2}}\cdot\frac{\sin h}{2},$$

$$\frac{\tang r'}{\tang r_a} + \frac{\tang r'}{\tang r_b} + \frac{\tang r'}{\tang r_c} = \cos a + \cos b + \cos c \\ - (\sin a + \sin b + \sin c)\cot p.$$

90. h, h', h'' étant les trois hauteurs d'un triangle rectiligne ABC qui correspondent respectivement aux trois côtés a, b, c, démontrer que si l'on pose

$$h + h' + \frac{hh'}{h''} = 2s,$$

on a

$$\tang^2\frac{A}{2} = \frac{(h-s)(h+h'-s)}{s(h'-s)},$$

$$\tang^2\frac{B}{2} = \frac{(h'-s)(h+h'-s)}{s(h-s)},$$

$$\tang^2\frac{C}{2} = \frac{(h-s)(h'-s)}{s(h+h'-s)}.$$

Ces relations, conjointement avec les suivantes,

$$a = \frac{h'}{\sin C}, \quad b = \frac{h}{\sin C}, \quad c = \frac{h}{\sin B},$$

peuvent servir à résoudre le triangle ABC lorsqu'on connaît seulement h, h', h''.

(¹) Journal de Crelle, t. II, p. 289.

91. m, m', m'' étant les trois médianes d'un triangle rectiligne ABC qui partent respectivement des sommets A, B, C, démontrer que si l'on désigne par $2s$ la somme de ces trois médianes, et par O leur point de rencontre, on a

$$\cot^2 \frac{\text{AOC}}{2} = \frac{(s-m)(s-m'')}{s(s-m')}.$$

Cette relation conduit immédiatement à la résolution du triangle ABC lorsqu'on connaît simplement m, m', m''.

92. $2p$ désignant le périmètre d'un triangle sphérique convexe ABC, et Δ l'angle dièdre $\text{A}+\text{B}+\text{C}-2^{\text{d.d.}}$, démontrer qu'on a

$$\cos\frac{b-c}{2} = \cos\frac{a}{2}\,\frac{\sin\frac{2p+\Delta}{4}\sin\frac{2p+\Delta-2a}{4}+\sin\frac{2p-\Delta}{4}\sin\frac{2p-\Delta-2a}{4}}{\sin\frac{2p+\Delta}{4}\sin\frac{2p-\Delta-2a}{4}+\sin\frac{2p-\Delta}{4}\sin\frac{2p+\Delta-2a}{4}}.$$

Cette relation peut servir à résoudre le triangle sphérique ABC lorsqu'on connaît seulement les trois quantités a, $2p$ et Δ.

93. m et n étant deux nombres entiers positifs, démontrer qu'on a les relations

$$m = \binom{m}{1} - \binom{m}{3} + \binom{m}{5} - \binom{m}{7} + \ldots,$$

$$0 = \binom{m}{2} - \binom{m}{4} + \binom{m}{6} - \ldots,$$

$$m = 2^{m-1} - \binom{m-2}{1} 2^{m-3} + \binom{m-3}{2} 2^{m-5} - \binom{m-4}{3} 2^{m-7} + \ldots,$$

$$1 = 2^{m-1} - \frac{m}{1} 2^{m-3} + \frac{m}{2}\binom{m-3}{1} 2^{m-5} - \frac{m}{3}\binom{m-4}{2} 2^{m-7} + \ldots,$$

$$(-1)^{m-1} 2m = 2m - \frac{m(m^2-1)}{1.2.3} 2^3 + \frac{m(m^2-1)(m^2-2^2)}{1.2.3.4.5} 2^5 - \frac{m(m^2-1)(m^2-2^2)(m^2-3^2)}{1.2.3.4.5.6.7} 2^7 + \ldots,$$

$$(-1)^m = 1 - \frac{m^2}{1.2} 2^2 + \frac{m^2(m^2-1)}{1.2.3.4} 2^4 - \frac{m^2(m^2-1)(m^2-2^2)}{1.2.3.4.5.6} 2^6 + \ldots,$$

$$\pm 1 = (4m\pm 1) - \frac{(4m\pm 1)[(4m\pm 1)^2 - 1]}{1.2.3}$$
$$+\frac{(4m\pm 1)[(4m\pm 1)^2-1][(4m\pm 1)^2-3^2]}{1.2.3.4.5}$$
$$-\frac{(4m\pm 1)[(4m\pm 1)^2-1][(4m\pm 1)^2-3^2][(4m\pm 1)^2-5^2]}{1.2.3.4.5.6.7}+\ldots\text{(1)},$$

$$(-1)^m(2m+1) = 1 - \frac{(2m+1)^2-1}{1.2} + \frac{[(2m+1)^2-1][(2m+1)^2-3^2]}{1.2.3.4}$$
$$-\frac{[(2m+1)^2-1][(2m+1)^2-3^2][(2m+1)^2-5^2]}{1.2.3.4.5.6}+\ldots,$$

$$2^n(m-n) = m + \binom{n}{1}(m-2) + \binom{n}{2}(m-4) + \binom{n}{3}(m-6) + \ldots,$$

$$0 = m - \binom{n}{1}(m-2) + \binom{n}{2}(m-4) - \binom{n}{3}(m-6) + \ldots.$$

Ces relations se déduisent immédiatement de plusieurs de celles données dans la *Théorie des fonctions circulaires* (nos 84, 85, 87), ou dans les *exercices précédents* (42), et comme elles ne se rattachent pas directement à cette théorie, nous avons cru devoir les reléguer à la fin de ces exercices (2).

---

(1) Dans cette relation, les doubles signes sont coordonnés.

(2) Indépendamment des exercices que nous venons de réunir ici, le lecteur en trouvera beaucoup d'autres sur le même sujet dans le Journal allemand de Crelle, les *Nouvelles Annales mathématiques* et en particulier dans un petit ouvrage publié par M. L. Clarke, sous le titre : *Théorèmes et problèmes de Trigonométrie rectiligne.*

NOTE

RELATIVE A UNE FORMULE ALGÉBRIQUE [1].

Théorème. — Si l'on désigne par a un nombre quelconque réel (alors positif ou négatif) ou imaginaire, par A la somme $a+a^{-1}$, et par m un nombre entier positif, on a la relation

$$(1) \quad \left\{ \begin{aligned} a^m + a^{-m} &= A^m - m A^{m-2} \\ &\quad - m \sum_{z=1}^{z=n} \left[\frac{(-1)^z}{z+1} \binom{m-z-2}{z} A^{m-2z-2} \right], \end{aligned} \right.$$

dans laquelle la lettre n désigne le premier ou le second des deux nombres $\frac{1}{2}(m-2)$, $\frac{1}{2}(m-3)$ selon que m est pair ou impair.

Démonstration. — Représentons, pour abréger, le second membre de la relation (1) par $f(a, m)$, et supposons que cette relation ait lieu pour deux valeurs consécutives de m, α et $\alpha+1$, c'est-à-dire que l'on ait

$$a^\alpha + a^{-\alpha} = f(a, \alpha) \quad \text{et} \quad a^{\alpha+1} + a^{-\alpha-1} = f(a, \alpha+1).$$

Si l'on observe qu'on a l'identité

$$a^{\alpha+2} + a^{-\alpha-2} = A(a^{\alpha+1} + a^{-\alpha-1}) - (a^\alpha + a^{-\alpha}),$$

il vient

$$a^{\alpha+2} + a^{-\alpha-2} = A f(a, \alpha+1) - f(a, \alpha),$$

(1) Cette formule est celle qui est mentionnée à la page 221.

d'où il est aisé de voir que l'on peut écrire l'égalité

$$a^{\alpha+2}+a^{-\alpha-2}=A^{\alpha+2}-(\alpha+2)A^{\alpha}+\frac{\alpha+2}{2}\left(\frac{\alpha-1}{1}\right)A^{\alpha-2}$$
$$+M_2A^{\alpha-4}+M_3A^{\alpha-6}+\ldots,$$

dans laquelle M_2, M_3,... sont des nombres donnés par la formule générale

$$M_k=(-1)^{k-1}\left[\frac{\alpha+1}{k+1}\left(\frac{\alpha-k-1}{k+1}\right)+\frac{\alpha}{k}\left(\frac{\alpha-k-1}{k+1}\right)\right],$$

en y faisant successivement k égal à chacun des nombres de la suite naturelle 2, 3, 4, 5,..., et comme cette valeur de M_k peut être transformée en la suivante :

$$M_k=(-1)^{k-1}\frac{\alpha+2}{k+1}\left(\frac{\alpha-k}{k}\right),$$

il en résulte que l'on a

$$a^{\alpha+2}+a^{-\alpha-2}=f(a,\,\alpha+2).$$

D'après ce qui précède, on voit que si la relation (1) a lieu pour deux valeurs consécutives α et $\alpha+1$ de m, elle a lieu aussi pour $m=\alpha+2$. Or, on a évidemment

$$a+a^{-1}=f(a,\,1)\quad\text{et}\quad a^2+a^{-2}=f(a,\,2),$$

donc, etc.

A. M. D. G.

ERRATA.

Page 18, ligne 32, *au lieu de* arc de cercle, *lisez* arc de ce cercle.

Page 20, ligne 26, *au lieu de* $\frac{R}{\omega}$; *lisez* $\frac{\omega}{R}$.

Page 187, aux lignes 18, 19 et 20, pour désigner les équations qui s'y trouvent, mettez respectivement les nos (8), (9), (10).

Page 192, ligne 20, *au lieu de* $+a^{\frac{1}{2m+1}}$, *lisez* $+a^{\frac{2}{2m+1}}$.

Page 238, ligne 20, *au lieu de* c s $\frac{AB}{2}$, *lisez* $\cos\frac{AB}{2}$.

Page 255, ligne 7, *au lieu de* $\cos\frac{\Delta}{2} =$, *lisez* $\cos\frac{\Delta}{2} = \ldots.$

www.ingramcontent.com/pod-product-compliance
Ingram Content Group UK Ltd.
Pitfield, Milton Keynes, MK11 3LW, UK
UKHW020300230726
13925UKWH00001B/139